中国石化员工培训教材

油田设备典型故障分析与处理

中国石化员工培训教材编审指导委员会　组织编写
本书主编　康宝惠

中国石化出版社

内 容 提 要

本书为《中国石化员工培训教材》之一，收录了中国石化油田和天然气企业近几年来由于设计、制造、安装、维修、操作运行、间接等原因造成典型设备故障或事故案例144篇，分钻井设备、测井录井勘探设备、钻采特车、注采设备、油气处理与集输设备和动力设备等几部分。选入的设备典型故障具有故障经过论述清晰、故障原因分析准确、防范措施到位、文字通俗易懂等特点，是专业培训、设备故障处理、设备故障预案制定等方面的专业辅导材料。本书编写的目的在于通过剖析设备典型故障案例，帮助企业"举一反三"排查设备故障和缺陷，完善防范措施，减少类似故障发生，提高设备管理人员和操作人员的应变能力，保障设备安全、可靠、经济运行。

读者对象为油田企业设备管理人员和技术人员。

图书在版编目(CIP)数据

油田设备典型故障分析与处理／康宝惠主编.
—北京：中国石化出版社，2013.10
中国石化员工培训教材
ISBN 978－7－5114－2229－3

Ⅰ.①油… Ⅱ.①康… Ⅲ.①油田－设备－故障诊断－技术培训－教材 ②油田－设备－故障修复－技术培训－教材 Ⅳ.①TE9

中国版本图书馆CIP数据核字(2013)第209294号

中国石化出版社出版发行

地址：北京市东城区安定门外大街58号
邮编：100011 电话：(010)84271850
读者服务部电话：(010)84289974
http://www.sinopec-press.com
E-mail:press@sinopec.com
北京科信印刷有限公司印刷
全国各地新华书店经销
*
787×1092毫米16开本21.75印张544千字
2014年1月第1版 2014年1月第1次印刷
定价:68.00元

《中国石化员工培训教材》编审指导委员会

《油田设备典型故障分析与处理》编审组

组　长　吕长江

副组长　苏　彪

主　编　康宝惠

主　审　亓和平

成　员　（按姓氏笔画排列）

丁志敏	于梅军	于　锐	卫安军	马士平	马金波
孔令先	王力勇	王　飞	王永生	王立新	王　军
王汝涛	王学峰	王金茂	王荣生	王海文	王海平
王　康	邓永超	邓亚东	邓海滨	乐立华	付信涛
代春会	冯胜利	冯索诺	宁宇清	田彦瑞	石二勇
石天佐	刘友谊	刘功农	刘兆增	刘华庆	刘志豪
刘　亮	刘　勇	刘铭强	孙龙林	孙好文	孙安华
孙瑞波	庄兴元	朱　晋	朱祥华	祁国君	西同辉
许　刚	严长青	吴　坤	张付明	张江林	张武生
张俊美	张剑先	张家会	张惠莲	时丽红	李光明
李　庆	李邵兴	李明厚	李荣强	李选超	李　健
李晓骏	李联中	李蛟真	李　煌	李德林	束长发
杨为云	杨志刚	杨运芳	杨　明	肖文汉	闵运家
陈文生	陈华东	陈安坤	陈学辉	陈　彧	陈　峰
陈　瑛	周长征	周远红	周建荣	周德荣	孟祥卿
官振乐	欧阳涛	罗诗康	郑建兴	金健民	侯砚冬
封国平	段卫锋	胡国保	胡致力	胡　晨	荆　舰
赵　玉	赵志飞	赵岩民	赵保平	郗　勇	唐梓青
奚永俊	徐元春	徐亚俊	徐明珠	晁伟栋	聂建军
贾建新	陶桂荣	高守华	高绪学	崔风水	崔荣海
常　健	曹新华	盖红磊	盛　益	彭光杰	程晓红
童红雷	童　亮	董学凯	褚　峰	鄢金平	廖宪国
翟全良	蔡小虎	谭小平	阚家彬	魏晓鹏	

序

中国石化是上中下游一体化能源化工公司，经营规模大、业务链条长、员工数量多，在我国经济社会发展中具有举足轻重的作用。公司的发展，基础在队伍，关键在人才，根本在提高员工队伍整体素质。员工教育培训是建设高素质员工队伍的先导性、基础性、战略性工程，是加强人才队伍建设的重要途径。

当前，我们已开启了建设世界一流能源化工公司的新航程，加快转变发展方式的任务艰巨而繁重，这对进一步做好员工教育培训工作提出了新的更高要求。我们要以中国特色社会主义理论为指导，紧紧围绕企业改革发展、队伍建设和员工成长需要，以提高思想政治素质为根本，以能力建设为重点，积极构建符合中国石化实际的培训体系，加大重点和骨干人才培训力度，深入推进全员培训，不断提高教育培训的质量和效益，为打造世界一流提供有力的人才保证和智力支持。

培训教材是员工学习的工具。加强培训教材建设，能够有效反映和传递公司战略思想和企业文化，推动企业全员学习，促进学习型企业建设。中国石化员工培训教材编审指导委员会组织编写的这套系列教材，较好地反映了集团公司经营管理目标要求，总结了全体员工在实践中创造的好经验好做法，梳理了有关岗位工作职责和工作流程，分析研究了面临的新技术、新情况、新问题等，在此基础上进行了完善提升，具有很强的实践性、实用性和较高的理论性、思想性。这套系列培训教材的开发和出版，对推动全体员工进一步加强学习，进而提高全体员工的理论素养、知识水平和业务能力具有重要的意义。

学习的目的在于运用，希望全体员工大力弘扬理论联系实际的优良学风，紧密结合企业发展环境的新变化、新进展、新情况，学好用好培训教材，不断提高解决实际问题、做好本职工作的能力，真正做到学以致用、知行合一，把学习培训的成果切实转变为推进工作、促进改革创新的实际行动，为建设世界一流能源化工公司作出积极的贡献。

二〇一二年七月十六日

前　言

根据中国石化发展战略要求，为加强培训资源建设、推进全员培训的深入开展，集团公司人事部组织梳理了近些年培训教材开发成果，调研了企业培训教材需求，开展了中国石化员工培训课程体系研究。在此基础上，按职业素养、综合管理、专业技术、技能操作、国际化业务、新员工等六类，组织编写覆盖石油石化主要业务的系列培训教材，初步构建起中国石化特色的培训教材体系。这套系列教材围绕中国石化发展战略、队伍建设和员工成长的需要，以提高全体员工履行岗位职责的能力为重点，把研究和解决生产经营、改革发展面临的新挑战、新情况、新问题作为重要目标，把全体员工在实践中创造的好经验好做法作为重要内容，具有较强的实践性、针对性。这套培训教材的开发工作由中国石化员工培训教材编审指导委员会组织，集团公司人事部统筹协调，总部各业务部门分工负责专业指导和质量把关，主编单位负责组织培训教材编写。在培训教材开发和编写的过程中，上下协同、团结合作，各级领导给予了高度重视和支持，许多管理专家、技术骨干、技能操作能手为培训教材编写贡献了智慧、付出了辛勤的劳动。

《油田设备典型故障分析与处理》教材，分钻井设备篇、测井录井勘探设备篇、钻采特车篇、注采设备篇、油气处理与集输设备篇和动力设备篇。本书收录了中国石化油田企业和天然气分公司，近几年来由于设计、制造、安装、维修、操作运行、间接等原因造成典型设备故障或事故案例 144 篇，其中钻井设备类 38 篇，测井录井勘探设备类 8 篇，钻采特车类 37 篇，注采设备类 25 篇，油气处理与集输设备类 21 篇，动力设备类 15 篇。选入的设备典型故障具有故障经过论述清晰、故障原因分析准确、防范措施到位、文字通俗易懂等特点，是专业培训、设备故障处理、设备故障预案制定等方面的专业辅导材料。本书编写的目的在于通过剖析设备典型故障案例，帮助企业“举一反三”排查设备故障和缺陷，完善防范措施，减少类似故障发生，提高设备管理人员和操作人员的应变能力，保障设备安全、可靠、经济运行。

《油田设备典型故障分析与处理》教材，由中国石油化工集团公司生产经营管理部负责组织编写，成立了编审组，吕长江任组长，苏彪任副组长，康宝惠任主编，亓和平任主审。参加编写的单位有胜利油田、中原油田、河南油田、江汉油田、江苏油田、上海海洋油气分公司、西北石油局、华东石油局、华北石油局、天然气分公司。本教材已经由集团公司人事部组织审定通过，参加审定的人员有高守华、周长征、王金茂、盖红磊、冯胜利、刘兆增、孔令先、官振乐、赵玉、刘功农等，审定工作得到了胜利油田的大力支持；中国石化出版社对教材的编写和出版工作给予了通力协作和配合，在此一并表示感谢。

由于本教材涵盖的内容较多，不同企业之间也存在着差别，编写难度较大，加之编写时间紧迫，不足之处在所难免，敬请各使用单位及个人对教材提出宝贵意见和建议，以便教材修订时补充更正。

目　　录

钻井设备篇

测井录井勘探设备篇

动力设备篇

钻采特车篇

注采设备篇

油气处理与集输设备篇

钻井设备篇

钻井平台井架移动系统液压缸不动作故障

1 故障概况及经过

某钻井平台井架移动系统使用近3年，该平台在某井组施工，在移动井架对井口时，发现横向、纵向移动油缸均不动作，压力指示为零。随后对液压系统进行检查，在操作换向阀后，换向阀动作，但压力为零。对溢流阀打开检查，发现溢流阀调压弹簧折断，更换新溢流阀后，系统恢复正常运行。

2 事故原因及失效机理分析

2.1 井架移动系统工作原理

井架移动系统液压原理图如图1所示。本文以井架横向移动为例阐明一下井架移动系统的基本工作原理。运行时，开启液压泵，操纵换向阀27、28使移动油缸31、32同时伸展，从而带动井架底座向左移动。当移动到一个冲程后，将换向阀换向，移动油缸将带动嵌合爪收缩直到平衡重与轨道上的另一个开孔相啮合，此时如继续伸展移动油缸，则井架底座又可继续向左移动。井架纵向移动原理同上，只不过操纵换向阀25、26而已。

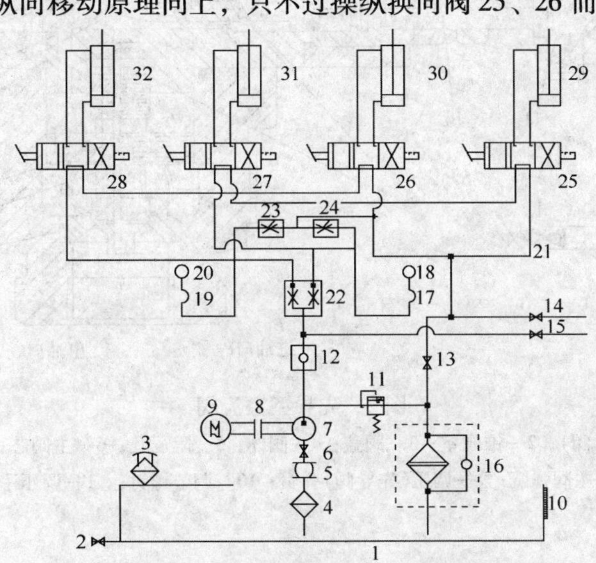

图1 井架移动系统工作原理图

1—油箱；2—放油阀；3—空气滤油器；4—吸油滤油器；5—减震喉；6—蝶阀；7—齿轮泵；8—弹性联轴器；9—电动机；10—液位液温计；11—溢流阀；12—单向阀；13、14、15—截止阀；16—回油滤油器；17、19—软管；18、20—耐震压力表；21—高压软管；22—分流阀；23、24—节流阀；25、26、27、28—手动换向阀；29、30、31、32—移动油缸

2.2　故障原因及失效机理分析

由图1可知，在井架移动系统，先导式溢流阀11是一个非常重要的阀件。其功能为：在系统正常工作时，阀门关闭；只有系统压力超过调定压力时才开启溢流，进行过载保护，使系统压力不再增加。

图2为先导型溢流阀。压力油自阀体4中部的进油口P进入，并通过主阀芯6上的阻尼孔5进入主阀芯上腔，在油阀盖3上的通道a和锥阀座2上的小孔作用与锥阀1上。当进油口的压力 p_1 小于先导阀调压弹簧9的调定值时，先导阀关闭，而且由于主阀芯上、下两侧有效面积比(A_2/A_1)为1.03～1.05，上侧稍大，作用与主阀芯6上的压力差和主阀弹簧力均使主阀口闭紧，不溢流。当进油压力超过先导阀的调定压力时，先导阀被打开，造成进油口P经主阀芯阻尼孔5、先导阀口、主阀芯中心孔至阀体4下部出油口(溢流口)O的流动。阻尼孔处的流动损失使主阀芯上、下腔中的油液产生一个随先导阀流量增加而增加的压力差，当它在主阀芯上、下作用面上产生的总压力差足以克服主阀弹簧力、主阀自重 G 和摩擦力 F_f 时，主阀芯开启。此时进油口P与出油口(溢流口)O直接相通，造成溢流以保持系统压力。

当先导阀调压弹簧9折断时，先导阀1相当于处于常开状态，由上分析可知，此时主阀芯6必开启，从而导致系统完全泄压，液压油经溢流阀直接流回油箱，移动油缸不会执行动作。

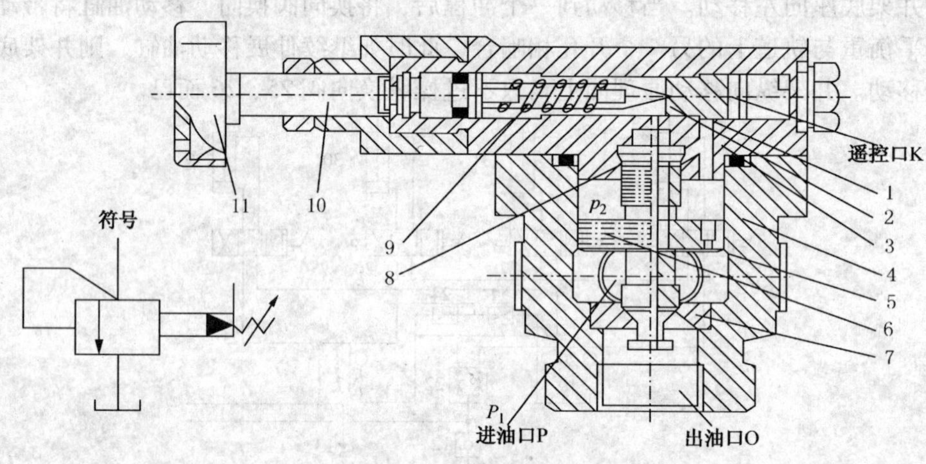

图2　先导型溢流阀

1—锥阀(先导阀)；2—锥阀室；3—阀盖；4—阀体；5—阻尼孔；6—主阀芯；7—主阀座；8—主阀弹簧；9—调压(先导阀)弹簧；10—调节螺钉；11—调压手轮

3　故障原因分类

该钻井平台井架移动系统使用近3年，且井架系统使用率较低，先导阀调压弹簧折断属于阀件制造质量问题。

4 故障教训

严格控制采购质量。

5 防范措施

5.1 采购质量较好溢流阀。

5.2 合理储备液压系统备件。

钻井平台液压马达刹车故障

1 故障概况及经过

某自升式平台进行升降平台调试，在更换全部液压管线及液压软管线后，发现3#桩腿4台液压马达刹车不能同步打开，一个艏左液压马达的刹车总比其他3台液压马达的刹车迟缓30s打开，导致4台液压马达不能同步运转。检查艏左液压马达的刹车电磁阀，阀芯灵活，通电也正常，排除了电磁阀发生故障的可能性。再检查刹带的调节状况，其光杆长度为98mm，在合适的调节范围。最后检查刹车油缸进油高压软管线，发现艏左液压马达的刹车进油高压软管线接头处内径比其他较细，更换艏左液压马达的刹车进油高压软管线，平台升降恢复正常。

2 故障原因及失效机理分析

艏左液压马达的刹车进油高压软管线接头处内径为17.5mm，而其他3台液压马达刹车进油高压软管线接头处内径为均为25.4mm，这就导致了液压油流入各刹车液压油缸的流量不同，因此相比其他液压马达刹车油缸，液压油充满艏左液压马达的刹车油缸的时间要长，其刹车打开的速度就慢。

3 故障原因分类

刹车进油高压软管线及其接头都是某船厂采购并更换的项目，由于厂家加工原因，未能保证接头通径的尺寸精度，因此该故障属于制造质量问题。

4 故障教训

4.1 对产品质量控制不严。

4.2 安装前未能详细检查。

5 防范措施

5.1 加大对加工产品的质量控制。

5.2 液压管线等设施安装前，安排专业人员进行全过程检查和监督。

钻井平台只能升不能降故障

1 故障概况及经过

某自升式平台降平台之前，操作台工作正常，液压系统压力试验正常，升船功能试验正常。降平台操作时，主控阀和刹车电磁阀工作正常，马达刹车松开，B 管压力超过 1000psi（1psi = 6895Pa），并继续升高（正常将平台 B 管压力应为 600psi），马达不动。拆检反平衡阀控制油路滤清器，发现滤芯上粘满了纸状物，将该滤芯清洗后降平台正常。

2 事故原因及失效机理分析

2.1 自升式钻井平台液压升降原理

该系统为闭式液压循环系统，图 1 为自升式钻井平台液压升降原理图。

2.1.1 当升平台时，A 管为高压，B 管为低压，此时刹车电磁阀 9 及主控阀先导电磁阀 15 同时通电，A 管中高压油分三路进入系统。①A 管→梭阀 8→主控阀先导电磁阀 15→打开主控阀 14；②梭阀 8→刹车电磁阀 9→打开液压马达 13 的刹车油缸；③A 管→主控阀 14→反平衡阀 11 的单向阀→液压马达 13 的 A 口→液压马达 13 的 C 口→B 管。此时平台开始上升。

2.1.2 当降平台时，B 管为高压，A 管为低压，此时刹车电磁阀 9 及主控阀先导电磁阀 15 也同时通电，B 管中高压油分三路进入系统。①B 管→梭阀 8→主控阀先导电磁阀15→打开主控阀 14；②梭阀 8→刹车电磁阀 9→打开液压马达 13 的刹车油缸；③B 管→反平衡阀滤芯 16→反平衡阀 11 的节流阀 12→反平衡阀 11 的控制口→打开反平衡阀 11 的主阀芯；④B管→液压马达 13 的 C 口→液压马达 13 的 A 口→A 管。此时平台开始下降。

由上分析可知，降平台时，反平衡阀 11 的主阀芯必须打开，主油路才能流过反平衡阀 11 形成循环回路，否则就无法使平台下降。而升平台主油路通过的是反平衡阀 11 的单向阀，与反平衡阀 11 的控制油路无关。

2.2 故障原因及失效机理分析

液压泵吸口纸质滤芯质量不合格，在液压油的浸泡下损坏，形成纤维屑，纤维屑经液压泵加压后循环进入管系，进而进入反平衡阀滤芯 16。纤维屑在反平衡阀滤芯 16 上越积越多，进而堵塞住了用于打开反平衡阀 11 的主阀芯的液压通路，使液压主油路不能流过反平衡阀 11，液压马达不能运转，所以降不动平台。

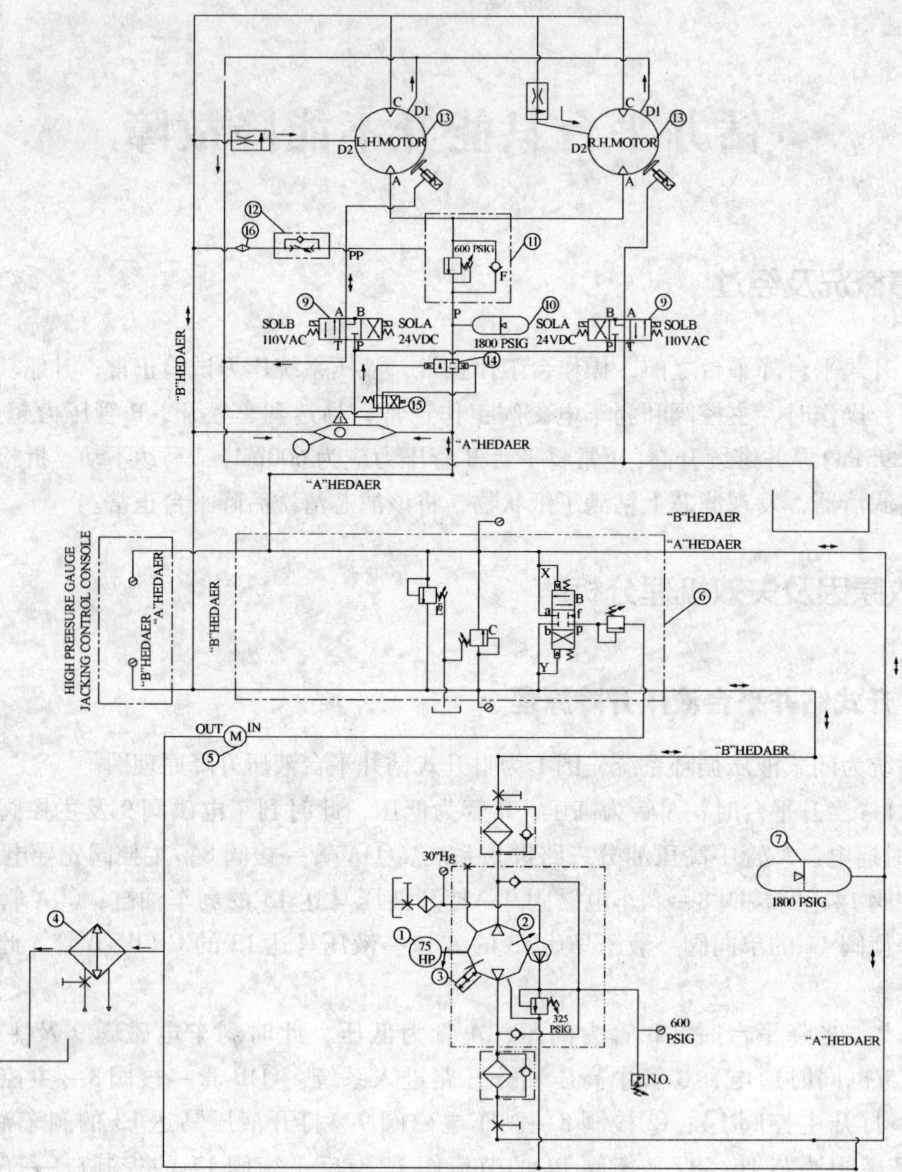

图1　自升式钻井平台液压升降原理图

1—电机；2—液压泵；3—伺服阀；4—热交换器；5—流量计；6—液压阀汇；7—储能器；8—梭阀；9—刹车电磁阀；10—储能器；11—反平衡阀；12—节流阀；13—液压马达；14—主控阀；15—先导电磁阀；16—反平衡阀滤芯

3　故障原因分类

备件质量和维护保养的问题。

4　故障教训

4.1　对液压吸入滤芯加工质量控制不严。

4.2　未定期检查和清洁滤芯。

5　防范措施

5.1　使用质量优等的液压吸入滤芯。

5.2　定期检查吸入滤器及滤芯，定期清洁反平衡阀滤芯。

海洋平台吊机主、副钩回转无法单独动作故障

1 故障概况及经过

1.1 故障概况

某船舶机械厂生产的海洋平台吊机，安全工作负荷：25.0t(主钩)；5.0t(副钩)。海洋平台吊机在使用过程中主、副钩回转无动作。

1.2 检修过程

1.2.1 观察控制油路中的电磁阀得电正常，把主、副、回转的控制油路依次与正常的变幅绞车对换，操作变幅绞车都正常动作，由此可判断控制部分正常，故障出在多路阀处。由于发现用变幅和其他绞车联动时，主、副、回转绞车都可以正常工作，由原理图可分析，是多路阀内部的反馈 XL 存在堵塞的可能性较大；于是把多路阀解体，解体阀块时发现反馈孔 XL 有橡胶堵住了，以及阀体的阀芯也有橡胶卡在弹簧里。分析橡胶碎片可能来自蝶阀处，于是用气源吹解体后的多路阀阀块，并进行清洗。拆卸回油滤芯，发现回油滤芯有很多碎胶粒，然后抽掉油箱里的油，拆蝶阀检查，三个吸油蝶阀都已经严重损坏，拆开油箱人孔盖检查油箱内部分情况并无碎胶粒，正常！由此可判断导致多路阀故障原因是因为泵的吸油蝶阀的橡胶损坏吸入了多路阀造成堵塞的。同时拆开各绞车的平衡阀芯、换向阀、减压阀等等阀件进行检查有无橡胶粒或异物，检查情况并无发现有任何橡胶或异物堵塞。

1.2.2 更换新的吸油蝶阀，此蝶阀与旧的蝶阀区别在于它们的密封材质不同，新的蝶阀材质属可压缩性、耐高压、高温的硬性橡胶。更换工作完成，给油箱注入液压油，蝶阀处密封性良好。

1.2.3 回装多路阀件和油管。

1.2.4 开机不操作，让柴油机以 1500r/min 的速度空转 3h，然后操作试车，故障仍存在。

1.2.5 再次拆开多路阀上的油管，把多路阀各阀块分开，溢流阀、螺塞等全部解体检查、清洗并用气源吹所有的阀孔。

1.2.6 拆开回油滤器检查，滤芯里还有几粒橡胶，清洗滤芯后回装。

1.2.7 回装多路阀和所有油管。

1.2.8 开机不操作，让柴油机以 1500r/min 的速度连续空转 12h，然后单独操作各个绞车动作，观察发现小绞车和主绞车的上升、下降有动作了，但是很慢。效果有少许变化。

1.2.9 再次拆开回油滤芯，检查已无异物。正常！

1.2.10 通过研究布赫多路阀原理及阀体结构图后，决定在主绞车处整改油路，增加一个梭阀、单向阀、2 条软管、2 个 8 通径的三通，目的有三：①旁通了多路阀内部的反馈油路，确保主绞车能单独正常工作。也可判断多路阀内部的反馈孔仍堵塞。②可能判断主绞车

的溢流阀是完好的。③关断主绞车的下降口球阀和拔杆绞车球阀，阻断油路，操作手柄，让系统憋压在22～24MPa，时间为3min，意在利用这个高压反冲多路阀的LX孔，希望能冲开LX孔内部的异物。

1.2.11 操作小钩手柄，小绞车动作正常。然后操作回转绞车也正常。说明多路阀内部的反馈孔的异物已经被冲开，联动动作正常。

1.2.12 把主绞车的球阀打开，操作主绞车上、下速度一样，但缺少变量高速。接着把整改的管路拆下，恢复主绞车的管路。再次操作主绞车，变量高速正常。

2 事故原因及失效机理分析

液压泵吸入口蝶阀密封橡胶由于高温、液压油浸泡脱落，损坏吸入堵塞多路阀，造成了吊机主、副钩回转无动作的故障。

3 故障原因分类

制造质量问题。

4 故障教训

出现故障时，要认真分析、准确判断故障原因，及时排除故障，确保系统工作正常。

5 防范措施

液压系统橡胶密封件材质应选用可压缩性、耐高压、高温的硬性橡胶。

钻机底座撕裂、摔井架事故

1 事故概况及经过

某钻井队对 JJ250/42 - K 井架进行起升施工，当起升到最高点时，发现提升大绳长度不合适，井架与人字架无法接触锁定，于是下放井架准备重新整改起升大绳，在下放到离地面 3m 左右时，因下放速度过快而制动刹车，致使从绞车左、右支架连接耳座焊接处拔断，整个绞车大梁倾斜 45°靠在人字架上，人字架被严重挤压弯曲，井架砸毁支架摔至地面，造成井架中段、中上段及人字架、绞车左右支架严重撕裂、变形，整套钻机设备无法使用。后经过制造厂家测绘、整修，及有关技术检测部门鉴定、测试，恢复了井架性能，本次整修耗时 20 天，直接经济损失 136 万元。

2 事故原因及受损机理分析

2.1 事故原因

2.1.1 现场人员没有严格按 JJ250/42 - K 井架使用说明书要求，在没有安装底座前台构件、转盘梁和转盘的情况下，直接起升井架，是发生事故的主要原因。

2.1.2 冬季井架起放时间过晚，操之过急、下放速度快，在负荷最大时使用制动刹车，是该事故的直接原因。

2.1.3 未按照冬季设备操作规程操作，违反操作规程且未对承载部位进行有效防范，是该事故的次要原因。

2.2 受损机理分析

JJ250/42 - K 井架、钻台底座、机房底座连接方式如图 1。机房、绞车大梁、转盘大梁、前台均用 $\Phi75$ 销子连接为一体，可是该队在起放井架时没有将转盘大梁与前台安装，导致绞车快绳的拉力只作用在绞车及大梁上。根据受力分析，井架起、放在井架距前支架 1 ~ 3m 或井架升至与地面成 45°时快绳拉力最大。此时，井架下放过程中略有制动会导致井架摆动较大，形成冲击负荷，撕裂连接耳座，从而造成绞车大梁撕裂、摔井架事故。

3 故障原因分类

根据以上分析，由于指挥及操作人员不了解设备安装操作规程，未做好安装前准备，放井架速度过快，导致事故发生，该事故为设备安装及操作责任事故。

4 故障教训

本次事故是一起施工现场管理混乱造成的责任事故，现场施工负责人没有按照底座安装技术要求执行。施工前，不组织学习安装标准、井架起放操作规程，不进行现场交底；施工中，安全技术人员检查不到位，操作人员仅凭借经验操作，对安装过程中出现的问题和隐患，未采取可靠防范措施，安全意识缺乏。

5 防范措施

5.1 设备安装操作制度必须落到实处，尤其对井架等重大设备安装起放安全规程要执行到位，坚决杜绝“三违”现象的发生，确保安全生产。

5.2 所有使用 JJ250/42 - K 井架的钻井队，在起、放井架时，应检查底座前台(包括立根台、转盘梁和转盘)安装情况，杜绝违章操作。

5.3 定期对大型设备关键要害部位进行检查，落实专人对查出的隐患进行整改，使设备保持完好状态。

5.4 严格设备安装时间，要求 8:00 以前，夏季 18:00、冬季 17:00 以后，不允许起放井架。在大风、雨、雪、雾气候条件时，禁止起放井架。

多级油缸的中间缸未完全伸出险酿机毁人亡

1 故障概况及经过

1.1 故障概述及经过。

某型链条传动钻机，其井架和底座由两个三级油缸分2次起升或下放，井架上段由绞车起升。2011年4月30日，某钻井队在安装调试完钻机，准备将井架由垂直位下放到水平位，在井架重心刚偏离井架大腿支点时，井架的一边突然向前快速倾覆，并导致整个井架和底座一起向前移动了0.4m，所幸的是井架并没有倒下，在倾角为65°左右被另一边的多级油缸支承住了。

1.2 故障处理

1.2.1 将井架重新立起到垂直位置。先检查井架、底座、底座立柱等构件有无变形、焊接点有无开裂现象；检查多级油缸有无严重变形及渗漏问题；检查液压站及控制阀件有无损坏及异常现象；检查液压油路是否正确，各阀件、接头、油缸、液压站有无渗漏。确认上述检查均正常后，再将井架重新起到垂直位置。

1.2.2 起升时，先将井架倾斜角度大的一边多级油缸的一、二级缸全部伸出，并顶起井架，使该边井架与另一边处在同一倾斜角度上。然后，再将两个多级油缸同时伸出顶起井架，直至井架处在垂直位置，并穿好井架与底座的连接销。

1.2.3 对两个多级油缸的各级伸、缩缸进行排气(井架在倾覆位置时不能排气)。

1.2.4 将两个多级油缸的各中间缸全部顶出，直至顶不动为止。

1.2.5 再次检查并确认“1.2.1”中的检查项目。

1.2.6 下放井架(按下放井架操作程序操作)。将多级油缸慢慢回收，井架重心被油缸拉过井架大腿支点后，未出现快速倾覆现象。

2 故障原因及失效机理分析

2.1 两个多级油缸的各伸、缩缸中均存在少量的空气，但不是井架快速倒下的直接原因。

2.2 井架未发生快速倾覆的一边三级油缸的各中间缸筒(一、二级)已全部伸出，发生倾覆的一边三级油缸的中间缸筒(一、二级)未完全伸出，导致中间缸筒处在浮动状态。当井架重心偏离支点后，大部分重量压到油缸上，该油缸的第三级缸筒在井架重量和液压油的作用下快速回收，使处于浮动状态的中间缸筒(一、二级)快速伸出，整个油缸在此瞬间不承力，导致井架出现倾覆现象。

3　故障原因分类

该钻机井架发生快速倾覆现象属操作问题。

4　故障教训

4.1　对大型作业不重视，思想麻痹，检查工作不仔细。

4.2　对多级油缸的工作原理不熟悉，不懂操作规程。

4.3　设备故障监测与诊断技术应用不到位，监控不力。

5　防范措施

5.1　加强新设备、新工艺、新方法的学习和掌握，提高认知能力和操作能力。

5.2　提高对大型作业的思想认识，按设备的操作程序认真仔细全面的检查设备，不留隐患。

5.3　对多级油缸的操作，要先排净各级伸、缩缸中的空气，并在油缸回收时，将中间缸筒完全伸出，直至顶不动为止。

5.4　应用设备故障监测与诊断技术于液压系统设备中，随时监控系统工作状况。

绞车滚筒乱绳险酿断绳事故

1 故障概况及经过

1.1 故障概述及经过：2010 年 6 月 25 日，某钻井队在 YQ13 井进行通井作业。当井深在 4500m，悬重 182t，上提钻具时，突然听到"哗哗"的声响，悬吊系统及钻具反向下落，接着左右摆动，井架也随着晃动，钻台施工人员向井架大腿外逃生。事后检查发现，钻井大绳在滚筒上缠绕不规范，重载时，松散、排乱了的钢丝绳一下子被拉出造成"顿钻"。

1.2 故障处理：由于没有造成设备和钻具的毁坏，该钻井队仅更换了一盘钻井大绳，并对滚筒两侧板磨损较严重的部位进行了焊修。

2 故障原因及失效机理分析

2.1 故障调查：钻井大绳绳径由 ϕ38mm 磨损到了 ϕ36.4mm；滚筒两侧板的第二、三层钢绳接触处磨损严重，约 3mm，特别是第三层接触处磨损更大，约 3.5mm；里巴斯绳槽开槽间距 38.7mm；滚筒上缠绕的钢丝绳相互交叉、挤压，无法解开。

2.2 该钻机投产使用初期，滚筒左边（活绳头）第二层到第三层缠绳存在乱绳、夹绳现象，在该处缠绕的钢丝绳存在磨损问题，单根钢丝大都呈扁平、发亮。

2.3 井队对滚筒侧板磨损、钢丝绳磨损没有及时反映和处理，且明知有磨损又未派人检查与监督，是造成该险情的主要原因。

2.4 滚筒侧板不耐磨，里巴斯绳槽开槽存在误差，厂家产品质量存在缺陷。

3 故障原因分类

绞车滚筒乱绳夹绳，属检修质量问题。滚筒侧板热处理未达到质量要求，不耐磨，里巴斯绳槽间距加工误差大，说明产品制造质量存在问题。

4 故障教训

4.1 加强钻机绞车滚筒的巡回检查与维护，及时反映和解决存在的问题，避免事故发生。

4.2 钻机的关键、重点部位均安装有工业监视器，司钻在操作时，没有充分利用工业监视的作用，避免滚筒乱绳、夹绳故障。

4.3 钻井大绳的磨损较快，各班未按规定检查。

5　防范措施

5.1　严格按设备维护保养规程定时检查维护设备。

5.2　司钻在进行起下钻操作时，要随时观察工业监视器中四个画面，特别是要监视滚筒、二层台的工作情况，避免事故发生。

5.3　每天检查滚筒侧板的磨损情况，达到 2mm 必须修复。

5.4　使用钢芯钢丝绳作钻井大绳，淘汰麻芯钢丝绳，增大钻井大绳的破断拉力、耐磨性及与滚筒的接触面。

游车滑轮卡死故障

1 故障概况及经过

1.1 故障概述及经过：2010 年 8 月 25 日下午 19:00 许，某钻井队刚钻完该井设计井深 1917m 时上提钻具，游车突然发生歪斜，钻井钢丝绳在滑轮绳槽内滑动、冒烟，当班司钻担心钢丝绳被磨断不敢继续上提。

1.2 故障处理：由于井下有 1917m 的钻具，为防止卡钻事故的发生，机械工程师在循环泥浆的过程中对故障游车进行了检查，决定在被卡死的滑轮及相邻滑轮绳槽和轴承内注入大量的润滑脂(以降低钢丝绳在绳槽内的摩擦阻力及磨损)，提升 1 柱钻具后，边循环泥浆边更换游车。3h 过后，游车更换完毕，钻具未卡。

2 故障原因及失效机理分析

2.1 解剖情况：滑轮轴承外轨破裂，保持架散架，滚珠歪斜，轴承内、外轨及滚珠无烧伤痕迹，轴承内润滑脂正常，滑轮轴被拉伤。

2.2 游车卡死前，游车的检查、维护保养记录不全。

2.3 该游车(YC200)发生卡死时已运转 8890h，结合解剖情况，故障诊断为轴承疲劳损坏，游车到了大修期而没有实施大修所致。

2.4 游车滑轮卡死时间发生在白天，发现故障及时，若是发生在夜间，其后果不堪设想。

3 故障原因分类

该游车滑轮卡死属检修质量问题。

4 故障教训

4.1 现场设备要每天坚持检查与维护，特别是对快达到或达到大修周期的设备要增加检查、维护频次，做到及时发现和解决问题，保障设备正常运转。

4.2 对达到或即将达到大修周期设备未及时安排修理。

4.3 设备故障监测与诊断技术应用不到位，监控不力。

5 防范措施

5.1 严格按设备维护保养规程定时检查维护设备。

5.2 对达到大修周期设备及时送修。

5.3 应用设备故障监测与诊断技术于设备管理中，定期对关键重点设备进行故障诊断，把故障或事故扼杀在萌芽状态，减少不必要的损失。

大庆Ⅱ－130钻机气路故障

1 故障概况及经过

1.1 大庆Ⅱ－130钻机是原兰州石油机械厂于20世纪80年代开始生产的钻机，得到了大量应用，该型钻机采用机械皮带传动，气胎离合器控制传动系统的连接分离，气路系统结构简单，工作可靠。但冬季未采用有效的保温措施时，经常发生压缩空气气路系统故障，影响正常生产。

1.2 冬季的一天清晨，某钻井队完成一开钻进，使用一台柴油机作为动力，正在进行起钻作业，当起至仅余两柱钻杆，钻具提升至立柱的第二个单根时绞车低速离合器、总离合器气路突然发生气路冻结，导致正在起升钻具中的绞车无法停止。在钻台操作刹把的司钻，将总车和高低速离合器气开关全部摘掉，仍然无济于事。钻具随着绞车转动，一点点地越过二层台，然后向天车接近。

眼看一场顶天车恶性事故即将发生，此时正在机房检修设备的机房司机发现了这一紧急情况，立即飞奔到干燥房内将井场设备气路总开关关闭。随后因井场用气设备多，各传动设备离合器气压迅速下降分离，但由于惯性作用，起升中的游动滑车在游车与井架天车碰到了一起时才慢慢停了下来，并且由于碰撞大绳发生了跳槽，确实在千钧一发之际，避免了一次严重事故。

1.3 此后当班司钻立即组织人员爬上天车，对碰撞在一起的游车和井架天车以及大绳损伤情况进行检查，将跳槽的大绳复位，同时对气路冻结故障进行检查排除，发现是由于绞车低速离合器导气龙头气路与钻台总气气路继气器同时发生冻结所致，采取加温，和气路放水措施后故障迅速得到排除，恢复了正常生产。

2 事故原因及失效机理分析

故障处理完毕后，通过对此次气路故障处理过程的分析，事故的原因主要有下面几项：

2.1 此次气路故障发生在凌晨，正是一天中气温最低之时，司钻操作离合器时气路中的水分顺着管路流动凝结成冰，每活动一次气开关，气路中的冰层就加厚一层，直至完全冻结。

2.2 压缩空气中含水量过高，空气干燥设备分离排除水分性能不佳。

2.3 气路防冻设备设施工作性能不佳，未发挥应有作用。

2.4 操作人员操作措施不完全得当，如机房司机操作，此时最佳的措施应当是将柴油机紧急停机，因为此时只有一台柴油机作为动力，直接停止柴油机运转是停止钻具上行的最快途径。

3 故障原因分类

此故障原因首先为装备配置问题，如配有压缩空气干燥设备，将有效防止此类故障的发生；二是针对寒冷天气钻具起升作业，未配备气路保温装置或设施。

4 故障教训

4.1 提前做好设备设施的冬防保温工作，配置有效的空气干燥设备，并确保工作性能正常。

4.2 发生各种事故时，操作人员处理操作时要头脑冷静，不能慌张。

5 防范措施

5.1 加强对操作人员的技术培训，使操作者了解设备的结构原理，常见设备故障的处理预防措施，避免出现相同的类型的事故。

5.2 配备必要的冬防保温设备设施，并确保这些设备设施的有效运行。

5.3 认真落实设备冬防保温管理制度，有效避免管理因素引起的故障。

液压盘刹失灵造成溜钻故障

1　故障概况及经过

2002年8月5日下午2：00左右，在哈萨克斯坦塔拉斯区块，某钻井队所用的ZJ40L钻机正在进行正常的起、下钻作业，此时井深1806m，悬重76t。井队钻机ZJ40L绞车所配置的某公司的PS40液压盘式刹车装置(简称盘刹)，在使用过程中多次发生盘刹失灵溜钻事故，后经停机检查，发现盘刹液压站蓄能器氮气压力为6.2MPa，高于正常蓄能器氮气压力2MPa左右。经分析盘刹失灵故障造成溜钻事故是由于盘刹液压站蓄能器氮气压力过高，导致蓄能器降低液压回路内压力脉动的能力降低，使盘刹工作时压力波动过大，瞬间工作压力降低，刹车力降低，出现溜钻事故。

2　事故原因及失效机理分析

2.1　事故原因

2.1.1　压力过高

蓄能器氮气压力过高：6.2MPa。

2.1.2　气温过高

由于周围环境气温过高，已超过40℃，导致油温升高，此时冷却器未投入使用，油温逐步升高，导致蓄能器内氮气温度升高，从而导致氮气压力升高，当蓄能器内氮气压力≥6.5MPa(即盘刹正常的工作压力)时，蓄能器将失去其蓄能保压的作用。找出原因，经释放氮气压力值至标准后盘刹工作正常。

2.2　失效机理分析

液压盘式刹车装置为机、电、液一体化产品，它是绞车的重要部件。了解熟悉其结构、原理和性能并正确使用与维护该装置，对保证钻机的安全可靠运行具有重要的指导意义。盘刹装置由三部分组成：制动执行机构、液压站及操作台，它们之间用液压管线连接(见图1)。液压站是动力源，为执行机构提供必需的液压动力；操作台是执行机构的控制中心；执行机构是刹车制动的执行部分，它由刹车钳、钳架、刹车盘三部分组成，其中刹车钳又分为常开式工作钳和常闭式安全钳两种型式。

钻机正常工作时，主要是盘刹工作钳参与制动，盘刹刹车钳包括安全钳和工作钳两种。其中工作钳工作原理为：当具有一定压力的液压油进入工作钳油缸时，液压油产生的轴向力，使油缸活塞与缸体分别向两侧移动，通过杠杆，将力传给刹车块，作用于刹车盘上，产生摩擦制动力。工作钳的制动力与油压成正比，油压越大，制动力也越大。当油压达到一定

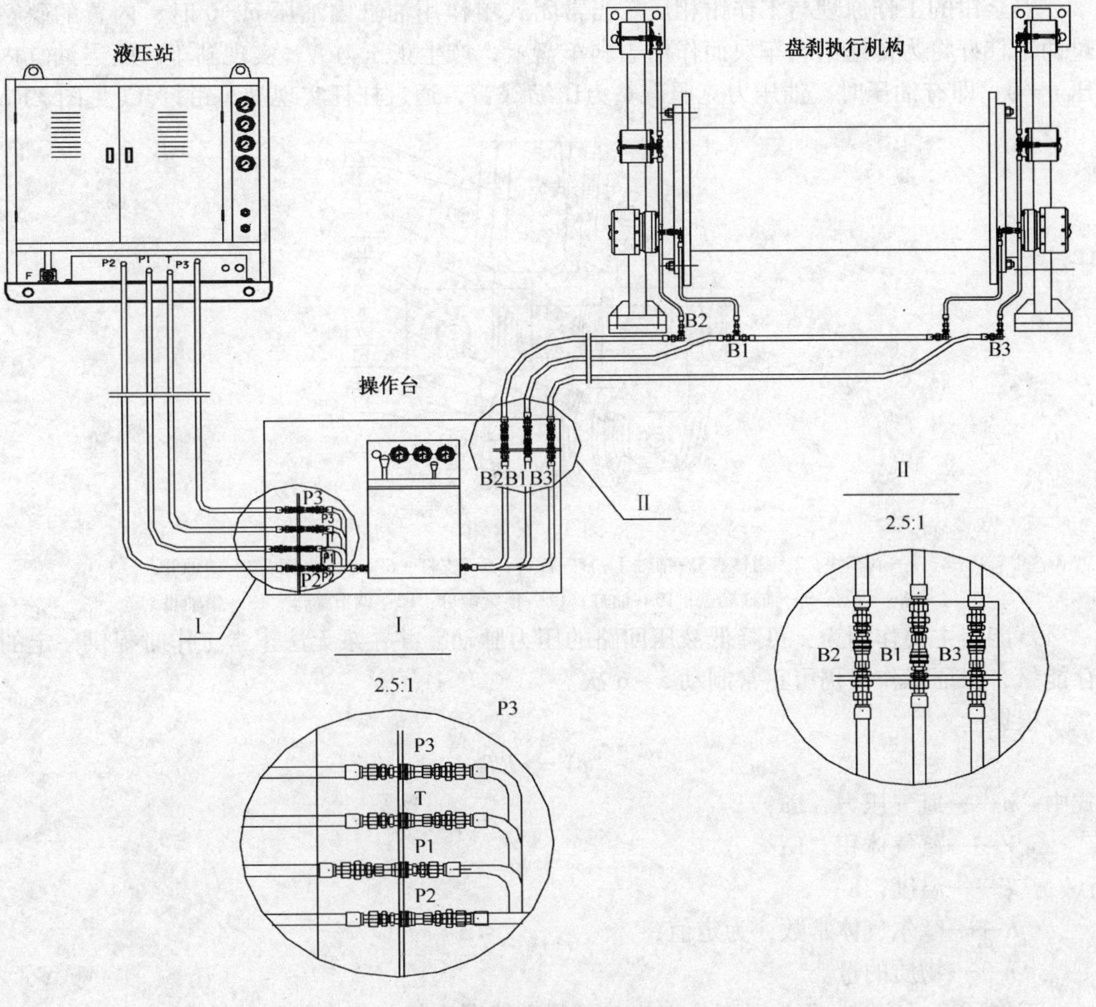

液压站
盘刹执行机构
P2
P1
T
P3
F
B2
B1
B3
操作台
B2 B1 B3
Ⅱ
Ⅱ
2.5:1
B2
B1
B3
P3
P3
T
P1
P2
Ⅰ
Ⅰ
2.5:1
P3
P3
T
P1
P2

图1　液压管线连接示意图

值时，刹车盘处于全制动状态，当油压为零时，在复位弹簧的作用下，拉动杠杆使得刹车块离开刹车盘，制动钳处于完全松刹状态(见图2)。

1
2
3
4
5
6
7
8
9
10
11
12
13
14

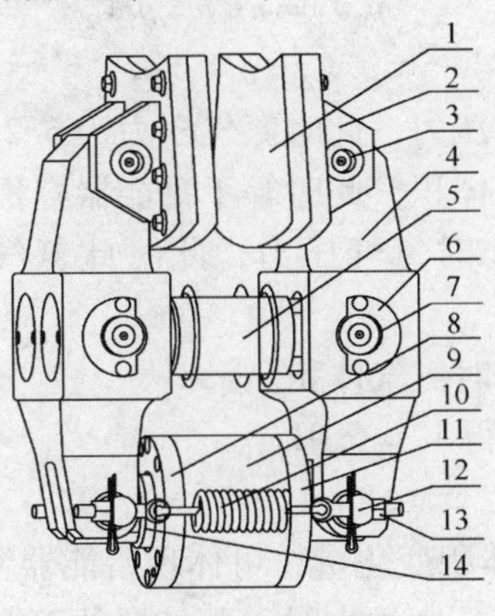

图2　工作钳

1—刹车；2—块钳体；3—销轴Ⅰ；4—杠杆；5—支杆；6—半圆挡圈；7—销轴Ⅱ；
8—油缸端盖；9—缸体；10—拉簧；11—后端盖；12—销轴Ⅲ；13—调节螺母；14—活塞杆

安全钳的工作原理与工作钳相反。当常闭式单作用油缸内油压 $p=0$ 时，内置的碟簧通过两个杠杆将力传递给刹车块而作用于刹车盘上，产生正压力 N，实现刹车；而当油缸内油压 $p\neq0$，即有油压时，油压力克服碟簧力压缩碟簧，通过杠杆实现刹车钳打开(见图3)。

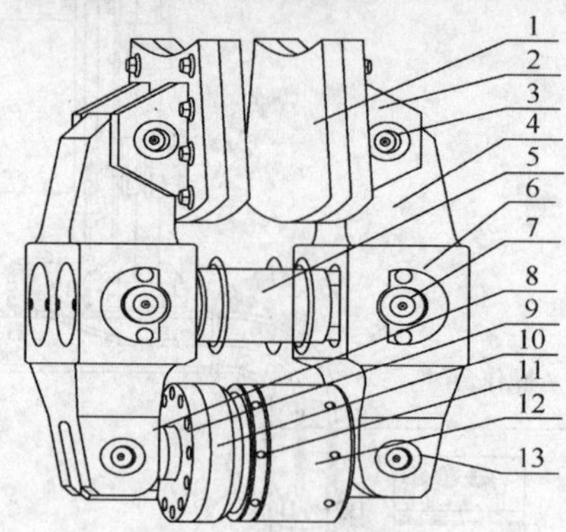

图3　安全钳

1—刹车块；2—钳体；3—销轴Ⅰ；4—杠杆；5—支杆；6—半圆挡圈；7—销轴Ⅱ；8—活塞；9—油缸端盖；10—油缸；11—锁紧螺母；12—调节螺母；13—销轴Ⅲ

蓄能器主要作用为：可降低液压回路的压力脉动，并在泵无法正常工作时提供一定的储存能量，保证工作钳仍可正常制动5~6次。

根据

$$pV=nRT \tag{1}$$

式中　p——氮气压力，Pa；

V——氮气体积，L；

T——温度，K；

R——摩尔气体常数，为定值；

n——物质的量。

工作环境一定时，T 为温度为定值，可得蓄能器内氮气压力与氮气体积成反比。而钻机现场实际情况为：蓄能器氮气压力为6.2MPa，而盘刹的正常工作压力为6.5MPa，蓄能器容积为 $V_1=6.3\text{L}$ 根据公式(1)得：

$$p_1V_1=nRT=p_2V_2 \tag{2}$$

$$V_2=p_1V_1/p_2 \tag{3}$$

式中　p_1——盘刹未工作时氮气压力，此时氮气压力为6.2MPa；

V_1——盘刹未工作时氮气体积，此时等于蓄能器容积为6.3L；

p_2——盘刹现场实际工作时氮气压力，此时此氮气压力等于盘刹工作时系统压力为6.5MPa；

V_2——盘刹现场实际工作时氮气体积。

将上述数值代入公式(3)可得 $V_2=6.0\text{L}$

$$\Delta V=V_1-V_2=0.3\text{L} \tag{4}$$

式中　ΔV——蓄能器工作前后体积变化量，可体现蓄能器蓄能能力。

由此可见，当蓄能器内氮气压力过大时，蓄能器的蓄能效果是不明显的。

上述情况仅为工作温度正常的情况下描述的，根据公式(1)得 $p/T=nR/V$，此时氮气压力与氮气温度成正比，而当环境温度过高时，蓄能器内氮气温度也随之升高，蓄能器内氮气压力可能已达到甚至超过了6.5MPa，此时的蓄能器就无法起到在泵无法正常工作时提供一定的储存能量和降低液压回路的压力脉动的作用了，在司钻操作盘刹手柄时就会出现工作钳油路液压油压力降低，导致工作钳刹车力瞬间降低，出现溜钻事故。

3 事故原因分类

维护保养问题、操作问题。

4 故障教训

液压盘式刹车装置应用了液压系统，这要求对整个液压盘式刹车装置进行合理维护保养。实践经验证明，对于液压系统，接近80%的事故是由于盘刹系统的维护保养不足造成的。

4.1 定期检查

蓄能器应一周至一个月内，必须检查蓄能器的充气压力一次，检测时需停机，并打开板式截止阀卸掉蓄能器内的液压力，卸下蓄能器外护帽及内护帽，连接好充氮工具，轻旋充氮工具上的旋钮，检测蓄能器内氮气压力。

4.2 油温不超过60℃

液压油的工作温度，允许最高值为60℃。因为更高温度，会加速油液的老化，并缩短密封件和软管的寿命，必须经常检测油箱中的油液温度。油温逐步升高，表明可能污染或形成胶质，或者柱塞泵磨损，油温突然升高是报警信号，应立即停机检查。

5 防范措施

5.1 定期检查保养

严格按照《液压盘式刹车装置使用操作维护手册》执行，定期检查保养，蓄能器内氮气压力为一周至一月检查一次，如果出现异常，及时补充或释放氮气压力至正常值，及时更换损坏的蓄能器胶囊。

5.2 检查盘刹油温

每班都要检查盘刹油温，不得高于60℃。

ZJ30CZ 钻机液压盘式刹车失效事故

1 故障概况及经过

1.1 故障设备概述

该设备为某钻井公司新到海外市场的 ZJ30/1700CZ 车装式 30 钻机，其绞车配备的主刹车为 PZ40 液控式液压盘式刹车，辅助刹车为 324WCB 伊顿刹车。

该液压盘式刹车装置为双回路液控、双刹车盘结构，配置了 4 组常开式工作钳和 2 组常闭式安全钳。整个盘式刹车由三部分组成：液压站、操作台及执行机构，他们之间用液压管线连接，可以实现工作制动、驻车制动、紧急制动、自动防碰刹车保护、断电报警，低油压及断气自动刹车功能。

1.2 故障发生经过、影响范围及处理过程

2010 年 10 月 14 日下午，该钻机在海外某工区进行正常钻井作业，钻至井深 457.00m 后接录井通知一开完钻，随后当班司钻准备上提方钻杆循环泥浆，当上提方钻杆 2.5m 后操作刹把进行悬停刹车时，发现液压盘刹制动刹把失灵并导致大钩下滑侧斜(见图 1)。

图 1 大钩下滑侧斜

事故发生后井队及时对液压盘刹系统进行了故障排查，发现刹车失灵是由于盘刹液压站电机断电造成的，随即重启电动液压泵恢复了液压盘刹系统的正常工作，并对侧斜大钩进行了复位。由于事故发生时井深较浅且钻具仅提离井底 2.5m，因此事故没有造成人员伤亡和设备损毁，对井下生产安全也未造成严重后果。本次事故的发生共造成了 31h 的时间损耗，由于该项目为日费钻井合同，且事故发生在项目的初始阶段(该井为该井队在本项目施工的第二口井)，因此，本次设备故障不仅造成了一定的日费损失，而且对项目施工的整体声誉

造成了负面影响。

2 事故原因及失效机理分析

2.1 事故原因

经检查发现，本次故障原因是由于盘刹液压站电机开关跳闸导致油泵电机断电不工作，致使液压盘刹系统压力下降，无法给工作钳提供连续稳定的工作压力，且其配备的断电报警及系统低油压紧急自动刹车保护功能未能正常发挥作用，而当班司钻在进行提升钻具作业时又未能及时通过仪表系统对液压系统的压力变化进行及时必要的观察，做到提前发现故障隐患，并且在发现工作钳刹车不力时也未能及时的利用液压盘刹的紧急刹车功能和辅助刹车装置进行补救操作，最终导致钻具下溜，造成了事故的发生。

2.1.1 操作原因

操作人员在启动液压油泵时没能按规范锁定油泵电源开关的保险装置，为事故发生埋下了隐患。另外，由于操作人员对整个设备的结构性能及操作要领理解和掌握不够，最终在液压盘刹系统失压后，既未能在刹车失效前发现失压故障，又未能在刹车失效后及时采取正确有效的应急处理措施，最终导致了事故的发生。

2.1.2 维修原因

检修人员进行故障排除和维修时，为了满足钻井生产要求，作为应急处理，牺牲了设备运行的安全保护功能。

2.1.3 设计原因

引起液压泵断电的油泵开关的选型不甚合理，该开关在合闸操作后需要用插销进行保险，而现场插销不仅容易遗失，操作人员也容易忽视此操作步骤，设计上可以选择一种合闸后能够安全自锁和需要人工解锁的电源开关形式。

液压站断电报警及低油压自动刹车功能设置不甚合理，该安全功能应在低油压自动刹车之前设置一个低油压报警环节，以便警示操作人员及时主动地做好应急措施和排除故障，避免被动紧急刹车或者刹车失效情况的发生。

2.2 失效机理分析

依据该钻机所配液压盘式刹车的工作原理(见图2)，在正常工作状态下，动力系统失压、刹把故障、工作钳管线爆裂、刹车机构卡死等原因均有可能造成工作钳刹车失效。该钻机的液压盘刹系统采用的是相对独立的双回路工作系统，一路刹把控制或管线故障不会造成另一路工作钳工作失效，由于双路刹把控制及双路管线同时出现故障的几率很小，刹车机构卡死也很少会同时出现，因此刹把控制故障、工作钳管线爆裂、刹车机构卡死等故障均不太可能造成整个刹车系统的完全失效。动力系统失压则是导致双路工作钳同时刹车失效的直接原因，但该液压盘刹系统配置的液压站断电报警及系统低油压紧急自动刹车功能在本次事故中却未能发挥作用，说明其存在问题。

司钻在正常操作时可以从仪表系统提前观察到盘刹系统压力及工作压力的非正常变化，预防事故的发生，并且在发生系统失压导致工作钳刹车失效后可以及时操作紧急刹车和辅助刹车，利用液压盘刹的安全钳和伊顿辅助刹车进行刹车补救，最大限度的减轻事故后果，甚

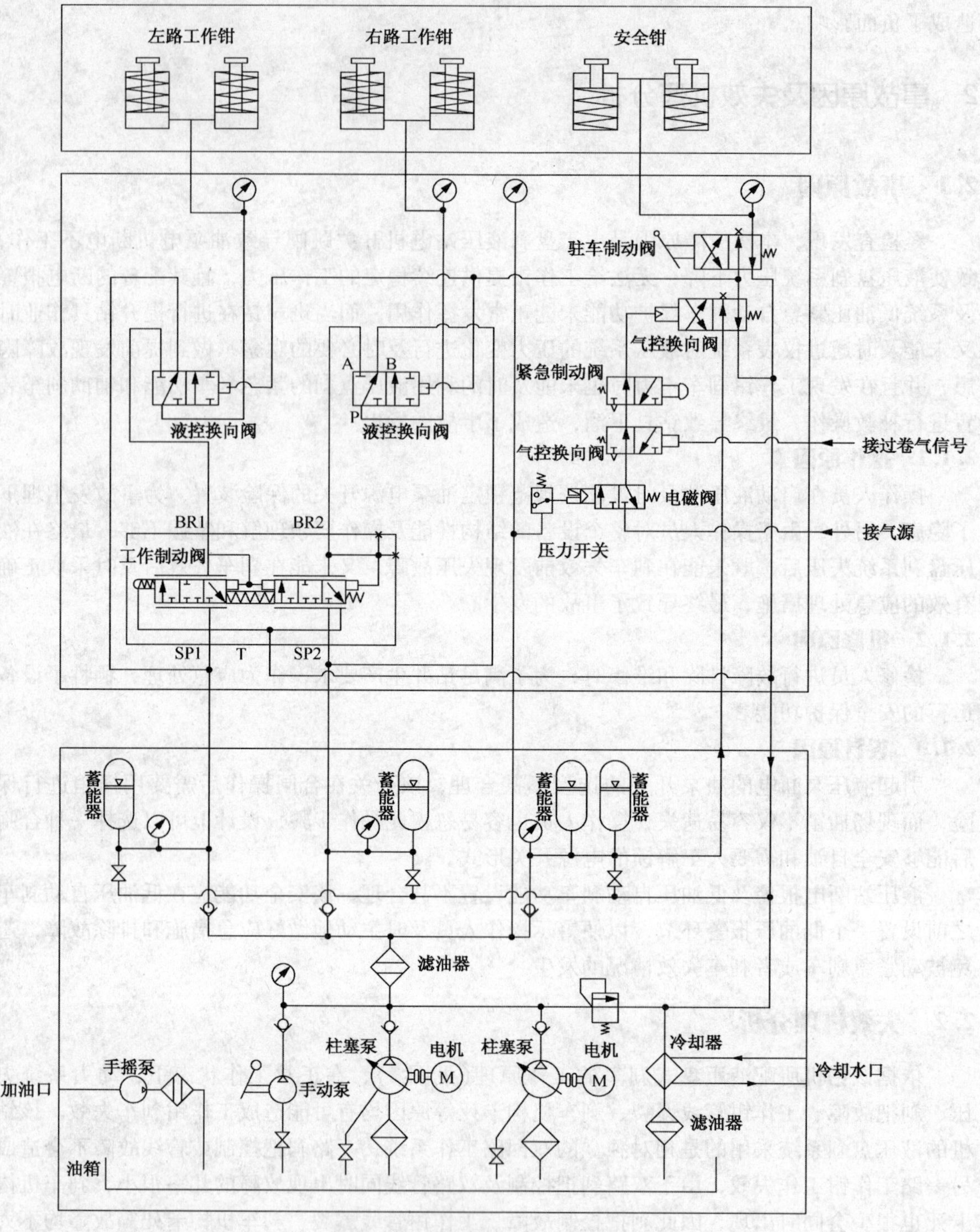

图2 液压盘式刹车液压原理图

至避免事故发生。该事故的发生说明当班司钻在具体操作细节上存在瑕疵。

2.2.1 液压站油泵断电故障的机理分析

事故中油泵断电是由于液压站电控柜油泵开关脱位造成的。该开关采用的是机械旋转开关，开关合位后需要用安全插销进行保险，操作人员在启动液压泵后未按规范用安全销进行保险，在钻井作业过程中由于设备抖动导致开关脱位，从而造成油泵断电停止运转。开关外形见图3。

图3　液压油泵开关外形

由于该系统在设计上存在缺陷，即将液压站断电报警装置的报警信号源设置在了液压站配电箱的总电源处，只有在总电源报警信号源处失电的情况下其控制的气喇叭才能发出报警。在油泵开关脱位失电导致液压油泵停止工作的情况下，断电报警装置虽然状态正常但也无法给出报警信号。其液压站断电报警工作原理见图4。

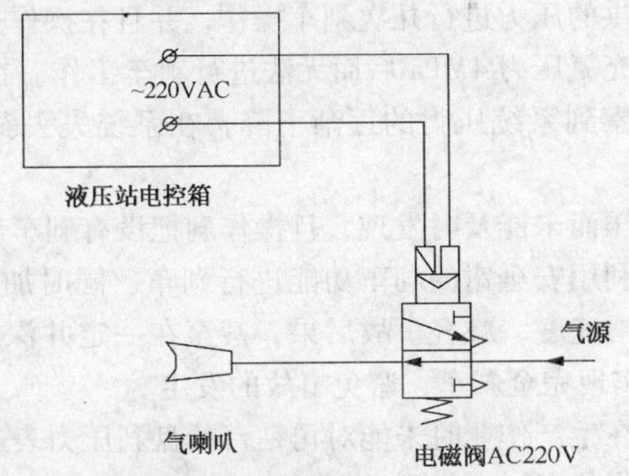

图4　液压站断电报警原理图

2.2.2　低油压自动紧急刹车保护失效的机理分析

在液压盘刹工作过程中，如果由于油泵断电等故障导致系统压力下降，按其设计功能，当系统油压下降至5MPa以下时，设定好的压力开关会自动控制液压油路上的电磁阀动作，切断主气源，实现液压盘刹的自动紧急刹车，完成低油压自动保护功能，以防事故的发生。其控制原理见图5。

该设备由国内海运至国外工区后，在安装调试时发现低油压保护系统的压力开关损坏，造成液压盘刹一直处于紧急刹车状态而不能正常工作，而当时又无配件进行更换修复，为了达到甲方尽快开钻的要求，现场调试人员将盘刹主气源绕过了压力开关控制的电磁阀进行连接，并对操作人员进行了必要的告知和警示，这样液压盘刹虽然能够正常工作，但也失去了低油压自动紧急刹车保护功能。值得提出的是，低油压自动紧急刹车保护功能是一种被动无奈的保护措施，该保护启动是在操作人员没有思想准备的情况下进行的，对设备及钻井作业

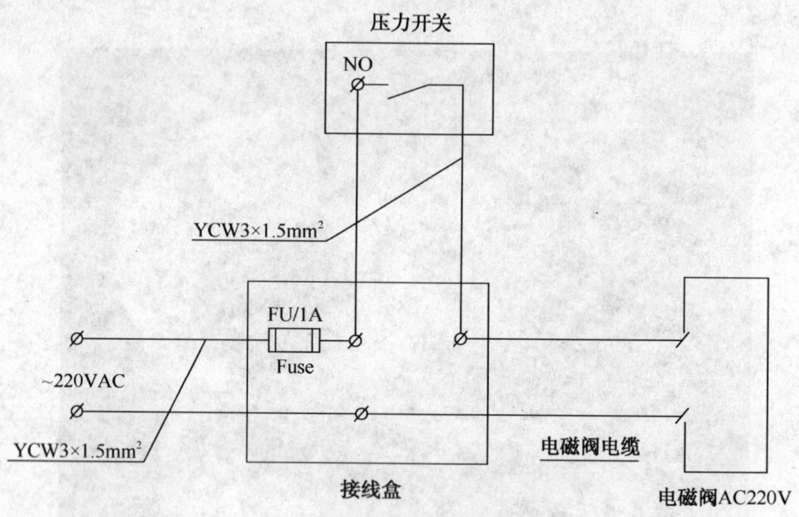

图5　低油压刹车电控原理

会有较大的不确定危害，因此国内生产厂家较多采用的是设置适宜的低油压报警功能。

2.2.3　司钻操作失误的机理分析

液压盘刹在正常工作期间，其系统压力是维持恒定不变的，该钻机所配液压盘刹的额定系统压力为6.5MPa。在盘刹液压油泵因故障停止工作后，虽然系统失去了应有的恒定压力，但司钻仍可利用储能器提供的压力进行几次刹车操作，并且在操作过程中系统压力会持续下降，直至下降至储能器的充氮压力4MPa后而无法进行刹车工作。在此过程中司钻可以通过司控台上的系统压力表观察到系统压力的逐渐下降，在系统失去刹车功能之前进行预防操作，检查和排除设备故障。

当司钻在盘刹系统失压而未能及时发现，且操作刹把没有刹车反应时，应立即摁下紧急刹车按钮进行紧急刹车，利用安全钳的刹车功能进行刹车，同时加大辅助刹车的刹车力度，在一定程度上减缓钻具下滑速度，减轻事故后果，甚至在一定井深或悬重范围内(如本次事故中457.00m井深工况)实现完全刹车，避免事故的发生。

本次事故中当班司钻在生产作业时未能对司钻台的盘刹压力表进行有效观察，在液压油泵断电后一直处于持续操作状态，未能及时发现液压系统失压，并且在正常刹车失效后只是一味地重复操纵刹把，并没有及时操作紧急刹车按钮和辅助刹车进行挽救，最终导致钻具下溜至井底、大钩侧斜。

3　故障原因分类

操作、检修质量和设计都存在问题。

4　故障教训

本次刹车失效故障在现场调试维护、使用操作以及产品设计生产等各方面都留下了深刻的经验教训。事实告诉我们，任何不安全的行为和不安全条件将会引发事故，并为之付出代价。

4.1 产品的生产设计过程是避免设备故障发生的重要环节

产品的生产设计应该充分满足现场的实际工况和操作要求，适应石油钻井生产现场的特殊工作条件以及操作人员的业务素质现状，将设备配套缺陷、潜在故障及安全隐患消除在产品出厂之前。

4.2 设备维护保养工作是避免设备故障发生的重要保障

在现场设备的维护保养工作中，一定要遵循科学谨慎的工作态度和作风，正确处理好设备维护和安全生产之间的协调关系，严格按照技术规范要求做好现场设备维护保养工作，维护设备安全保护系统的正常可靠，确保设备安全运行。

4.3 操作人员的操作水平是影响设备安全运行的重要因素

在钻井生产作业过程中，操作者的操作技能极大地影响着设备的安全运行和故障后果，培训和锻炼提高每一个操作者的设备操作技能，使他们能够熟练、科学规范地使用设备是保障设备安全、有效避免事故发生的一项重要工作。

5 防范措施

5.1 完善设备功能

修复完善设备功能缺陷，确保系统安全保护功能正常有效，消除设备潜在的事故安全隐患。

5.2 加强现场设备管理

加强现场设备管理和维护保养工作，严格遵循设备维护的技术规范要求，对刹车执行机构、刹车间隙、摩擦片、安全钳碟簧等重要安全部位按规范要求进行监控和维护。

5.3 强化操作规范

强化操作规范和作业流程，杜绝违章操作，按盘式刹车的使用要求充分利用好辅助刹车，做到科学合理地使用盘式刹车。

5.4 加强操作人员培训

加强操作人员在设备结构性能、操作技能技巧、操作规范流程等方面的业务培训和锻炼，提高其操作水平以及对设备故障的预判能力和应急处理能力。

泥浆泵十字头销轴断裂

1 故障概况及经过

1.1 故障经过

某钻井队的3NB系列泥浆泵处于正常运转状态，泵压22MPa、排量31L/s。泵房副司钻忽然听到1#泥浆泵发出异常撞击声音，随即紧急停泵，机械工长和井队领导现场检查发现泥浆泵左侧(站在泥浆泵液力端看)十字头被推到泥浆泵机架拉杆室内。

1.2 故障概况

打开泥浆泵动力端机架盖板，如图1，打开拉杆箱盖板，发现泥浆泵左侧十字头全部被推入拉杆箱，活塞拉杆卡箍被缸套撞坏，中间拉杆被推进到缸套里，中间拉杆盘根盒盖板也撞到拉杆箱内。打开液力端缸盖，发现活塞已进入到阀腔空间里。经过仔细检查，在十字头右侧(图1，面向动力端看)没有看到销子，而左侧销子定位良好，由此判定为十字头销子断裂。打开机架后盖，发现大、小齿轮轮齿全部挤压滚坏，连杆小头也已断裂，如图2所示。

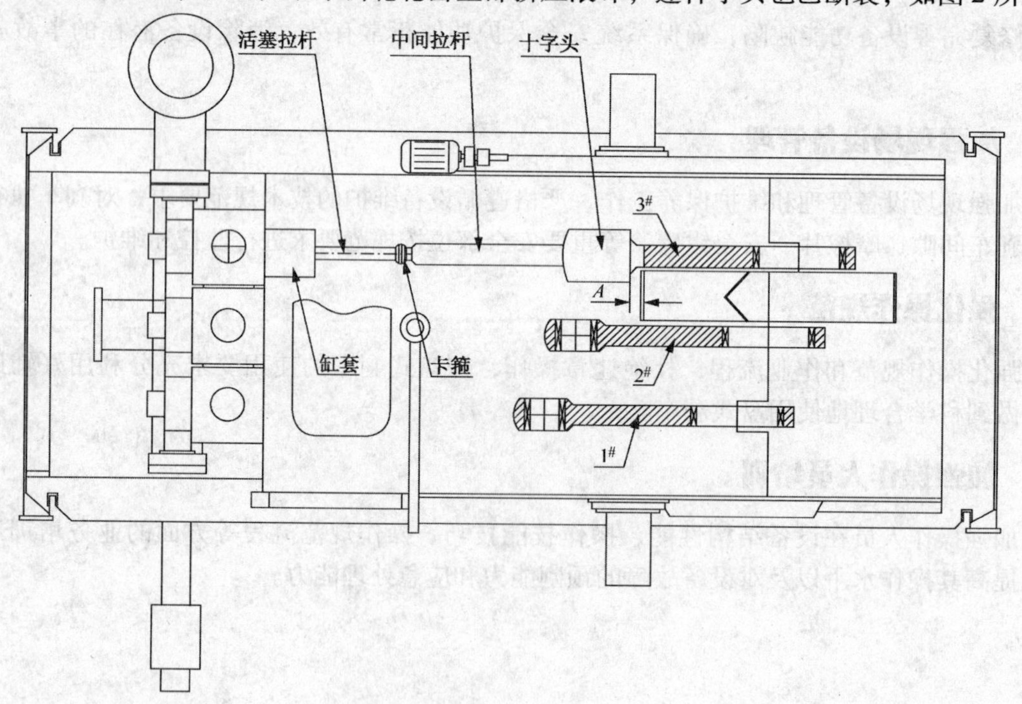

图1 泥浆泵传动示意图

同时，从机架油池里找到了断裂一半的十字头销子，上面有被齿轮咬压的痕迹。打开十字头窗盖，发现十字头已进入到拉杆箱，十字头后部有被顶撞的痕迹，上、下导板损坏。

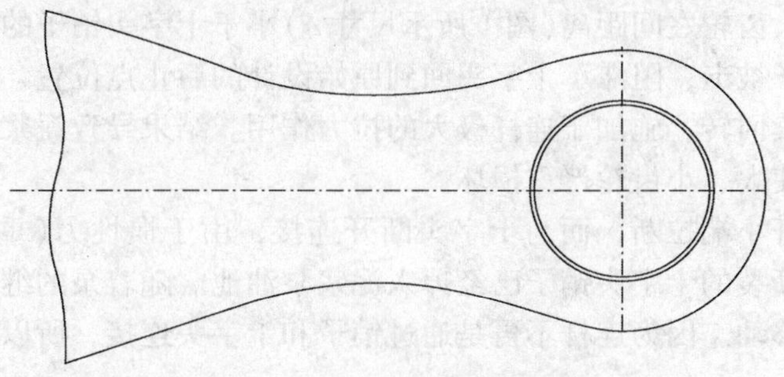

图2　连杆小头断裂示意图

2　事故原因及失效机理分析

2.1　十字头轴承及上、下导板间润滑情况良好，没有因高温导致的烧结现象，说明该泥浆泵的润滑系统工作正常。

2.2　排除润滑系统的故障后，结合动力端运动轨迹，如图3所示，进行分析。如果动力端的行程正确，将不会造成十字头被推入拉杆箱故障。出现这种现象，其潜在原因就是某种因素打乱了十字头的正常行程。

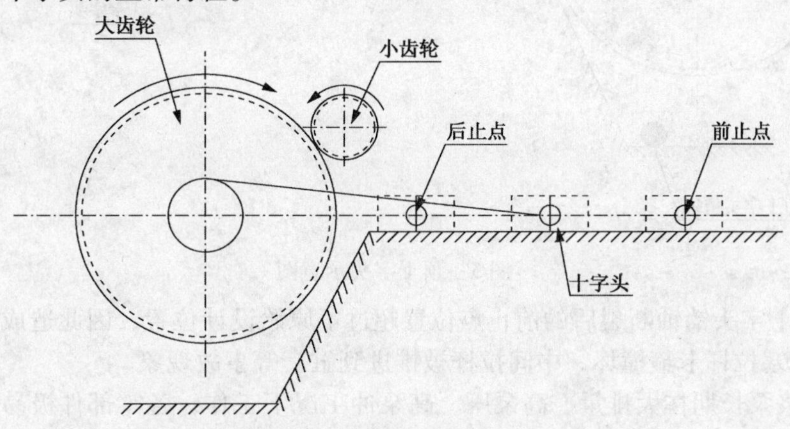

图3　动力端运动轨迹图

油池中发现的十字头销，是因为本体断裂后并从十字头销轴孔脱出，伴随十字头后退时而卡在十字头与大齿轮之间，如图4所示。

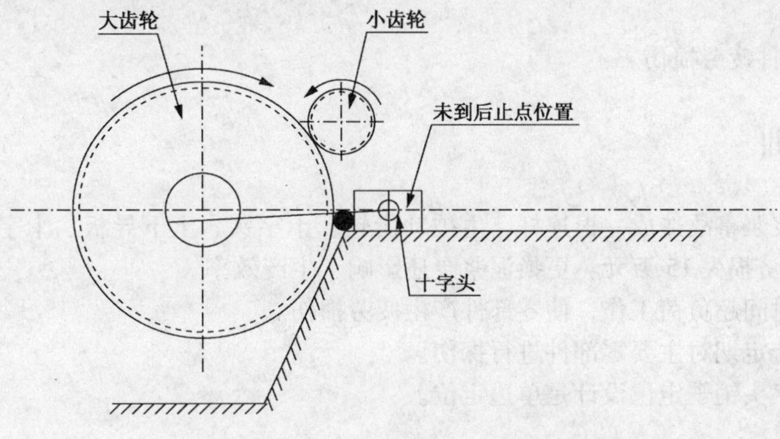

图4　十字头销被卡示意图

由于十字头与大齿轮之间距离(图1所示尺寸 A)小于十字头销子的结构尺寸，如图4所示，因为十字头销子被卡，阻滞了十字头回到原始设计的后止点位置。而在动力的正常输入情况下，大齿轮继续回转，施加于连杆极大的拉力作用。结果导致泥浆泵连杆拉断，而泥浆泵的连续运转，又使大、小齿轮严重损坏。

因为泥浆泵连杆小端拉断，而与十字头断开连接，由于惯性力(重力)作用，连杆小端自然下垂。此时，断裂的十字头销子已经掉入泥浆泵油池。随着泵的继续运转，连杆小头顶着十字头下端向前移动。因为连杆不再是通过销子和十字头连接，所以增大了十字头前行的距离，见图5。

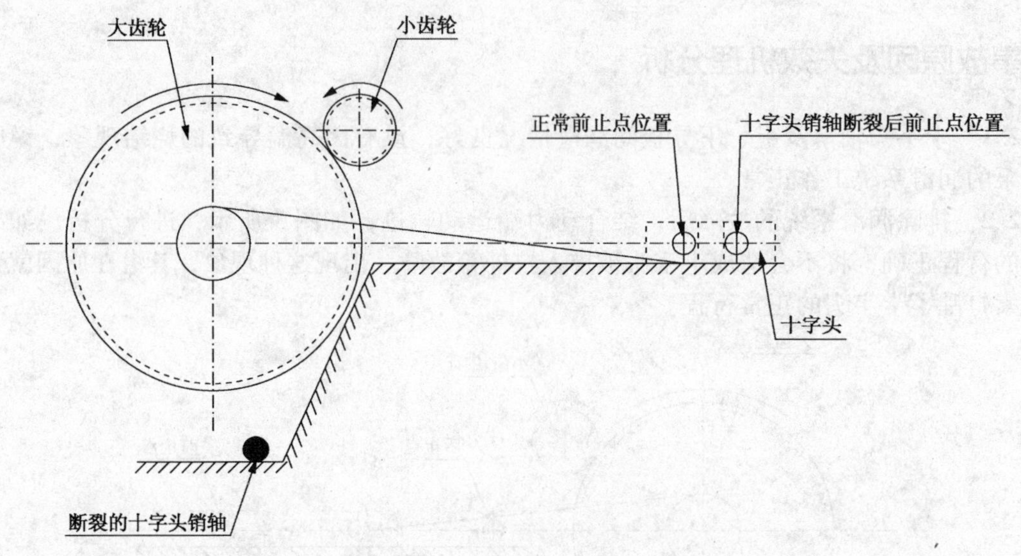

图5　顶十字头示意图

如图5，十字头销轴断裂后的前止点位置超过了原始设计位置，因此造成了十字头被推入拉杆箱，活塞拉杆卡箍撞坏，中间拉杆被推进到缸套等事故现象。

2.3　泥浆泵长期在大排量、高泵压、高泵冲工况下工作，各零部件极易造成疲劳，这也是造成事故的原因之一。

3　故障原因分类

属于零部件疲劳损伤。

4　故障教训

4.1　泥浆泵事故造成一根连杆、主被动齿轮、十字头、上下导板、十字头轴承等部件损坏，直接经济损失15万元，更换泥浆泵还影响了生产效率。

4.2　长时间超负荷工作，使零部件产生疲劳损伤。

4.3　没有定期对主要零部件进行探伤。

4.4　十字头销子定位设计是单边定位。

5 防范措施

5.1 设备管理部门应按照泥浆泵使用说明书的要求，进行动态监测，对主要零部件进行强制探伤、维修工作。

5.2 使用单位要根据钻井施工的实际需求合理使用，避免泥浆泵长期超负荷工作。

5.3 十字头销子的制造厂家应改单边定位为双边定位。

3NB－1300C 泥浆泵介杆漏油故障

1 故障概况及经过

1.1 故障设备配置

某钻井队使用的是一套 ZJ30DB 钻机，配备国内某合资公司产 3NB－1300C 泥浆泵组一套，使用仅一年多时间，即产生介杆油封处漏油严重现象，一个班(12h)需添加润滑油 50kg，造成生产成本大量增加，同时由于润滑油漏失到缸套冷却水箱里，也造成了环境污染。数次更换骨架油封，效果也不是很好，给正常生产带来了很大的影响。

1.2 处理过程及恢复

由于十字头导板、滑板已严重磨损，故泥浆泵正常运行时，十字头跳动将十分严重，所以简单地通过更换骨架油封已不能解决问题了。参照某公司产 SL3NB－1300A 泥浆泵采用介杆安装伸缩波纹管形式，取代了介杆与介杆密封的相对运动，只要波纹管不损坏，即可完全实现润滑油不漏失。从而可从根本上解决了介杆漏油问题。实际改造为在介杆腔隔板上攻扣，用法兰将波纹管大端固定在介杆腔隔板上，去除骨架油封密封，这样就完全实现了密封。

2 故障原因及失效机理分析

2.1 故障原因

一台新泵仅使用一年时间，即出现如此严重的问题，究其原因，主要为以下几点：

2.1.1 未合理使用润滑油。按泥浆泵公司的 3NB－1300C 泥浆泵使用维护说明书要求，夏季使用 L－CKC320 齿轮油，而冬季使用 L－CKC220 齿轮油。而该钻井队仅使用 15W－40CD 柴油机油作为泥浆泵润滑油，由于该机油黏度太低，在相对运动件间压力很大的情况下，基本上形成不了良好的润滑油膜，从而造成相对运动件(如十字头导板与滑板、主传动齿轮等)的干摩擦或半干摩擦，加速了磨损。尤其以十字头的导板与滑板磨损更加剧烈，由于导板与滑板间磨损间隙加大，在十字头往复运动过程中，跳动幅度加大，加速了骨架油封的磨损，难以对润滑油腔形成有效的密封，所以在使用过程中，造成了润滑油的大量流失。

2.1.2 设计问题。由于 3NB－1300C 泥浆泵使用的是骨架油封密封形式，而骨架油封密封的介杆用螺栓连接在十字头上，随着使用时间的增加，十字头滑板与导板间的间隙必然会逐渐加大，势必造成骨架油封与介杆间的同轴度误差逐渐加大，从而造成油封密封失效。而另一公司生产的 3NB－1300A 泥浆泵介杆密封采用橡胶波纹管密封形式，将波纹管小端固定在介杆上，大端固定在润滑油腔隔板上，介杆往复运动由波纹管伸缩来完成，改动密封为静密封。而导板与滑板间的同轴度误差基本上不会对柔性的波纹管产生任何影响。由于波纹管长时间进行伸缩动作，故对橡胶波纹管质量性能要求较高。

2.2 失效机理分析

设备运动件之间的润滑主要是由润滑油在两运动部件间形成一层极薄的油膜，而当在极压条件下，黏度过低的润滑油就不利于润滑油膜的形成，造成了两相对运动件之间的干摩擦或半干摩擦，从而造成设备的快速磨损失效。

3 故障原因分类

可以认定由于操作者维护保养不当，是造成此次故障的主要原因；泥浆泵制造厂在润滑油密封设计上的问题，可看成是一个次要原因。

4 故障教训

4.1 设备操作者的设备使用维护知识缺乏。钻井队设备管理人员对设备维护保养重视程度不够，培训工作不细致。

4.2 钻井队设备管理不到位。

5 防范措施

在新设备投入使用前，一定要对设备操作人员进行系统的培训。内容应包括设备的工作原理、结构形式、使用操作注意事项以及日常维护保养等，使设备操作者对所操作的设备做到心中有数。同时，加强日常设备巡回检查，做好油品的监测工作。

钻井泥浆泵十字头销松动故障

1 故障概况及经过

某钻井队在钻井作业时，其 F－1600 型钻井泥浆泵在运转过程中，动力端十字头导板处发出“铛铛”异常的撞击声，声音有力，较之十字头导板间隙过大而发出的撞击声要宏亮，且撞击声随负荷的加重而加大。打开动力端检查，发现中间缸十字头销压板固定螺栓剪断，压板脱落，十字头销退出。

2 事故原因及失效机理分析

2.1 十字头销压板固定螺栓防松铁丝断裂，固定螺栓在十字头往复运动的作用下逐渐松动并被剪断，压板脱落，十字头销在轴向力的作用下退出。

2.2 十字头销压板固定螺栓没有拧紧或扭紧力矩相差较大，造成螺栓松动，防松铁丝被剪断后，螺栓被一一剪断，压板脱落，十字头销退出。

3 故障原因分类

此故障属于维护保养问题。

4 故障教训

钻井泵十字头固定状况不易检查，易被忽视，除定期检查维护外，还应辅以状态监测手段。

5 防范措施

5.1 严格执行设备操作规程。

5.2 检修或装配时按规定的扭矩拧紧各压板固定螺栓，并穿好防松铁丝。

5.3 进一步加强钻井泵巡回检查，完善防范措施及检测手段。

钻井泥浆泵液力端故障

1　故障概况经过

某钻井队 F－800 型直通式三缸单作用泥浆泵运转时突然产生泵体不稳液力端有咚咚规律击打响声，而且伴着水龙带剧烈的晃动。随后进行停泵检修，误工约 1h。

2　事故原因及失效机理分析

初步判断可能有以下原因：

2.1　凡尔体与凡尔座的损坏，凡尔体与凡尔座的损坏有几种情况：一是本体密封面刺坏；二是质量问题造成的扶正块断裂；三是弹簧断裂；四是扶正压板脱落；

2.2　上水管密封不严；

2.3　凡尔体卡死或异物阻卡。凡尔体卡死原因较多，但现场异物卡死现在也时有发生，比如泥浆净化不严格、上水管胶皮脱落等；

2.4　空气包压力小。

经过逐步排查后更换弹性较软弹簧后水龙带恢复正常，但泥浆泵液力端还有咚咚的响声，考虑钻井泵工作原理(图 1)，活塞下行，钻井液在大气压的作用下，推开吸入阀，进入缸内，直到活塞到最低端完成钻井液的吸入过程。当活塞前行，钻井液在缸内受挤压，吸入阀在弹簧作用下关闭，当压力升高时排出阀被打开，钻井液被活塞推出，经由排出阀和排出管排出，完成排出过程。停泵拆卸检查后，取出异物，观察顶缸器间隙较大，顶缸器不正，下法尔座与导向器碰撞。随后更换顶缸器、导向器、凡尔体，泵体咚咚的响声也随之消失。

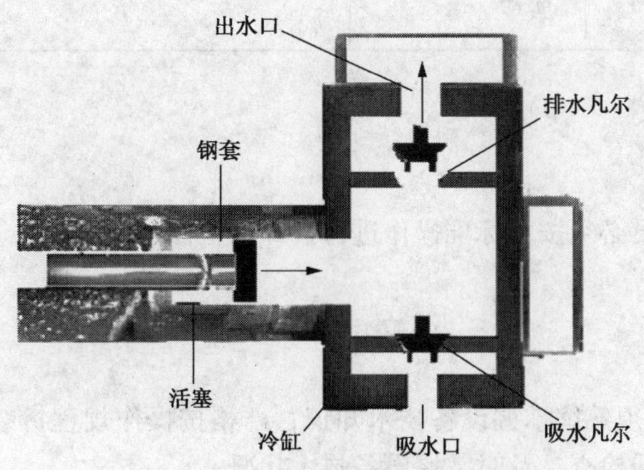

图 1 泥浆泵工作原理

3 故障原因分类

制造质量问题、维护保养问题。

故障原因及现象见表1。

表1 故障原因及现象

序号	故障原因	压力表现	其他现象
1	活塞与缸套刺坏	降低	泵压下降缓慢，可看到拉杆箱内活塞与缸体之间有泥浆刺出，冷却水被泥浆污染，无压力波动
2	凡尔体与凡尔座刺坏	降低	泵压下降缓慢，可听到轻微或刺耳的刺声，无压力波动
3	柴油机转数调整	降低或者升高	因转数升高或者降低，压力也升高或降低，压力无波动
4	闸阀刺坏	降低	泵压下降缓慢，可听到轻微或刺耳的刺声，无压力波动，若不及时发现，压力下降值更大
5	保险凡尔损坏	降低	泵压下降缓慢，可听到轻微或刺耳的刺声，无压力波动，若不及时发现，压力下降值更大
6	钻井液性能变化	降低或者升高	因钻井液性能变化，如密度与黏度的升高与降低，压力也缓慢升高或降低，无压力波动
7	上水管密封不严	降低及波动	压力降低并伴有压力波动，表现为上水管晃动及水龙带晃动，压力表指针在1~2MPa之间摆动
8	空气包无压力或压力数值较小	波动	压力无明显降低，但可表现在水龙带摆动及压力表指针在1~2MPa间摆动
9	凡尔体卡死	降低及波动	压力明显突然降低，上水管晃动剧烈，水龙带剧烈晃动，压力表指针摆动幅度大
10	活塞与缸套的磨损	降低及波动	压力随磨损程度开始降低在1MPa之间，后期降低3~4MPa，并产生压力波动压力表指针震动及摆动，水龙带及上水管剧烈晃动，动力端明显听到撞击声音。
11	活塞备帽松动	波动	压力随时间无明显变化，可听到轻微的撞击声音，压力波动不大。

4 故障教训

钻井设备操作人员必须按照标准操作进行拆卸、检修、装配。

5 防范措施

5.1 操作人员必须熟练掌握设备技术知识，严格按操作规程拆装、检修及操作，认真按规定对设备进行巡回检查，及时掌握设备技术状况；

5.2 钻井泵在安装时必须按规定标准进行安装，做到：平、稳、正、全、牢和五不漏，保证安装质量；

5.3 钻井泵的管理要实行专人负责制，严格执行“五定”制度，即定人、定质、定量、定点、定期检查；

5.4 加强对钻井泵的日常维护，发现故障时应及时查出问题，并予以彻底的排除，防止综合故障的发生，保证安全生产；

5.5 加强设备的管理及巡回检查，掌握设备的运转状态。操作人员必须四懂三会，保障设备可靠运行。

PZ12V190B 柴油机气门机械故障一例

1　故障概况及经过

1.1　PZ12V190B 型柴油机是由原济南柴油机厂设计生产的大功率增压柴油机机组，从20 世纪 70 年代末开始，逐渐成为国产各类机械传动石油钻机配备的主要动力机组，为石油钻机的各类设备运行，完成钻井过程提供动力。本事例介绍的是柴油机运转中发生的一起较具代表性的故障案例。

1.2　1996 年夏季的一天中午，某钻井队在郝家地区的一口生产井正常钻井施工中，机房 1 号、2 号两台柴油机并车运转，转速 1300r/min，仪表显示油水温度、机油压力均在正常范围，司机长在机房附近巡检设备时突然听到 3 号柴油机排气发出清晰地“铛”的一声响，立即跑向 3 号柴油机，到达柴油机前时柴油机排气管冒出黑烟，呼吸器处开始向外排出白色烟气，当班司机正在呼吸器处嗅闻溢出的烟气气味，看到情况紧急司机长立即采取紧急停车措施，使柴油机紧急停机，就在柴油机停机的同时，柴油机曲轴箱内发生爆燃，将柴油机呼吸器盖子顶出，从呼吸器出口窜出的高温燃气，将正在呼吸器处嗅闻的当班司机头发烧焦，脸部部分皮肤灼伤。

1.3　柴油机停机后，司机长立即按紧急停车后的柴油机操作要求，用预供油泵向主油道泵油，同时盘动飞轮，开始盘动柴油机时已经感觉非常沉重，连续盘动三圈多时才感到轻快些。待温度稍稍降低后，立即对柴油机进行检查，发现柴油机 3 缸缸套拉缸，拆卸抬出缸盖后发现，有一个排气门大头外侧向杆部发生断裂，近气门大头 1/4 大小的一块气门落入缸内，直接导致拉缸，缸套活塞报废，马上确定改换相关气门、缸套活塞等部件进行维修的方案。

1.4　按上述完成 2 缸维修后，启动柴油机运转，起初一切正常，不料运转仅仅 10 余分钟后，柴油机呼吸器处再次冒出白烟，立即停机后进行检查，发现原来是气门脱落的碎块经排气支管进入与 3 缸相邻的 2 缸缸内导致缸套再次拉缸，经更换缸套活塞后柴油机方恢复正常运行。

1.5　在经两次维修，更换两个缸的缸套活塞后，柴油机虽然恢复了运行，然而带负荷运行仍然存在排气冒黑烟严重的问题，经检查原来是增压器废气涡轮被碎裂的气门碎块卡死，经对增压器进行维修后，启动柴油机运转恢复了正常，故障全面排除。

2　事故原因及失效机理分析

故障处理完毕后，通过对故障处理过程的全面梳理事故的原因主要有下列几项：

2.1　柴油机运转时间已达 1 万多小时，由于气门长期在高温高压气体和与气门座的反复机械冲击作用下，材料产生疲劳损伤。

2.2　柴油机排气门碎裂后形成的小碎块，在汽缸排气时的强烈气流冲击下进入排气支管，然后进入相邻的汽缸排气道内，再进入汽缸，导致相邻汽缸拉缸，增压器废气涡轮卡滞，造成故障连故障。

2.3　故障处理过程中，只是就故障处理故障，未能综合考虑举一反三，导致后续故障未能及时预防。

2.4　当班司机检查故障及采取措施方法有误，发生类似故障后应首先采取紧急停机措施，不应盲目反复在呼吸器口处嗅闻，拉缸后汽缸密闭失效，喷油器喷入汽缸的燃油直接窜入曲轴箱，在曲轴箱内形成可燃混合气，在拉缸时产生的高温作用下发生爆燃，直接导致了当班司机脸部被从呼吸器喷出的高温燃气灼伤。

3　故障原因分类

故障原因应为气门零件制造质量问题。同时，柴油机气门长期在高温气体及机械冲击下工作，产生疲劳损伤，不借助其他手段，难以检查避免。

4　故障教训

4.1　第一个教训：当班司机处理方式不正确，导致脸部灼伤。正确的步骤如下。

4.1.1　立即停负荷，同时通知钻台。

4.1.2　立即采取紧急停车措施。

4.1.3　用预供油泵泵油同时用撬杠盘车。

4.1.4　待温度下降后根据分析的原因进行检查。

4.1.5　检修排除故障。

4.2　第二个教训：处理故障不能就事论事，要综合分析，举一反三，避免处理完第一个拉缸故障后，没有考虑到气门碎块会给其他部件造成损伤，再次发生下一个故障。

5　防范措施

5.1　加强对操作人员的技术培训，使操作者了解此类故障的现象，主要有：作用反常，表现为工作时振动加剧等；外观反常，柴油机冒黑烟。声音反常，出现不正常的敲击声、放炮声。温度反常，如油、水温度过高，轴承过热；多缸机各缸排气温差过大等。消耗反常，油、水的消耗量过大等。气味异常，排出的废气或呼吸器溢出的废气中有橡胶、绝缘材料的“焦臭味”，或柴油、机油的“油气味”等。

5.2　设备老化后，应加密保养维护及时检修或更换，避免因零部件疲劳损伤造成设备故障。

5.3　落实设备管理制度，避免“超保漏保”，引发故障。

上角传动箱缺油烧损故障

1 故障概况及经过

1.1 故障概况

2007 年 5 月的一天深夜，某钻井队打井时，因上角箱轴承烧损造成停工。

1.2 处理过程及恢复

现场施工不能中断，将备用上角箱更换后，先行恢复生产。损坏的设备待解体检修，具体分析故障原因。

2 事故原因及失效机理分析

解体上角箱，检查发现：出现故障的上角箱齿轮变色，输出轴上端呈灰色，下端有点油迹，温度很高，已盘不动，轴承烧坏。进一步检查发现一是润滑油喷管角度偏离，指向齿轮底部，二是进油管线上没有滤网，且被一块毛毡堵塞，运转时角箱的润滑已失效。

由此可以看出事故的原因有：

2.1 润滑油喷管角度设计不合理，或者材质不合要求，长期工作造成角度偏离，没有喷向齿轮啮合处。

2.2 岗位人员日常检查不到位。

3 故障原因分类

3.1 制造厂家在设计中存在缺陷，在进油口没有加装机油滤网进行有效的过滤；润滑油喷管材质不达标、角度设计缺陷。

3.2 修理厂家在设备修理过程中没有尽到修理的责任，没有把设备制造中存在的缺陷及时整改、弥补或完善。

3.3 井队在日常设备检查保养上存在薄弱环节。

4 故障教训

4.1 上角箱因缺油而烧损的事故比柴油机、泥浆泵等其他事故修理停工时间长，更换困难，损失大。

4.2 应加强对制造厂家制造质量的第三方监造工作，完善监造的各种验收标准。如果制造厂家检查人员、监造人员在检查中发现问题，及时补装一个机油滤网，就可以避免事故的发生。

4.3　应加强对修理厂家修理质量的把关，完善监修的各种验收标准。如果修理厂家在修理时认真、用心及时发现问题，马上补上一个机油滤网，也不会出现上述事故。

4.4　应加强现场设备管理，严格执行设备的巡回检查、操作保养规程。

5　防范措施

5.1　高度重视设备的润滑工作。加强各岗位的巡回检查，按照“五定润滑”要求，对重点设备的润滑油质、油量、油压全面监控，确保润滑到位。

5.2　严格执行保养工作“四个一”的要求，即：一双干净的手、一套干净的手工具(三分手艺、七分工具)、一个干净的工作台架、一块干净的毛巾和毛刷(强调不是棉纱)。

5.3　严格监督检查岗位人员设备操作规程、维护保养规程，巡回检查制度的执行情况。

5.4　落实好设备监造、调试、验收工作，从源头上确保设备本质安全。

CAT3512B 柴油机电子喷油器喷嘴开裂故障

1 故障概括及经过

某自升式钻井平台于 2002 年 2 月更换 4 台美国卡特彼勒公司生产的 CAT3512B 柴油发电机组，其主要技术参数：额定转速 1200r/min，额定功率 1102kW，12 缸，缸径 170mm，冲程 190mm，压缩比 13.5：1，总排量 51.8L，涡轮增压、独立循环二次冷却、电子喷射。

2003 年 2 月 3 日 21:00 时，2#柴油机 No.9 缸突然产生异常敲击声，同时电子仪表盘显示右排缸排气温度过高，值班人员紧急停机，此时 2#柴油机已累计运行 4609h，当时平台技术人员初步分析原因为有异物进入该汽缸。因当时柴油机尚在保修期内，随即通知 CAT 代理商，其维修人员上平台拆检 2#柴油机机 No.9 缸，发现该缸喷油器的喷嘴开裂，破裂的碎块落于缸内，产生撞击，有的随废气进入右废气涡轮增压器，使废气涡轮损坏。在更换了 No.9 缸的喷油器和右废气涡轮增压器后，重新调整气门间隙及喷油器正时。检查缸盖、活塞、缸套等无损坏痕迹，没有更换。处理完毕，柴油机试运行正常。

2003 年 3 月 23 日 15:00 时，1#柴油机 No.10 缸产生异常敲击声，同时左排缸排气温度过高，紧急停机，此时该机累计运转 6808h。2003 年 5 月 5 日 22:30 分，4#柴油机 No.7 缸发生类似故障，此时该机累计运行 5801h。1#、4#柴油机的处理过程经过基本相同，只不过废气涡轮未造成损害没有更换。

2 事故原因及失效机理分析

喷油器将柴油喷入汽缸内，柴油雾化后和空气混合后被活塞压燃，释放出大量的热和动能，推动活塞继续做往复运动，从而使柴油机连续运转。柴油机工作时，汽缸内压力、温度极高。由于喷油器存在质量缺陷等原因，在使用一段时间后，喷油器喷嘴经受不住汽缸内高压、高温的反复作用而发生开裂，破裂的碎块落于汽缸内，在活塞高速运动时产生撞击，从而产生异常敲击声，有的碎块随废气进入右废气涡轮增压器，使废气涡轮损坏。

3 故障原因分类

喷油器喷嘴开裂故障原因属质量问题。

4 故障教训

4.1 虽然 CAT3512B 柴油机具有较高水平的人机对话特点，具备各种保护功能，但还需要机房值班人员具有强烈的责任心，加强值班，以防柴油机产生故障引起更大的损害。

4.2 由代理商进行的修理，由于缺乏配件，修复的过程显得较长，影响柴油机的使用。

平台本身没有易损件的储备，即使有备件，由于缺乏必要的维修工具(如更换、调整喷油器需要一套价格不菲的专用工具)、维修手册和必要的人员维修培训，平台自修显得力不从心。

5 防范措施

5.1 要求机房值班人员必须加强岗位值班和巡回检查，及时发现设备缺陷或故障。

5.2 对于同类型设备，企业在更新时应尽量选择同厂家、同型号的设备，以便于设备的维修保养及配件的储备。

CAT3412 柴油机凸轮轴磨损故障

1 故障概况及经过

1.1 机型为CAT3412柴油机发电机组，故障概况：柴油机在运行时，各仪表显示均正常，但曲轴箱透气孔出现比较明显的冒白烟现象，停机检查，发现曲轴箱油位增高。打开气门室盖，发现一缸的气门挺杆弯曲脱位，挺柱固定卡簧折断，卡簧的固定座孔的边缘有两道深深的矩形凹槽，然后将挺柱拔出，检查配气机构凸轮轴的该缸凸轮凸缘和挺柱下端的滚轮有严重的磨损。

1.2 通过更换新的凸轮轴和气门挺柱，在气门挺柱的固定卡簧的卡脚加工成一圆柱体，使之与固定座孔相匹配，维修完毕，试车检查，柴油机运转正常，目前使用效果良好。

2 故障原因及失效机理分析

2.1 使用材料、形状结构等方面：柴油机气门挺柱导向槽与固定卡簧之间的游动间隙过大或固定卡簧之卡脚与固定座孔之间的间隙过大，此间隙主要是在生产制造过程中误差较大造成，导致柴油机正常工作时，气门挺柱导向槽与固定卡簧除了作上下之间的相对运动外，总是不可避免地受到一个横向转动的剪切力，由于气门挺柱的固定卡簧是由1mm薄钢片制成，这样柴油机经过长时间的工作后，在不停的运动中，固定卡簧的座孔就会由于剪切力的作用出现深深地凹槽，当气门挺柱带动固定卡簧横向位移的距离过大，使凸轮轴凸缘与气门挺柱下端的滚轮错位较大时，就会造成固定卡簧折断，挺柱偏转，导致故障的发生。

2.2 润滑问题，排除油道堵塞、机油压力低即可解决：在日常的巡回检查中，要加强对重点部位、易磨损部位进行检查和保养，必要时需要拆开检查零部件的磨损状况和润滑油是否需要补充、更换。

3 故障原因分类

属于制造质量问题。

4 故障教训

在日常的巡回检查中，要加强对重点部位、易磨损部位进行检查和保养，必要时需要拆开检查零部件的磨损状况和润滑油是否需要补充。及时发现问题和解决问题，杜绝重大故障和事故的发生。

5 防范措施

在设备维修中，选用合格材料的标准配件。对于存在设计缺陷和制造质量的设备部位，通过技术革新和不断地探索，总结每一次的故障教训，提高设备维修操作人员的技术素质，确保设备合理运行。

柴油机活塞破碎事故

1 故障及处理经过

2011 年 3 月 6 日，某钻井队使用 2#、3# 柴油机正常钻进，当钻进至 5:30，当班司机突然听到 3# 柴油机出现异常剧烈响声且呼吸器大量倒气，立即停车，经盘车至 5# 缸位置产生不动点。后经公司机动科检查发现 5# 缸活塞破碎，机体缸套密封带处破损，造成直接经济损失 8000 元。

2 事故原因及机理分析

经检查，3# 柴油机第 5# 缸缸盖发现摇臂挺杆弯曲，卡在摇臂凸轮轴处，打开机油离心滤清器内有较大活塞碎片，将柴油机观察盖板拆下后发现活塞下部完全破碎，机体密封带处破损。在柴油机发生事故之前，因 5# 供油量过大，使燃油得不到充分燃烧，在活塞顶部、活塞环处日积月累形成大量积炭，在高温、高压作用下活塞得不到充分冷却和润滑，造成活塞高温而逐渐烧熔，柴油机出现运转不平稳、响声异常、呼吸器严重倒气等现象并逐渐加重，这些现象并没有引起值班人员重视，继续使用 3# 柴油机，导致事故的进一步恶化，直至活塞完全破碎，连杆直接撞击缸套，发出剧烈响声，最终导致机体密封带处破损。

3 故障原因分类

设备设计缺陷及装配问题。

4 故障教训

配件质量不过关，造成故障。

5 防范措施

严格按照技术要求装配。

并车传动链条箱离合器空套轴承的润滑缺陷

1 故障概况及经过

1.1 故障经过

2011 年 3 月 10 日，在对某钻井队进行完井设备鉴定时，机房人员提出并车传动链条箱 3#轴(2#柴油机输入)离合器工作不正常，响声及振动较大。如图 1 所示。

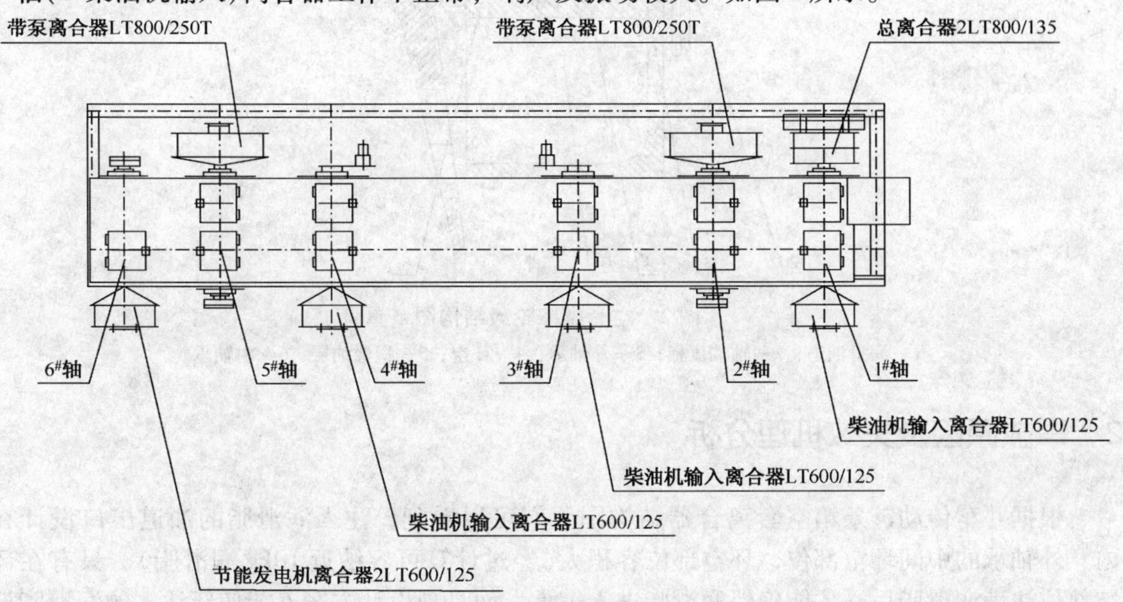

图 1 并车传动链条箱布局图

现场拆掉离合器轴端压板，没有发现异常现象。为了进一步落实出现异常因素的本质原因，决定将并车传动链条箱进厂检修。

1.2 故障概况

拆下离合器轴端压板，发现 3#轴离合器空套外轴承磨损严重，并有缺油烧损痕迹，轴承保持架和轴承滚珠均已高温变色。轴承内外轨道都已损伤。于是，把内外轴承、摩擦毂连同内外隔套一并拆下，结果发现，由于原始设计结构的限制，在离心力的作用下，大量的润滑脂积聚在外隔套内壁，形成一层厚厚的且已干裂油层，较大程度的堵塞了润滑油的通道。空套摩擦轮毂结构示意图如图 2 所示。

同时，还发现内轴承(6038)也出现润滑脂不足造成磨损严重，轴承保持架和轴承滚珠均已高温变色，轴承内外轨道都已损伤也有缺油烧损痕迹等现象。马上打开其他离合器空套轴承检查，都存在着类似的问题。

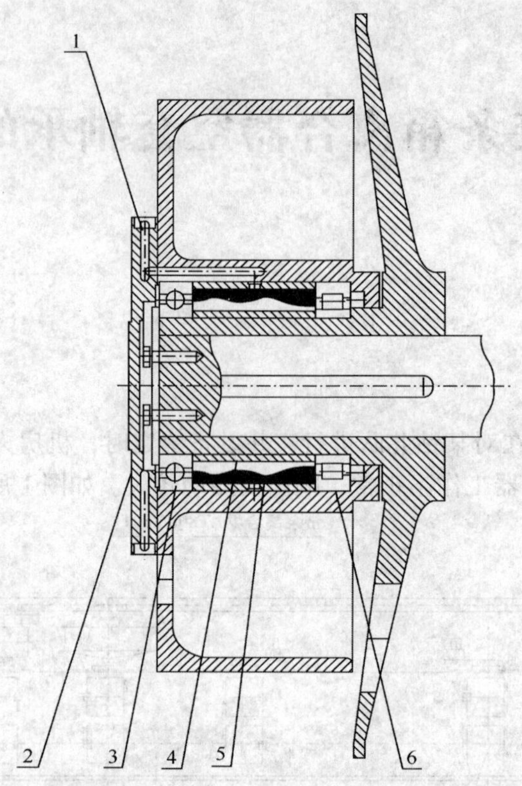

图 2　空套摩擦轮毂结构图

1—润滑油道；2—轴端压板；3—外轴承；4—环空；5—积聚油层；6—内轴承

2　事故原因及失效机理分析

根据并车传动链条箱空套离合器结构图我们可以看到，注入润滑脂的油道出口设计在内、外轴承的中间环空部位，环空部位容积大(经过计算可容纳近 10kg 润滑脂)，只有在环空部位注满润滑脂后，才能确保润滑脂进入轴承，而且现设计方案不能使新注入的润滑脂把以前使用的润滑脂替换出来。这就造成了润滑脂长期工作，从而使轴承润滑不良造成损坏。

3　故障原因分类

故障属于设计问题。

4　故障教训

4.1　并车传动链条箱离合器空套轴承全部损坏。

4.2　设计人员对离合器空套造成润滑情况考虑不全。

4.3　使用人员对离合器空套轴承的结构不了解，注入的润滑脂不够。

4.4　设计制造单位没有将结构图移交给使用单位。

5　防范措施

5.1　设计制造单位需要重新设计并车链条箱离合器空套轴承的润滑方案。

5.2　在采购新设备时，必须要求设计制造单位提供相关的结构图纸及零部件图册。

5.3　使用单位人员必须熟悉设备的结构，真正做到“四懂三会”。

5.4　在该设备没有改造的情况下，要定期拆检离合器空套轴承，并加大平时保养注入润滑脂量。

钻机 VFD 控制系统故障

1　故障概况及经过

1.1　钻机情况简述

故障发生江苏工区某钻井队，钻机型号：ZJ40LDB，电控系统配置为：两台 400kW VOLVO 发电机组并车发电，电源进入电控房后一路经 400V/600V 升压变压器进入整流柜，经西门子 SIMOVERT(6SE7135)逆变器控制 600kW 转盘变频电机，另一路直接通过 MCC 柜给钻机所有 380V 用电设备以及生活设施、低压控制系统供电，控制系统为西门子 S7 - 300 系列 PLC 控制(见图 1)。

图 1　VFD 房内部图

1.2　故障经过

2010 年 6 月 29 日 22:00 某钻井队在江苏某井施工过程中，转盘突然无法启动，井队设备技术员通过故障报警系统发现原因为转盘电机故障，随后对转盘主电机进行了常规检查，600kW 主电机正常，电机电源母线无破损，但 VFD 房内柜壁有水雾，整流柜、逆变柜无法正常启动。与电控系统制造商技术人员取得联系后，经厂家技术人员指导，分别对 PLC 控制系统中转盘电机控制信号、转盘风机、风压信号、逆变柜散热风机等相关保护、控制装置进行了全面检查，均正常工作，由此判定本次故障原因可能来自变频系统主体硬件，钻井队技术人员已无法排除故障，因此钻井队起钻至套管等待厂家技术人员到现场维修。2010 年 6 月 30 日 21:00 厂家技术人员到现场，通过对整套变频控制系统测试后发现整流柜电源板损坏，同时逆变控制系统故障，厂家技术人员因无西门子专业检测设备而无法判断具体损坏部件。经过与西门子公司售后技术部沟通后，2010 年 7 月 1 日 14:00 西门子技术人员到达现场开始排查故障，确定为逆变柜 IGD 和 IGBT 损坏，整流柜电源板损坏。2010 年 7 月 2 日 14:00 西门子技术人员带配件至现场更换逆变柜 IGD 模块、3 块 IGBT 模块以及整流柜电源板 1 块。19:00 更换完毕，转盘正常启动。本次转盘故障共损失 69 台时。

2 事故原因及失效机理分析

2.1 事故原因

本次事故首先排除控制系统故障原因，属于交流变频控制装置硬件损坏。此次更换部件不属于易损件，且分属整流与逆变两个控制单元，通过对发电机组进入电控房电源母线以及经过变压器升压后进入整流柜时的电源母线电压、频率等各项基本参数的检测，电源各项参数正常，各种断路器工作正常，断路器各项保护参数设定正常，因此排除电源问题。故障发生时，钻井队处于江苏，而江苏的的气候湿度较高，环境温度已达 30℃左右。同时 VFD 房空调已停止工作，VFD 房内所有柜壁上均有水雾，出现冷凝现象，而整流柜电源板、逆变柜 IGD、IGBT 属于不同的控制柜体(见图 2、图 3)。

图 2 逆变柜内部

图 3 整流柜内部图

因此，虽然变频柜内散热风机仍正常工作，但 VFD 房短时间内形成较大温差，同时湿度迅速上升，导致电子元器件表面迅速形成水雾，使处于工作状态下的电子模块短路损坏。

2.2 失效机理分析

此次设备事故的直接原因为 VFD 房内短时间形成较大温差，同时湿度迅速上升。VFD 房正常工作时，房门关闭，房内由中央空调负责降温除湿，当制冷效果不理想，房内温度过高导致各控制柜内电子元器件温度超过正常工作温度时，电路保护系统将自动切断电源，该种情况无法出现冷凝现象，因此在分析原因时，应当考虑温度与湿度两方面。

江苏地处中国沿海地区，夏季炎热、湿度高，该事故发生时，VFD 房中央空调停止工作，由于冷凝现象需要满足两个条件：温差大与湿度较高，因此原因除空调因素外，房门处于开启状态导致房内湿度迅速上升为主要原因。

VFD 房管理制度中明确要求钻井队在正常生产过程中，任何季节任何施工区域均必须保持房门关闭，由房内中央空调保障温度与湿度的恒定。因此该问题原因为管理松懈。

中央空调经检查发现使用正常，属于非故障停止工作，且中央空调主机有两台，完全满足 VFD 房 24h 散热降温的需要，因此事故原因之一的 VFD 房中央空调为何两台均停止工作也属于管理松懈。

经过对现场操作人员调查以及钻井队发生事故时的设备运行状态分析，发现由于钻井队用电负荷较小，未同时开启两台发电机组，而在使用单台发电机组时有倒换发电机使用的操作，因此判定为在倒换发电机使用后，相关设备管理人员在重新开启用电设备时未将 VFD 房中央空调开启，同时未将房门关闭，导致此次设备事故的发生。

3 故障原因分类

操作问题。

4 故障教训

此次故障导致该钻井队停息 69h，直接经济损失超过 10 万元。

通过对故障原因调查分析，问题的关键主要有以下几方面：

4.1 在倒换发电机使用时，操作人员遗忘重新启动中央空调以及未将房门关闭，间接反映出钻机电气化、智能化程度越来越高的今天，钻井队现场技术人员的整体业务水平却没有相应的提高，对设备性能不够了解，尤其是保障电控系统正常工作的要素不明确。

4.2 VFD 房管理制度及相关操作规程中未明确中央空调的重要性，反映出我们的制度及操作规程尚不完善，制订时考虑不充分，当钻井设备飞速发展的时候，各项规章制度及操作规程应当与时俱进，及时根据当下的实际情况进行调整。

5 防范措施

针对此类设备故障原因，我们举一反三，制定了以下两方面措施：

5.1 加强钻井队操作人员的培训学习，尤其是动力设备及机修组人员的业务水平，了解整套设备的工作原理，提高对各关键设备重要性的认识。

5.2 针对不同工作原理的钻机，制定并细化有针对性的包括 VFD 房管理制度在内的各项设备管理制度、设备巡回检查制度以及电气操作规程，同时要求各基层单位须严格执行各项制度。

70LDB 钻机转盘整流柜故障

1 故障概况及经过

2007 年 3 月，某钻井队正在进行起、下钻作业，下午 3:00 启动转盘准备进行循环作业时转盘整流柜内有火花冒出，随即整个电控系统跳闸。

经检查发现整流柜内的 2 组整流单元烧毁，更换备件后恢复正常。

2 事故原因及失效机理分析

经调查分析，这次设备事故的主要原因是整流单元内的大功率二极管由于老化原因击穿造成。次要原因是日常维护工作不到位，川东北地区空气湿度大，在电控房内没有专门的除湿设备，设备停机后柜内温度降低，电气设备遇冷产生水雾，绝缘等级降低，开机过程中瞬间电流大从而击穿老化的电器设备。

3 故障原因分类

配件质量问题。

4 故障教训

此次事故发生时值班人员没有在电控柜旁，没有造成人员损失，井队电气工程师应加强岗位责任心，严格按巡回制度进行检查，强化老化设备的监控，及时处理设备隐患。

5 防范措施

5.1 加强设备维修管理

详细统计及记录重点关键设备的使用情况，对使用年限长，设备状况不好的设备进行提前检修，对暂时不具备维修条件的单位，制定重点监控制度，以免造成因设备部件老化，造成设备损坏，导致生产停工。

5.2 为大功率电气设备配置除湿机

在电控房内配置除湿机，降低电控房内空气湿度，消除故障隐患。

70D钻机电动钻井泵故障

1 故障概况及经过

1.1 故障概况

2011年8月，某钻井队在遭受洪灾后，通过电控维修厂家的现场鉴定及维修后，恢复钻机系统正常运行。在准备恢复钻进过程中。井队发现将顶驱司控箱打到使能位置后，2#钻井泵从正常工作状态，转为停止工作，在顶驱关掉使能后，钻井泵恢复正常工作，同时钻台区2#泵电流表显示到最大值。单独使用顶驱或钻井泵一切显示正常。

1.2 故障处理经过

1.2.1 更换SCR房到钻台区的通讯电缆；

1.2.2 更换2#柜内隔离变压器；

1.2.3 更换钻台司钻控制箱内的PLCAO模块；

1.2.4 将司钻控制箱与SCR房连接成等电位，重新连接接地装置；

1.2.5 更换SCR柜内主控板；

1.2.6 在更换SCR柜内的AI输入模块后，系统恢复正常工作状态。

2 事故原因及失效机理分析

2#泵模拟量输入模块在长时间使用后，抗干扰能力下降，单独使用时没有问题出现，在顶驱变频系统执行系统准备时产生一定干扰电流，导致输入模块产生错误，误认为钻井泵电流达到最大值，系统保护停机。

3 故障原因分类

备件质量问题。

4 故障教训

4.1 加强电气工程师责任心，对接近失效的备件及时进行更换，加强巡回检查制度的落实。

4.2 做好设备完井检修工作，在维修后做好检测工作。

5 防范措施

5.1 对使用时间较长的电控系统进行维修，更换老化部件。

5.2 做好电气系统绝缘、屏蔽、接地工作。

70DB 绞车电控系统故障

1 故障概况及经过

1.1 故障概况

2011 年 10 月，某钻井队绞车电机在使用过程中，A 电机或 B 电机报警出现故障或停机。AOP30 操作面板显示 A31418 报警(编码器超出每个采样时间的速度差的 1/2)或 F31118 故障(编码器超出了每个采样速率的速度差)。绞车电控系统频繁停机无法使用。复位、启动电机后，无法正常运转，故障依旧。

1.2 故障处理经过

1.2.1 检查编码器电缆是否损坏、电缆的屏蔽情况；

1.2.2 检查编码器联轴器是否损坏；

1.2.3 检查编码器的同心度情况；

1.2.4 检查编码器是否损坏、编码器的屏蔽情况；

1.2.5 检查 SMC30 和 X521 端子排接线情况；

1.2.6 修改 F0492 参数(从之前的 24 修改至 300)，故障现象得以明显缓解，但仍有 F31418 报警存在。使用一段时间后，依旧会出现 F31118 故障；

1.2.7 对编码器进行更换后，仍会存在 F31418 报警、无 F31118 故障。

2 事故原因及机理分析

2.1 编码器属于高精确度仪器，在现场的维修安装过程中，不可避免的安装精确度有一定的下降，易造成编码器的同心度较差。

2.2 本套钻机使用的编码器，防尘防水等级为 IP64，防尘等级为 6(完全防止灰尘进入)，防水等级为 4(液体由任何方向泼到外壳没有任何影响)。在四川长期降雨、空气潮湿且昼夜温差较大的地理条件环境下，非常容易造成编码器受潮损坏。

2.3 此 70DB 钻机使用 3 年后，绞车齿轮箱联轴器、齿轮箱齿轮之间的间隙增大，导致编码器采样精确度下降，造成编码器采样偏差。

3 故障原因分类

设计缺陷及安装问题

4 故障教训

认真执行钻机的监造和出厂检验；结合钻机使用环境，制定有针对性的的验收标准。

5 防范措施

更换 IP66 级以上(即防水级别达到 6 级)，适用于潮湿环境的编码器，增强稳定性。

钻井队视频监控系统故障

1 故障概况及经过

1.1 2010 年 12 月份一天深夜，某钻井队正在进行定向钻进，副司钻带领井架工和钻工正在进行一号泥浆泵的抢修，司钻坐在司钻房内扶刹把，想旋转一下泵房的监控探头，通过摄像头查看泥浆泵的检修情况，这时泵房的显示画面出现黑屏。司钻立即将这个情况通知电气工程师。

1.2 电气工程师经过进一步检查发现，井队的监控系统一共有四路图像采集通道，泵房和前井场是安装的带有电动云台的探头，二层台和绞车大绳前安装的是固定探头。只有泵房的显示画面出现黑屏无法显示，其他三个探头画面正常。于是电气工程师在 A 处将泵房和前井场的信号线进行了互换，发现两个画面同时出现黑屏。这时只能判断信号采集卡内部的一个通道出现了问题，泵房探头有没有问题还需要进一步的排查。于是电气工程师在 B 处将泵房和前井场的探头联接电缆插头互换，发现泵房的监控信号可以在前井场画面内显示。如图 1 所示。说明视频信号采集卡到对外连接头的这段电缆和联接插件有问题。拆开电联接插件件后发现，插针座处的焊接头已经短路烧黑，该联接件无法使用。当前只能临时先用前井场的信号采集通道保障司钻可以看到泵房的情况，稍后再更换采集卡和电连接插件。

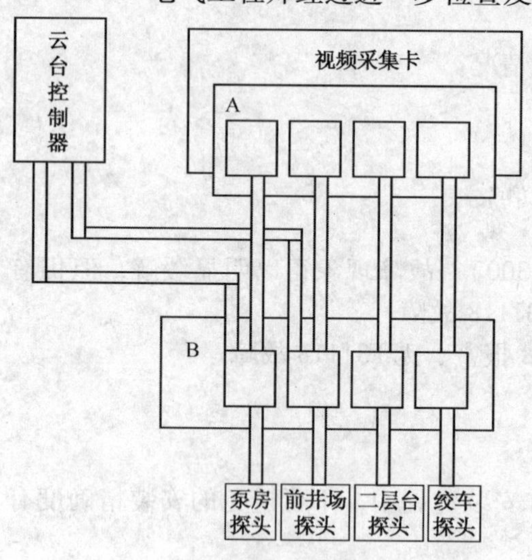

图 1 视频监控系统信号采集示意图

2 故障原因及失效机理分析

经过调查发现，当晚出现过冻气路的情况，司钻用高温蒸汽烘烤电磁继气器的时候，蒸汽遇到探头电缆凝结成水珠，水珠从插接件的缝隙处渗到插针座内，形成短路。云台马达电机是 220V 交流电，当司钻启动旋转功能的时候，220V 交流电和信号线形成短路，烧毁信号采集卡的一个通道，同时烧毁该电联接插件。

3 故障原因分类

监控系统是在现场安装，走线方式存在设计缺陷；其次，司钻房电控接线箱的防冻保温效果较差。

4 防范措施

4.1 电连接插件水平固定在接线板上，与气路管线分开摆放。

4.2 在电控箱中安装电热器和电热风扇，防止冻气路。

4.3 严格执行冬季设备操作规程，用蒸汽解冻气路管线的时候，一定要避开电器线路的联接插件，用塑料布或是毛毡进行保护。

钻井变频器故障

1 故障概况及经过

1.1 某钻井队使用VACONNXP变频器，司钻启动转盘风机和给定旋转速度，但转盘不转；同时变频器报过流故障停机，修改变频器的电机控制模式为高级速度控制(原为速度控制模式)，电机能运转，但启动电流大，达1076A。考虑电机进厂保养清洗过，于是对电机运行参数重新做优化处理，优化处理后不报过流，但变频器无输出。修改为高级速度控制模式能运转(需要分别修改高级模式下的零速电流和最小电流由120A和80A分别下调到50A和30A)。又改为速度控制模式，重新核对变频器控制参数后发现变频器依旧没有输出。于是改变频器应用模式为PID模式，按面板上的确定键，变频器自动重启，然后显示电机的一些参数，直接确定到最后询问YES和NO，按NO后变频器再自动重启，进入PID模式，所有参数恢复到出厂状态，再改回变频器模式为多目标控制，电机控制模式改为原来的速度控制，从面板上控制电机运转，按start键，电机启动正常。证明原先变频器的参数设置有问题，造成变频器无输出。于是逐一修改变频器参数，修改一个参数后即启动变频器一次，观察有无输出。直到查到P2.2.6.1(电流限制)参数时，发现电机运转有变化，该参数为电机电流转矩限制的值，默认为NO USED，当修改为可用时，变频器便无输出。进一步检查发现原来是电流限制电位器不正常，电流转矩被限制为0，所以变频器无输出，故障原因查明。

1.2 某钻井队应急电控系统使用ABB公司的ACS800变频器，调试应急电控系统时，因绞车电机不能独立出来(齿轮直接单轴传动)，无法进行动态优化识别，电机启动电流达1000多安培，带负载时容易跳闸，必须进行电机动态优化识别变频器才能正常使用。讨论了拖出电机或者抽出钻井大绳，或者上一台同类型电机做优化识别后再将变频器接入绞车电机上等几种方案，最后决定抽出钻井大绳的方案快且可行，于是将水龙头坐在转盘上继续循环泥浆，摘下游车和大钩放到坡道上，解开大绳活绳头，抽出大绳后进行变频器电机动态优化识别，电流变为200多安培，属正常。但因为没有接入编码器，不能实现悬停功能，用盘刹刹车时司钻操作不适应，比较危险。接上编码器(第一次调试使用发现编码器接头不对，重新焊接)，启动变频器时出现编码器故障，核对程序参数仍不能解决问题，编码器接口板上接线只接了2根电源线、1根A^+，1根B^+和屏蔽线，而编码器上有A^-和B^-两根线，于是在接口板上接上这两根线，加强屏蔽性能，但仍然报故障。检查编码器端接线发现错误，A^+和B^-接到一起了，重新连接后发现报A、B相反的故障提示。在接口板上倒A^+A^-和B^+B^-四根线后变频器运行正常。

1.3 某钻井队1#泥浆泵风机一合就报F10故障，F10为进线监控故障。检查发现一进线快熔保险在上面测量时不通，拿下来测量时却通(实际是圆柱形保险在坚固时有扭力使端头和保险芯分离，拿下来测量时二者又能接触上)。更换后带载运行5min左右又故障停机。重新上电运行并测量进线三相电流，发现L1电流为210A，L2、L3则为180A，有偏差。拆所有快熔保险，从 SCR 进线端测到 DC^+ 以判断可控硅(SCR)好坏，发现均正常，证明没有可控硅坏或不触发而引起偏差。打开辅机发现另有 2 个保险烧，更换后一切正常。原来主机和辅机是并联运行的，保险烧引起 L1 相过载能力差，电流增大致故障停机。

2 事故原因及机理分析

从现场变频器故障的情况来看，故障原因主要有：

2.1 灰尘与潮湿是变频器产生故障的最致命因素。特别是当钻井队因设备搬迁停机一段时间后，粘在电路板上的尘埃返潮，造成变频器使用环境差，性能降低，易报过压或过流等故障，甚至送电后变频器电路板打火而炸机损坏。因此需要钻井队人员做好尘土清理工作。钻井变频器近几年出现过好几起因为灰尘和潮湿引起的变频器故障，但在充分使用好空调，保证室内环境温度和湿度的调控合适后，或者清洗变频器电路板后，变频器又能恢复正常运行。

2.2 对使用网电的电动钻机来说，电网电源谐波较多，或电压不正常。使用网电时，如果电网出现较多的谐波，或电压不稳定，忽高忽低，会造成变频器报过压或欠压故障。同时半电动钻机使用节能发电机供电时，大负载设备运行时，突变的负载会使节能发电机组形成不稳定的电压，进而造成变频器报故障的机率更大。

2.3 电磁干扰变频器外部通讯。变频器正常运行时，需要得到外部远程可靠的控制指令，控制指令一般通过 PLC 和通讯线来完成，通讯线使用双绞线或者光缆。双绞线屏蔽电磁干扰能力差时，会因为并行的动力电缆或者其他外部的电磁干扰通讯信号的可靠真实性，使变频器不能正常工作。

2.4 外部控制接线松动或断开。变频器接受不到运行许可信号，没有给定型号等，使变频器处于停止状态，不能正常运转。

2.5 变频器内部元件损坏。主要是保险、驱动电路板、检测电路板和控制板等元件损坏或老化，容易使变频器报过电压或过电流故障，变频器内部绝缘板老化。

3 故障原因分类

3.1 产品的质量问题为故障出现的主要原因；某钻井公司从 2006 年到 2008 年期间所用的变频器为 VACONCX 系列的变频器，该变频器变频器炸机事件已经发生 10 多次，经过厂家分析和现场应用发现，VACONCX 的变频器从产品的设备到制造的质量都存在着问题，首先变频器出现炸机情况时，保险丝没有起到保险的作用，而是保险丝和 SCR、IGBT 和功率板一起炸毁，同一批的产品还出现元器件不能相互匹配问题，造成硬件触发电路出现电路里面“竞争”和“冒险”的现象，电路的触发出现延迟偏差，或者说模拟电路的非线性引发功率单元短路现象，是造成变频器炸机主要原因；而同时间出厂的西门子产品质量较为可靠，6 年以来没有出现大的故障，一直安全可靠地工作。

3.2 维修保养不符合标准也是造成变频器出现故障的另一个重要原因。变频器的工作环境要求非常严格，温度和湿度都要严格控制，其工作环境要保持干净整洁；过高的温度会造成变频器的元器件加速老化，缩短其使用寿命，过低的温度会造成电气元件的工作出现延迟，造成主控电路误动作。过大的湿度造成电路直接导通，出现短路现象；过低的湿度会出现静电引发控制电路的误触发而烧毁设备，同时电控系统内部的灰尘也会严重影响电气元件的工作稳定性和可靠性。

4 故障教训

4.1 钻井变频器使用环境主要是野外，相对室内环境来说，具有环境温差大，同时风沙多、潮气大等特点。

4.2 钻井变频房搬迁频繁，变频器经常处于待机状态，运输过程中存在振动，可能会造成变频器电器元件的松动脱落等。

4.3 钻井队人员随便出入，房门开闭频繁，灰尘和潮气易进入电控房。使用除湿机不正确，空调调控温度和湿度不当，造成变频器使用环境差，性能降低，易报过压或过流等故障。

4.4 钻井队在加重晶石粉时如遇大风，粉尘极易飘飞进入电控房内，造成变频器内部积存灰尘。

5 防范措施

钻井变频器由于使用的环境恶劣，且搬动频繁，变频器的运行是断续进行的，电源时有时无，变频器不能在稳定的工作环境中运行，同时操作人员的素质不同，电气工程师的理论知识和经验不同，变频器的使用操作及维护存在一些问题，需要引起注意。

5.1 变频器使用一年后，在停机时应适当解体，由经验丰富的专业人员查看内部是否有异常，如螺丝松动、焊锡脱落、器件松动、烧焦等现象。检查内部易损老化器件，如风扇、功率器件、电容及印刷电路板等。同时清理变频器内部粉尘、油污、腐蚀性及导体杂质，对电路板用清洁剂进行喷洗，去除老化层及导电物质。但清理变频器内部的电路板时，也存在风险，可能会损坏插接件等，甚至降低变频器的性能或者变频器出现故障，因此清洗变频器内部时，必须有多人参与，相互提醒，做好记号，防止出错。

5.2 使用变频器时，应做好变频器外部日常的维护与检查，主要是：

5.2.1 变频器应定期清洁保养，勿沾染灰尘，确保变频器使用寿命。主要使用吸尘器、软毛刷、稍润湿的抹布等工具进行清洁作业。

5.2.2 清洁时最好将使变频器停机，并关闭所有电力开关，防止人身伤害。清洁时不能使用过湿的抹布等，防止有水渗入变频器内部，长时间不能干燥形成危害。

5.2.3 清洁时请用软布轻拭，切勿使用磨砂作为清洁剂，而应该使用专门的电子清洁剂。

5.2.4 应定期检查各连接线，并防止碰撞或松动、潮湿。

5.2.5 变频器散热通风孔，应保持通畅，特别是控制柜进风滤网，应定期检查清理。

5.3 钻井队搬迁时，变频器会由热态变成冷态，变频器的电路板会形成凝露，再给变频器上电时可能会报过电压等故障。因此井队人员应该在给变频器上电前打开控制柜门，使用室内空调至少半小时以上，有条件的配合除湿器，保证电控房内的温度和湿度达到合适后再给变频器上电，提高电路板的性能，减少故障的发生，延长变频器的使用寿命。

5.4　钻井队在风沙大的天气应减少开门次数，禁止穿带土的鞋子进入电控房内，无关人员也不得进入。电控房内作业时必须穿戴防电用具，注意人身安全。在进行钻井加重晶石粉作业时，应该观察风的方向，必要时加盖防护，防止粉尘飘入电控房内。

5.5　变频器运行时，值班人员应注意观察变频器控制面板上显示的各技术参数值的变化，并做好记录。发生故障时的技术参数值记录尤其重要，它对分析变频器故障原因，提出解决变频器维修的方案有重要的参考价值。

绞车电机保护开关故障

1　故障概况及经过

绞车作为石油钻机的核心部件，具有起下钻具、套管；控制钻压、送进钻具、处理卡钻事故、整体起放井架等功能。电动机是电动绞车工作的动力源泉，70D 钻机绞车由 2 台 800kW 直流电机驱动，经高低档两级链条减速驱动滚筒。

1.1　故障经过

某公司的 70D 电动钻机在某地打一口 5300m 的探井，当井深达到 2600m 时更换钻头，所有钻具起到钻台面，并且对钻机做例行维护保养。保养结束后准备下钻具，启动绞车时风机正常运行，但绞车 B 的直流电机不工作，检查发现绞车串方式也不能工作，切换到旁路方式故障现象相同。初步检查各保护按钮、位置基本正常，分析问题可能在 SCR 房。

1.2　处理过程及恢复

用 SCR1 分别控制绞车串和绞车 B 方式工作时，不能启动。开始怀疑 PC15 板故障，经检查发现 PLC 的 +24V 没有，原因是司控台的绞车控制没有选定正反转(正常检查时，司控台指配开关选定一点钟，绞车选定正转，手轮起动)。测量 PLC 的 ER1/4 对应电压为 -14V，指示灯亮。测量 ER1/6 的 12、13 脚，输出电压 +24V，指示灯亮。此时双向直流接触器 1K5 应该上面吸合，PC03 有 -14V，SCR2 中门上的三个继电器中的红色指示灯应该亮，而现在继电器 RL15(最下面)的灯未亮。

再次检查各线路，打开绞车 B 直流电机的控制盒门，测量辅助开关触点发现不通，仔细检查按钮，发现按钮未弹到位，存在接触不良问题，换后故障排除，总耗时 6h。

2　故障原因及失效机理分析

2.1　故障原因

本次故障的起因是当班工人在打扫钻台卫生时，自行将绞车 B 的辅助开关按钮按下而忘记复位；在出现故障时，当班工作人员检查不仔细，凭感觉认为辅助开关已弹起；而机电大班轻信了汇报，造成判断失误。

2.2　失效机理分析

辅助开关是当电机检修或遇到紧急情况需要停车时，按下接线盒旁辅助开关按钮，按扭开关就由闭合位转换为断开位，插上锁销装置，这样就可以通过控制部分断开主回路，使电机停车。

在设计中，该开关是给 SCR 房的一个控制继电器供电，如果它断开，继电器的线包得不到电，控制柜的可控硅就不能得电，因而直流电机就不能运转。由于在维护保养时，该开关经常要插上锁销装置保证工作人员安全，因此弹簧相对容易变形，不能正常回位，造成接触不良的故障。

3 故障原因分类

维护保养及操作问题。

4 故障教训

分析本次故障发生的过程和原因，从中得到的教训有以下几点：

4.1 设备性能不熟练

由于是新设备，而且现场工作人员变换较快，对设备的性能和特点了解不透，因而在操作使用、维护保养和检修等方面不够熟练。

4.2 设备管理不到位

重要设备的维护保养人员不明确，任何人员都可以更改设备的设置情况，交接班时存在问题交代不清的现象。

4.3 故障判断不及时

设备检修人员在遇到故障时，不能仅听从他人的简单描述，应该自己按照操作规程仔细检查每一步。

5 防范措施

为了今后的工作中，减少发生类似的错误，要制定相应的防范措施。

5.1 对重点设备制定操作规程。

5.2 派专人负责设备的维护保养。

5.3 任何人未经许可不得擅自更改设备的设置状况。

5.4 专业技术人员定期对相关人员做技术培训和指导。

5.5 认真做好设备维护保养记录和交接班记录。

电动钻机控制系统谐波干扰故障

1 故障概况及经过

1.1 设备简介

某钻井公司一台电动钻机的控制系统是2002年从德国西门子原装进口的全数字化的直流控制系统。该部钻机由4台1200kW，1714kV·A的底特律柴油发电机组提供电源，采用一对一控制模式。

1.1.1 故障概况及经过

2005年12月，该队开始使用高压电给整个井场提供电源后，所有设备运转正常。2006年1月开始使用国产顶驱，该顶驱的控制系统同为西门子生产。使用顶驱后不久，顶驱电控系统无法正常工作，整个井场的控制系统处于紊乱状态，泥浆泵电机和绞车电机超速严重，导致钻井作业无法正常进行。

1.1.2 故障处理过程

因该现象是使用顶驱后才出现的，故初步断定与顶驱控制系统所产生的电磁干扰所致。为证实此判断，现场电气师将顶驱的电源彻底切断后单独使用钻机的电控系统，发现该故障现象消失。

由于当时井队没有充足的技术手段对其进行处理，为尽快恢复生产，就决定使用一台单独的发电机专门为顶驱供电，上述异常现象消除。

2 故障原因分析

现场电气师首先用示波器测得隔离变压器输出端和UPS输出端的电压波形，发现在一个周期内出现多处电压波型的尖峰跌落。图1～图7为不同工况下的系统波形图。

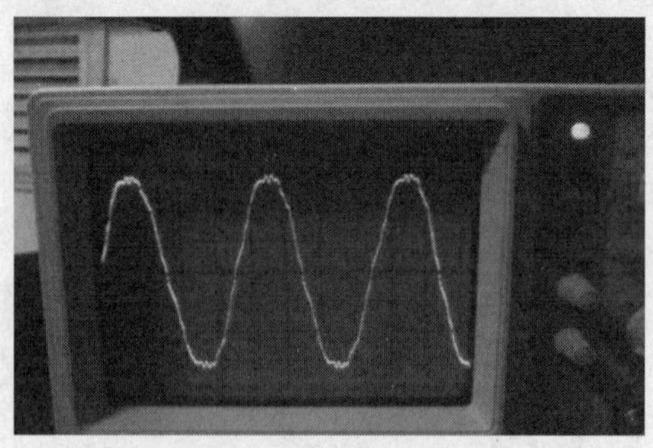

图1 没有带任何负载的情况下600V的电压波形

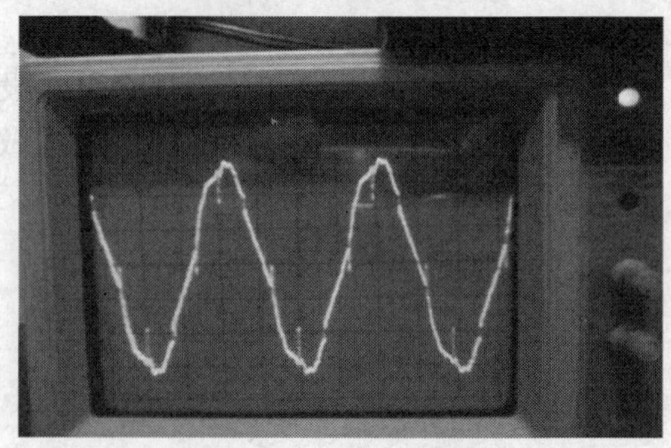

图2 只开泵时600V电压的波形

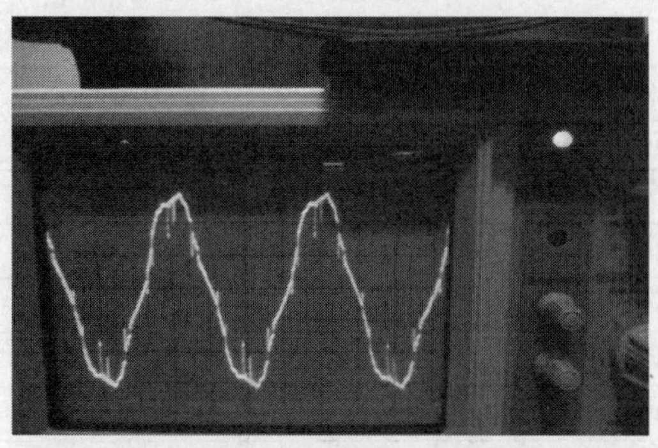

图 3　边开泵边上提钻具时 600V 电压的波形

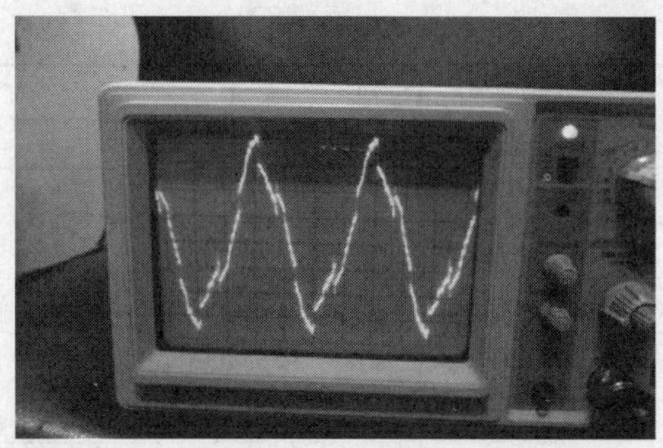

图 4　只开顶驱系统时的 600V 电压波形

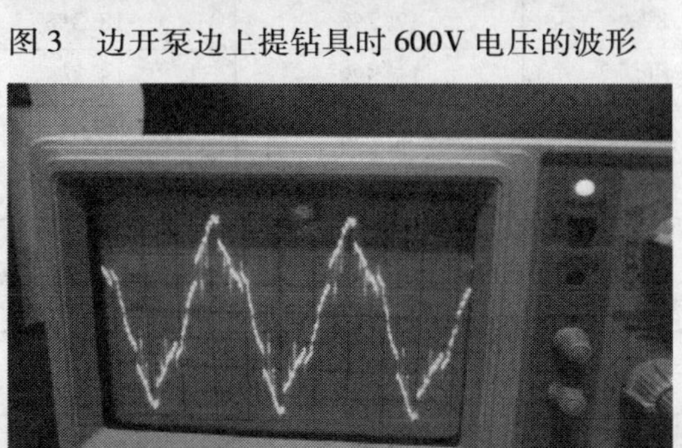

图 5　同时开启并运转顶驱和泥浆泵时 600V 电压的波形

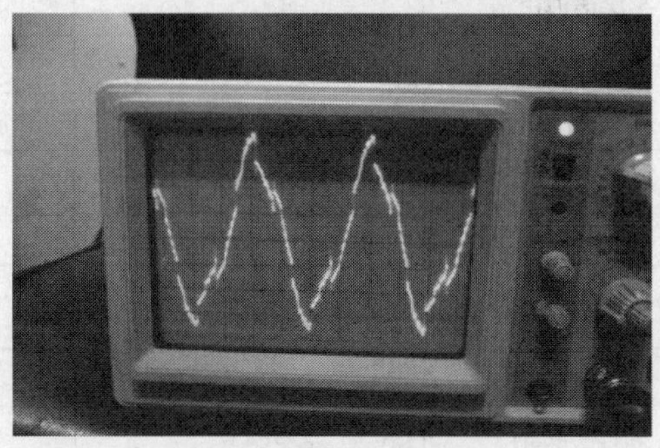

图 6　顶驱泥浆泵同时运转 220V 输出端的电压波形

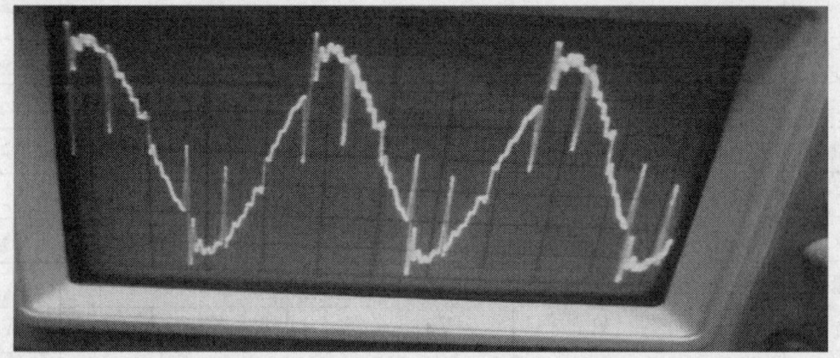

图 7　经过 UPS 净化后的 220V 电压波形

表 1 是使用电能质量分析仪对顶驱供电线路测试的数据图表。

表 1　某井供电质量分析表

钻机部分（SCR 房用市电供电）

	总量	A 相	B 相	C 相
有功功率	154. 2kW			
视载功率	258. 6kV · A			
无功功率	207kvar			
功率因素	0. 6			
电压		583V	584V	579V
电流		249A	275A	237A

续表

	总量	A 相	B 相	C 相
谐波电压总量		9.9%	9.8%	10.2%
5 次谐波电压		8.1%	7.8%	8.2%
7 次谐波电压		1.2%	1.1%	1.3%
11 次谐波电压		2.4%	2.7%	2.5%
13 次谐波电压		1.8%	1.6%	1.8%
17 次谐波电压		2.0%	2.6%	2.5%
谐波电流总量		17.8%	17.7%	18.3%
5 次谐波电流		15.6%	15.5%	15.4%
7 次谐波电流		3.3%	2.7%	3.4%
11 次谐波电流		5.5%	5.6%	5.7%
13 次谐波电流		2.5%	2.0%	2.1%
17 次谐波电流		3.0%	3.3%	3.3%

顶驱部分(发电机单独供电)

	总量	A 相	B 相	C 相
有功功率	58kW			
视载功率	70kV·A			
无功功率				
功率因素	0.83			
电压		617V	616V	616V
电流		63A	61A	67A
谐波电压总量		5.1%	5.0%	5.0%
5 次谐波电压		3.6%	3.6%	3.5%
7 次谐波电压		3.1%	3.0%	3.1%
谐波电流总量		51.5%	49.6%	48%
5 次谐波电流		41.6%	40.4%	38.9%
7 次谐波电流		27.5%	26%	25.6%

由表 1 可知，即使单独使用发电机给顶驱供电的时候，顶驱的电压谐波虽然并不高，但是电流谐波总量可高达 50%。

通过上面的图片和数据，我们可以看出，整个井场电路的谐波是由 SCR 房和顶驱电控系统两者所共同产生的，而且两者是相互叠加并相互影响的。

3 故障原因分类

造成该故障的主要原因在于顶驱电控系统所产生的谐波与钻机控制系统所产生的谐波产生了叠加，导致其相互影响。同时，这两套控制系统在设计的时候，对可能发生的电磁干扰就没有足够的重视，进而导致必要的消谐措施缺失。因此，产生该故障的原因应为设计问题。

4 故障教训

通过此次故障处理结果，使用电动钻机及配套顶驱时，谐波干扰的问题必须引起足够的重视，要求生产厂家必须提供消谐设备和消谐措施。

5 防范措施

5.1 使用顶驱时，加装单独的进线电抗器或隔离变压器，以便将两个电控系统所产生的谐波进行隔离，避免其相互叠加，相互干扰。

5.2 向关键系统供电的UPS应选用抗干扰能力强的在线式UPS，不能选用普通的UPS，推荐UPS型号为GP802H－B/2kV·A。

顶驱中心轴轮毂脱落故障

1　故障概况及经过

1.1　故障设备概况

顶驱是原始方钻杆与转盘的取代装置，由于具有可连续运行、操作机械化、作业效率高、控制方便、易于维护、可靠性强等优点，因而被广泛使用在现代钻井作业中，成为了目前钻井的主流设备。本文涉及的 TDS－3S 顶驱是美国 Varco 公司的早期产品，其最大连续扭矩为 32000lbf·ft，最大瞬时扭矩为 68000lbf·ft，由 1100hp 直流电机驱动。按照早期设计，进行常规直井勘探作业应该是完全可行的。

1.2　故障发生经过和判断

2008 年 11 月 13 日晚 21 时 15 分，某钻井平台正在实施钻井作业，下钻到三开井段 1470m 时，遇快钻，扭矩增大到约 11000lbf·ft，钻杆突然停转，系统无任何报警，当班司钻立即停钻并通知设备组人员上钻台检查。经检查电机温升正常，电控系统无故障；顶驱油温、油压液压均正常。重新开动顶驱，系统工作正常，唯钻杆不转，电气参数显示系统接近空载运行，初步判断为传动机构故障。后经进一步检查，确认为顶驱主轴齿轮轮毂脱落。

1.3　故障的影响情况

本故障最直接的影响就是顶驱无法使用，通常需进厂进行解体大修。当时该井处于钻探的关键阶段，离完钻还有 200 余米，而且该井油气显示良好，如果裸眼长时间浸泡会导致井下复杂情况的滋生，给后续测试作业带来困难，对取准取全地质资料更为不利，如处理不当，带来的影响难以估量。后来经过周密部署，在各方通力配合下，采取非常规的钻井手段继续钻井，同时在作业现场对顶驱进行了解体修理并成功修复，最终完成了该井的勘探任务，尽管在故障处理过程中耽误了一些时间，但已将负面影响和损失降到了最低限度。

1.4　故障的处理过程与恢复情况

1.4.1　井下安全处理

将钻杆起钻至套管鞋内，接回压凡尔和固井简易水泥头循环泥浆，密切关注井下情况，保证井下安全。

1.4.2　采取非常规钻井方式

由于顶驱是否能顺利修复以及修复需要的时间难以估计，平台决定采取以非常规钻井方式进行钻井。通过多方联系，从国内某钻井公司租来一台组合动力马达。但动力马达存在反扭矩问题，为了克服反扭矩，技术人员根据现有的铁钻工和顶驱扭力钳自行设计了一个顶驱抗扭力架(图1)安装在钻台。在使用过程中，根据需要又制作了简易钻杆旋转头(图2)和加长接出顶驱中心轴，进而恢复顶驱接立柱、上扣功能，这样做既保证了接立柱的安全，又提高了接立柱的效率。同时，制定特殊情况下的操作程序并严格执行，将井下风险控制在最低。通过采取以上措施，最后成功钻进266m，达到完钻井深。22 日 17:30 电测作业完成，23 日完成封井水泥塞，至此，本口井井下主要工作均已完成，最大限度地减少了因顶驱故障所产生的影响。

图1　自制的抗扭力架

图2　简易钻杆旋转头

1.4.3　顶驱解体修理

就在非常规钻井的同时，有关对顶驱进行作业现场抢修的各项准备工作也在有序的展开：专用修理工具的租借、联系并邀请 NOV 技术服务人员到现场进行指导、加工大型托架和工装、制定详细修理技术方案和施工工艺。准备工作对缩短抢修时间和顺利完成修理任务是非常重要的一环，做的越充分越好。在完成封井水泥塞后，平台随即对顶驱进行抢修。①采用最优化的拆解方法。拆除直流电机，将顶驱齿轮箱本体从顶驱框架上脱开，并直接转移到提前预制的工装上进行拆解、维修和装复。这样做既避开拆装顶驱相关电缆的繁重工作量和接线可能造成失误的风险，又减少了恢复难度，增强了可靠性，还能节省抢修时间。②拆装过程严格执行拆装工艺，分步施工，步步到位，并派专人做记号及做防护处理，确保零配件不受损伤。③由 NOV 技术服务人员把关，对故障齿轮(图3)、轴、轮毂(图4)进行检查和数据测绘。④根据技术要求，对啮合子母锥面进行人工研磨，直到满足80%啮合要求。⑤严格按照热套工艺要求，对轮毂加热：150℃加热保温2h，然后230℃加热保温3.5h，为避免加热过程产生误差，由人工监视加热温度。⑥热套过程做到快和准：快，要使热套时间尽量短，防止温度变化影响热套效果；准，要使热套面啮合度达到75%以上。整个拆装过程持续约110h，最终全面恢复顶驱功能，顶驱静态扭矩试验负荷25000lbf · ft，各项装配技术参数均达到设计标准，试钻转速136r/min，扭矩8000lbf · ft，动载试验正常。完成顶驱修复工作后，平台进行该井弃井作业，这也是考验顶驱修复工程质量的最后一关，在切割套管作业中，扭矩最高达到12000lbf · ft，顶驱运转正常平稳，进一步证实顶驱已完全恢复。

图3 齿轮

图4　装复的轮毂

2　事故原因及失效机理分析

2.1　从机械结构上分析

在每次钻具组合中，随钻配的震击器，如果发生作用，它会产生极大的向上或向下震击力，该力通过钻杆直接传递到顶驱主轴，而顶驱主轴和主轴套即轮毂之间采取的是热套工艺连接，即没有螺栓连接或键，没有锁帽定位，主轴与主轴套（轮毂）之间依靠过盈配合传递扭矩（图5）。主轴套是从下面安装至主轴一段锥面上，在受向上震击力相对主轴套就是向下的力，即脱开的方向。因此，在日常施工或处理井下复杂事故时频繁使用震击器和正常钻进起下钻等震抖都会加速主轴套热套强度的衰减。当时该井经常长时间憋钻扭矩超过30000lbf · ft，接近甚至超出顶驱的承受能力，这势必加剧了连接处的负载。当故障发生时适逢井下遇憋钻，扭矩猛增至11000lbf · ft，在热套能力日益衰减的累积的效应前提下，获得的扭矩瞬间使其脱开。

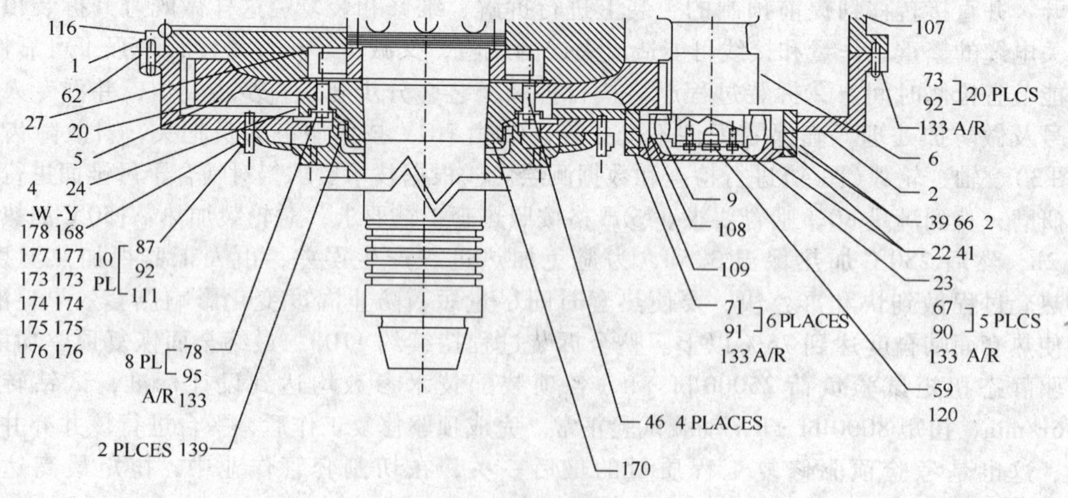

图5　内部结构图

2.2 频繁使用震击器对轮毂松动形成叠加效应

在发生本次故障发生前，该顶驱曾遇到过井下复杂情况，当时井深2295m，起钻至2202m时开始遇阻，每起一柱都要接顶驱倒滑眼，泵压憋至1500psi而钻具无法下放，时而憋泵，时而憋钻，起钻到1424m，悬重最大超拉至280t，累计震击器震击次数达200余次。据此分析，当时该井的作业应该对顶驱造成过很大的伤害，严重影响了轮毂与中心轴的啮合效果。此后又经过近8个月的连续作业，顶驱又遭受不计其数的多次震击与震动，从而对轮毂松动形成叠加效应，为顶驱轮毂最终脱落埋下了隐患。

2.3 平台特性与井下情况对轮毂脱落的影响

海上半潜式钻井平台，在正常作业时，由于受到海上风、流、涌浪的影响，平台一直处于升沉的动态，尽管有升沉补偿器进行升沉补偿，但补偿器的补偿时间在动态响应上存在滞后性，特别在大幅度涌浪的瞬间，顶驱中心轴会受到上拉下压的冲击，对热套锥面会造成一定的负面影响。另外，在井内钻具重力和井下复杂情况的影响下，中心轴也会长期受拉，正常钻井时，井下钻具也会受井壁岩石等影响，比如，在钻到硬度较高的复杂地层时，顶驱总是产生无规则的晃抖与上下跳动，这对顶驱轮毂产生脱落也是一个不可忽略的因素。

3 故障原因分类

从上述分析来看，本次故障的发生，是多方面原因综合作用的结果，一方面，设备本身由于属于早期产品，在设计上对处理钻井复杂工况考虑欠周，存在一定缺陷；另一方面，设备在使用过程中，未充分考虑设备的承受能力，不能有效避开设备的缺陷，过多使用某些功能，导致存在使用上的误区。

4 经验教训

4.1 了解设备性能是用好设备的先决条件

使用设备前要充分了解其性能，对设备本身存在的缺陷在使用中尽量避开；对于设备超负荷运转，应坚持安全可控原则，不可过多地使用设备安全余量；根据钻井技术的发展与要求的提升，及时升级相关设备，以满足生产实际的需要。

4.2 沉着、冷静应对故障，充分调动各方有利资源

在复杂故障发生时，一要沉着、冷静应对故障，大胆探索解决技术难题的新方法；二要果断决策，根据需要，充分调动各方有利资源，将故障影响控制到最低限度。

4.3 周密部署、精心准备、团队协作、精细施工是成功的关键

本次成功修复顶驱，开启了顶驱在作业现场进行解体修复的先例，而周密部署、精心准备、团队协作、精细施工是取得成功的关键。

4.4 现场修理既锻炼了技术人员的动手能力，又为日后处理同类设备故障积累了宝贵经验

修理前，制定了多个方案，并不断优化；修理中，技术环节，层层把关，精益求精；修理后，务求稳妥，谨慎试验，最终完美修复。综观整个过程，在修理工艺、工装制作、操作技能、数据测绘、吊装等方面锻炼了技术人员的动手能力，为日后处理同类设备故障积累了宝贵经验。

5 防范措施

5.1 加强设备日常检修和功能试验。每口探井施工前应该按照原始设计的要求进行效能试验，尤其在处理完井下复杂事故后更要彻查，查出的隐患必须消除，严重时可采取专业修理。

5.2 加强技术培训，让维护保养人员和操作人员熟知设备性能，避开设备使用误区。设备使用过程中尽量减轻大扭矩长时间憋钻和上下震击，必要时及时调整参数，降低对顶驱的伤害。

5.3 设备大修，务必严把技术关，提高修理质量，尤其是传动件热套工艺，必须达到热套技术要求，尽量使热套面啮合度大于75%。

钻机顶驱下砸事故

1 故障概况与经过

某钻井队施工作业时，司钻缓慢下放钻杆立柱通过井口防喷器防碰衬套，当吊卡距离转盘面约4m时，司钻拉动刹把减速缓慢下放无效，立柱下放速度突然变快，当在抢挂低速离合器时，顶驱下部吊卡吊环下落在转盘上，顶驱吊环上部将吊环悬挂处防滑脱挡板的连接固定螺丝处耳板孔碰断，致使吊环滑出，撞坏顶驱上部一吸油滤子总成；顶驱背钳夹紧缸喇叭口砸在井口立柱上部单根的钻杆母扣台肩面侧滑出，造成顶驱背钳夹紧缸与上部外壳连接固定用的四个轴销变形。

2 事故原因及失效机理分析

2.1 盘刹安全钳与工作钳管线接反，导致安全钳在无压状态下动作失效；

2.2 因长时间存在刹车动作导致刹车块与刹车盘正常磨损，安全钳及工作钳工作间隙未及时调整到规定间隙范围内，导致刹车失效；

2.3 盘刹液压站跳闸后经几次有效刹车蓄能器压力下降，在管线接反或安全钳间隙较大情况下，导致刹车失效；

2.4 盘刹液压站与盘刹工作钳连接管线刺漏，导致工作钳动作瞬时失效；

2.5 下放钻具过快紧急刹车瞬时大绳崩断，导致下砸事件；

2.6 液压管线太长、太细导致刹车动作迟缓；

2.7 油滤严重堵塞，导致刹车动作迟缓或失效。

3 故障原因分类

检修质量、维护保养问题。

4 故障教训

4.1 违章操作严重影响安全生产；

4.2 思想麻痹大意是事故根源。

5 防范措施

5.1 起放井架、起下钻作业前必须进行常规检查。例如盘刹连接管线是否正确，盘刹液压站压力表所显示压力是否正常，断电、断气保护是否正常等；

5.2　加强员工安全意识培训，增强员工安全意识；

5.3　对员工贯彻落实岗位巡回检查制度的情况进行监督检查；

5.4　加强对作业现场员工在作业期间执行安全操作规程的监管力度；

5.5　加大对员工安全操作规程、岗位业务技能培训；

5.6　做好设备维护保养工作。

TBD616V12 型柴油机挺杆断裂停机

1 故障概况及经过

1.1 某平台及柴油机简介

1.1.1 CB32A 平台简介

CB32A 平台位于某油田主力区块的东偏北方向，分为生活动力平台、储罐平台、井口平台、工艺平台四部分，于 2003 年 12 月投产。平台设备有主柴油发电机组一台，天然气发电机组一台及应急柴油发电机组一台，5t 吊机、3t 吊机各一台，生活污水处理装置一台，配备有完善的生活、配电、消防救逃生设施及自动化监控系统。

1.1.2 柴油发电机简介

CB32A 平台目前拥有两台柴油发电机组，一台为德国道依茨公司生产的 TBD616V12 型柴油发电机组，一台为康明斯公司生产的 600GFC－FX1 型应急发电机组。TBD616V12 型柴油发电机组额定电压为 400V，频率为 50Hz，转速为 1500r/min，自 2004 年 1 月投产以来，已使用 7 年。主要是通过消耗柴油为平台供电。

1.2 故障经过

1.2.1 故障经过

2010 年 1 月份，平台值班机电工发现柴油主机油压逐渐降低，观察一段时间最低降至 0.36MPa（正常时 0.5MPa）；现场发现主机机体有异响，其他参数正常。

1.2.2 影响范围

CB32A 平台共有油井 5 口，日产量 79.1t，如果柴油发电机组停电，将会使油井停产，影响 CB32A 平台原油产量，造成较大的经济损失。

1.2.3 处理过程

出现故障后，平台机电工立即启动应急发电机组，进一步检查柴油机，发现机油液面升高至上限位以上 10cm，排掉部分机油至正常液位后液面仍逐渐升高。现场利用油质检测仪检测油质，检测结果为润滑油导通率 6.4μA。联系外协技术人员，确定为挺杆断裂，造成进、排气门无法正常开闭，缸内柴油积满后进入机油系统所致。

1.2.4 故障恢复情况

在专业技术人员更换完挺杆并对柴油机进行维护、保养后，柴油机试运正常，机体发出异响的问题得到了解决。

2 故障原因分析

CB32A 平台柴油机在到达保养时限时，平台机电工未按时对其进行维护保养，期间只更换了空气滤清器，机体内部杂质过多，从而导致挺杆断裂等问题的出现。

3 故障分类

维护保养问题。

4 故障教训

值班人员应加强巡线，及时发现设备运行时出现的异常，并加强对设备的维护保养力度，确保设备运转状态良好。

5 防范措施

坚持在规定的时间内，对柴油发电机进行全面的保养，并加强对发电设备的巡检力度，出现情况及时处理。

发电机被强行升压升频工作不正常

1　故障概况及经过

1.1　发电机型号 1FC5506－4TR92－Z，于 2005 年安装于某自升式钻井平台。

1.2　该发电机在平台刚一出海就发现电压波动极大，其调压电位器与调压器明显不匹配，将该电位器断开，用调压器直接调节电压仍然不稳。

投产十几天，在使用中该发电机主开关跳闸，检查发电机表面温度 70℃，重新启动后在怠速状态下发电机电压即达到 350V（正常 70V），高速电压升至 600V，发电机温升快速；判断电压调节器损坏，造成发电机励磁系统中进入了交流信号。

后厂方将原来的 SSK125－12 调压器更换为 ARC125－10 型调压器，但是仍不配套，电压依旧不稳定；40 多天后该调压器烧毁，发现调压器内电容为 450V/560 微法，而发电机电压为 480V；这期间还烧毁了柜子内一 480V/220V 控制变压器。

两周后，厂方将调压器更换为合适的 SSR125－15 型，并将调压器由发电机内部移至发电机控制柜内，并加装与调压器配套的抗冲击模块。此后发电机正常使用。

在事故过程中，两台一样的新发电机组，交错发生相同的故障，造成平台多次停产，尤其在一次平台移位过程中，两台机组在大风来临前突然同时损坏，造成平台设备故障。

2　事故原因及失效机理分析

该机组原设计为：450V、50Hz、1500r/min，适应平台需要，后将原动机提高转速为 1800r/min，发电机也改为 480V、60Hz，但其相应的配套并未认真分析和调试。

以后的使用中，也发现发电机轴承如果按照厂方提供的维护保养周期进行保养，其寿命短得可怜。

3　故障原因分类

设计问题。

4　故障教训

对于新增设备，尤其经过改动的关键设备和部位，应要求厂家提供完整的实验数据，不应简单接受最后的功能实现结果。

5　防范措施

新增重点设备应由专人负责，包括安装调试整个过程都要盯上，做到第一时间看到资料、进一步掌握设备原理性能。如果超出了平台技术人员或公司现场人员的能力范围，必要时可引入第三方监理。

3000 系列柴油机主轴瓦烧瓦事故

1 事故概况及经过

2004 年 3 月 11 日，某钻井队在钻机正常运行过程中，发现并机运行的二、三号 3000 系列柴油机组出现排烟异常、机组震动加大现象。司机马上紧急停车，停车后检查二号机组已盘不动车。经拆检，二号 3000 系列柴油机第三道主轴瓦与主轴颈烧死。

发生烧主轴瓦事故后，由于现场无法修复，组织更换新机后，将事故机送回厂家修理。

3000 系列柴油机进厂解体后按发现：第三道主轴瓦与主轴颈严重烧死，并粘接在一起，瓦片合金全部磨掉，钢片变色变形，主轴颈和瓦座也全部变色。在检查润滑油路时发现：机油滤清器第三节滤芯内罩壳破损，滤芯纸被吸出并破烂，机身主油道和所有主轴瓦座油道内均有大量机油滤芯纸屑和滤芯粘胶物，第三道主轴瓦油道已被堵死。其他系统和部件均无异常。

经返厂后对柴油机进行了修复，并对柴油机机油滤清器进行了改造，共发生直接经济损失 20 万元左右。

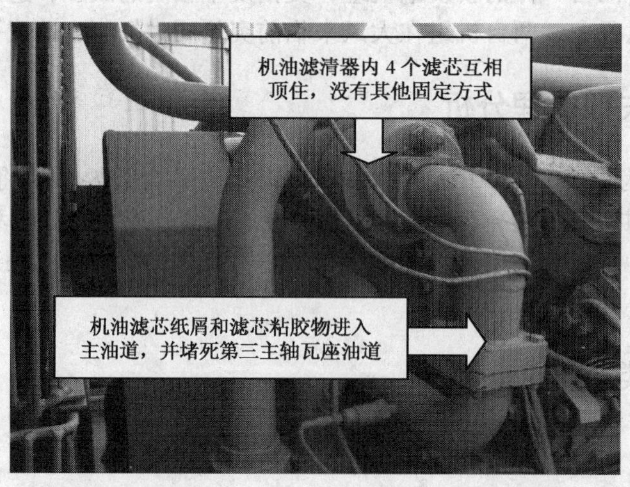

2 事故原因及失效机理分析

2.1 此次事故发生的主要原因是 3000 系列柴油机组在机油滤清器设计上存在缺陷。此机油滤清器内有 4 个滤芯，每个滤芯两头有一个密封胶垫，在最外端用一个压板压住，使 4 个滤芯互相顶住。在使用过程中，油压不断变化，遇有抽真空现象，就可能造成滤芯变形，使之松动，密封胶垫、滤芯介质就会被吸入主油道，从主油道进入并堵死第三主轴瓦座油道，造成轴、瓦间润滑不良，出现烧瓦事故。

2.2 此次事故发生的直接原因是因为使用的机油滤清器质量较差。由于地处外部项目，采购原厂配件比较困难，滤芯采购的是非原厂的通用件，结果在使用过程中滤芯纸松动、破裂被吸入并堵塞润滑油道，主轴瓦和曲轴间出现润滑不良导致了烧瓦事故。

2.3　失效原因分析：机油滤清器滤芯纸被吸入并堵塞润滑油道，堵死第三道轴瓦润滑油道后，造成该道轴瓦与曲轴间缺少润滑油，在高速运转过程中产生高温后烧死，并使轴和瓦粘接在一起。

3　事故原因分类

设计问题。

4　事故教训

4.1　此3000系列柴油机组是该钻井公司初次使用，在使用前，钻井公司未及时与厂家沟通，对机组的结构、性能了解不够彻底，没有及时发现机油滤清器与原柴油机使用的机油滤清器存在结构差别，未进行风险评估和事故防控。

4.2　由于柴油机组常用配件选择不当，未使用原厂配件，导致机油滤芯质量不能满足正常使用要求，破损失效，导致机组事故发生。

4.3　由于井队巡回检查不细致，在机油滤芯出现故障后，未能及时发现机组运行的异常，未及时更换机油滤芯，导致了事故的发生和扩大。

5　防范措施

5.1　使用或试用新型设备时，一定要及时与厂家沟通，要求厂家提供零件图册，充分了解设备的结构特点、与原使用设备的结构差异并做出风险评估和应急预案，防止设备在使用中因维护保养或操作不当出现非正常故障。

5.2　加强设备零配件管理，所有设备维修保养和配件更换必须使用原厂配件。

5.3　加强设备的巡回检查，对关键要害部位加强巡检力度，出现异常情况及时发现及时解决。

柴油机启动不久后自动熄火故障分析

1　故障概况及经过

1.1　故障概况

2008 年 11 月 5 日，某钻井队在正常钻进中，需要一台 Z12V190B 型柴油机投入使用。当班司机按操作规程，多次启动，都不能运转；打开高压油泵放气塞，排尽空气后，再次启动，柴油机运转，并伴有排气管冒黑烟的现象，但很快就自动熄火；再经多次启动，仍不能运转；再一次排除空气，柴油机又运转了，但过了 2 ~ 3min 后，又自动熄火。

1.2　故障处理与恢复

1.2.1　首先，柴油机只要排除燃油系统内的空气后，就能运转，说明进气系统工作正常，那么问题应该出在燃油系统。

1.2.2　由于其他两台柴油机运行正常，说明主油路从柴油罐到柴油机柴油输入接口之间不存在问题，那么故障就在柴油机自身的内部燃油系统中。

1.2.3　检查上油管线的接头、密封情况，再检查管线有无卡堵、起层，结果良好。随后拆开燃油滤清器，进行彻底清洗；同时，更换上盖密封圈和滤芯；最后，把燃油输油泵拆下，进行检查，也没有发现问题。排除空气后，重新启动，柴油机运转后很快又自动熄火。

1.2.4　于是又对柴油机燃油系统的管线、滤清器进行了检查，并把一台运行正常的柴油机输油泵装到该柴油机上，排除燃油系统内的空气后，启动柴油机，运转后 2 ~ 3min 又自动熄火，而该柴油机上输油泵装到正常运行的柴油机上启动后工作正常。

1.2.5　从先前检查、处理的过程和结果可以看出：高压油泵如此多的空气应该来自柴油机的内部，而不在高压油泵之前的管线及零部件上。如果是高压出油管线，在外部就应该看到有明显的泄漏。由此看来，燃油系统所进的空气定是来自汽缸内部的喷油嘴。

1.2.6　再次启动排除空气后的柴油机，检查各缸进油高压管线，发现 1# 缸进油管线温度比其他缸的要高。断开该缸的燃油后，排气管冒黑烟现象明显减小，并且在高压油管接头处有气体喷出。柴油机自动熄火现象消失。停车后打开 3# 柴油机高压油泵上的 12 根高压管线与出油阀的接头，发现其他各缸都正常，只有 1# 缸出油阀处连续不断地往上冒油，并且有一定的流量；随即拧开 1# 缸出油阀紧座，取出弹簧、阀芯，发现阀芯锥面有裂纹；又对高压油泵柱塞副进行检查，并没有发现卡滞、漏油等不正常现象。再拆下该缸喷油器，发现喷油器上残留大量积炭，取出喷油嘴，发现针阀卡死在开启位置。

1.2.7　更换喷油嘴，清除喷油器上的积炭并校验好喷油器，按规定的要求将校验好的喷油器重新装入缸盖中。同时更换出油阀并按规定扭矩上好出油阀紧座。装好各缸高压燃油管线，排除燃油系统内的空气。重新起动柴油机，一次成功。黑烟也随之消除，柴油机工作正常。

2 故障原因及机理分析

2.1 造成该故障关键原因是，出油阀阀芯锥面有裂纹，造成密封不严，导致燃烧过程中，高压燃气顶开喷油器锥面，串入高压油管和喷油泵，造成气塞。致使该缸供油中断造成异常熄火，同时在喷油器内形成积炭，针阀卡死不能关闭。

2.2 出油阀开启时，来自汽缸内的压缩气体和燃烧后的最高爆发压力是10MPa左右，而高压燃油顶开出油阀阀芯的压力可以达到20MPa左右，气体无法倒流进高压油泵；当出油阀关闭时，汽缸内的压缩气体或燃烧后的废气是无法通过出油阀倒流进高压油泵内。但是，当出油阀密封不严时，滞留在高压管线内的气体倒流进高压油泵油腔内部，造成高压油泵气塞，导致各缸供油不正常，最后迫使柴油机自动停车。

3 故障原因分类

零部件的质量问题及维护使用不当。

4 故障教训

处理故障时，首先必须查明故障的原因，根据结构原理，排除故障发生的各种因素，防止相同的故障再次发生。

5 预防措施

5.1 严格按照设备维护保养规程进行相关工作，严格执行设备各项操作规程。

5.2 加强设备操作人员的业务培训，掌握柴油机的工作原理、构造，并且熟悉所使用的柴油机结构特点，各部分的功能及使用、操作和维护保养的方法。

5.3 严格按照规定要求使用合格的柴油、机油和冷却水，并按季节不同及时更换相应的牌号。

5.4 必须密切关注柴油机运行状况，对一切故障征兆做到早发现、早处理，防止造成严重的事故。

5.5 生产厂家必须严把产品质量关，使用单位必须对零部件的采购严格把关。

190 系列柴油机敲缸故障分析

1 故障概况及经过

1.1 故障概况

2011 年 9 月 12 日，某钻井队施工过程中，钻至 1872m，泵压 14.5MPa，泵冲 100 冲，3 号柴油机单车带负荷转速为 1250r/min。运转中突然出现清脆、有节奏、“铛、铛”类似金属的敲缸声，排气冒黑烟，机体震动忽加剧。转速下降为 1230r/min，泵压下降 0.2MPa，且都不稳定。立即倒车后，转速下调至 800r/min，敲缸声减小，节奏变慢，排气冒黑烟也随之减小，机体震动减小。

1.2 故障排除及恢复情况

1.2.1 首先采用听诊法，利用长螺丝刀逐缸诊断，声音来自 5 缸上部；其次采用触摸法，5 缸喷油器进油高压油管脉动强烈；最后为进一步确定判断，采用断油法，拆松 5 缸高压油管接头，敲缸声消失，排烟正常。据此肯定此敲缸声为燃烧敲缸，出自 5 缸。

1.2.2 取出喷油器进行检校，压力 19.5MPa，密封性能，雾化质量良好；

1.2.3 拆下出油阀偶件，现场做简单密封试验，性能良好。采用对比法对出油阀弹簧弹力进行检查，性能良好；

1.2.4 打开喷油泵边盖，按下油压低自动停车手柄，来回推动齿条，发现 5 缸柱塞偶件不随齿条的推动而转动。经查由于油量控制机构上的调节齿圈固定螺钉松动，导致该缸供油量过大。

1.2.5 将油量控制套筒上的中间调节孔与调节齿圈开口、柱塞凸块上的刻线三者相对齐，并将该缸供油量调至规定值，紧固齿圈螺钉。重新启动柴油机，声音、烟色正常，故障排除。

2 故障原因及失效机理分析

柴油机燃烧敲缸的发生，有以下几种原因。

2.1 供油量过小

柴油机在空载低转速时，个别缸供油量较小，每次泵油后不足以开启喷油器的针阀，要每隔一、两个工作循环泵油后才能开启针阀喷射一次，形成隔次喷射。当针阀被打开时，积存在高压油路中的燃油一涌而出，使该缸产生爆燃，爆炸声明显大于其他缸。这就是平时在低转速时听到某个缸有敲缸现象，高转速又消失了的原因。

2.2 供油量过大

个别缸供油量过大，柴油机着火燃烧其产生的爆炸声比其他缸大，出现清脆、有节奏、“嗒、嗒”类似金属的敲缸声，排气冒黑烟，机体震动加剧。

2.3 喷油时间过早

因喷油时间过早，使柴油在空气温度和压力较低的情况下喷入燃烧室，造成着火时间延长，燃烧室内集结较多柴油，一旦发火，这些柴油同时燃烧，温度和压力急剧增大，产生敲缸声；对汽缸套、汽缸盖和活塞产生压力冲击，产生清脆有节奏的“嗒、嗒”敲缸声。

2.4 喷油器滴油或雾化不良

因喷油器针阀卡在喷油位置，或喷油泵出油阀因磨损严重或卡住而失去作用，不能及时地开启和关闭，从而引起汽缸内无一定节奏、清脆、响亮的金属敲缸声，有时出现相隔很近的两下声响。与此同时，排气管会出现放炮声和冒灰白色烟、柴油机运转不稳定的现象。

2.5 积炭过多或汽缸垫过薄

由于燃烧室积炭过多或汽缸垫过薄，减少其容积，压缩比增大，气体压力和温度过高，喷射入汽缸的雾状柴油遇到高温高压气体即着火燃烧，产生所谓的爆燃，爆燃时火焰以极高的速度向外传播，甚至在气体来不及膨胀的情况下，温度和压力急剧升高，形成压力波，以声速向四周推进。这种压力波撞击汽缸壁时就发出尖锐的敲击声，表现出类似供油量过大的现象。

2.6 柴油自燃性差

柴油十六烷值低，不易着火燃烧，必须等燃油全部喷入燃烧室才开始着火燃烧，产生爆燃引起敲缸。

3 故障判断方法

12V190 柴油机有 12 个缸，要想准确迅速地判断敲缸声出自哪一缸并非易事。诊断时首先用听诊法判断燃烧敲缸声来自哪（几）个缸，然后结合工况变化法和部分停缸法，详细判断造成声音异常的部位和原因。

3.1 听诊法

即用一根金属棒（或长螺丝刀），一端触靠在柴油机缸盖上，另一端贴在耳朵上。根据敲击声的大小、高低、轻重、性质，结合经验，予以判断。

3.2 工况变化法

燃烧敲缸声往往与工况有明显关系。柴油机运转中，可将转速由低到高、负荷由小到大，进行变化，从而判断敲缸声异常变化情况。

3.3 部分停缸法

由于引起燃油燃烧时声音异常，往往是有些缸工作不正常引起。所以当停止该缸工作时，如果敲缸声消失、烟色正常、震动减小，则可准确地予以判断。

4 故障排除方法

排除故障一定要根据诊断出的部位和原因，有的放失地排除。

4.1 供油量过大或过小引起的敲缸声，应查明原因，给予排除，并将供油量调整至规定值。190 系列柴油机规定单缸 400 次供油为 210mL，各缸误差不大于 3%。

4.2 找出供油提前角过大的原因，给予排除，并重新调整供油提前角或供油间隔角。

4.3 对于喷油器滴油或雾化不良引起的敲缸声，应检校喷油器的启喷压力、雾化、密封情况，以及出油阀的密封和弹簧的弹力，如不符合要求应研磨或更换新件。

4.4 拆下缸盖，采用机械或化学方法清除燃烧室积碳，如果是汽缸垫过薄引起的敲缸声，应更换符合规定值的汽缸垫。

4.5 如使用自燃性较差的柴油引起的燃烧敲缸，应更换适当的十六烷值柴油。190 系列柴油机所用柴油十六烷值为 40 ~ 60。

5 故障原因分类

设计问题。

6 故障教训

设计高压油泵时，确实提高可靠性，实现日常免维护。

7 防范措施

由于柴油机工作过程中的复杂性，造成燃烧敲缸的原因是多方面的，任何一个相关因素的异常都有可能导致其发生，影响柴油机的正常运行。因此，作为柴油机操作使用者，应严格遵守操作规程，采取积极有效的措施，对柴油机燃烧敲缸进行预防，从而杜绝其发生，延长柴油机的使用寿命。主要预防措施有以下几个方面：

7.1 严禁柴油机长时间空载、怠速运转。

7.2 做好柴油三过滤，定期清洗各滤网及滤清器。

7.3 定期检查喷油泵联轴器联接螺栓、喷油泵各调节螺钉紧固情况。

7.4 保持喷油泵的清洁，严禁用水冲洗防乳化。保证泵内润滑油的质量和清洁。

7.5 按 190 柴油机强制保养规定，定期检校喷油器，检查调整各缸供油量及均匀度和供油提前角、间隔角。

VOLVO 发电机油底壳进柴油故障分析

1 故障概况及经过

2007 年某涉外施工现场，某钻井队一台直列式、六缸、四冲程、TAD1232GE - VOLVO 柴油发电机油底壳机油稀释未乳化，油面上升，机油中柴油味较浓。机油压力偏低(0.2MPa)呼吸器处油蒸气比较大。柴油机温度高，功率下降。启动一台 37kW 砂泵配泥浆，柴油机排气管持续不断地冒黑烟，有将要熄火的现象。另修井现场匹配一台 50kW 发电机仅供照明用，作业时只能使用 TAD1232GE 发电机，由于甲方的时间限制，作业周期又长，保养维护时间很短，使得该柴油机连续运转时间较长，有时长达十几天。

2 故障原因及失效机理分析

从柴油供给系统分析，能和润滑系统相通的部位有以下几处：

2.1 喷油泵柱塞偶件密封不严，柴油漏入凸轮轴润滑油腔内。VOLVO 柴油机喷油泵内润滑油为强制循环，因其内腔与发动机润滑系统相通，由发动机机油泵强制对喷油泵进行压力润滑的，故不必补充或更换机油。

2.2 由喷油泵凸轮轴驱动的柱塞式输油泵油封损坏、密封不严，使柴油进入喷油泵润滑腔内。

2.3 喷油器工作不正常，喷油嘴滴油，柴油进入油底壳。

2.4 人为误将柴油加入润滑系统。

3 故障检查与排除

针对以上种种现象，采取了以下检查措施：

3.1 检测输油泵，现场作简单的燃油渗漏试验。发现柱塞偶件及出油阀均密封良好，无渗漏。

3.2 对 6 个喷油器逐一隔断供油，观察到柴油机冒黑烟淡化明显，同时对 2 缸和 6 缸停止供油冒黑烟现象消失。则可证明了这 2 个缸喷油器雾化不良。

3.3 对喷油器进行压力检验，喷油压力全部低于规定值 25.5MPa，其中 2 缸和 6 缸喷油器压力分别只有 18MPa 和 15MPa。喷油嘴不雾化，成明显的连续油流流出。喷孔积炭多，有堵塞现象，油束成分枝状态，6 缸喷油嘴针阀还有卡滞现象。

通过以上检查发现 6 个喷油器有 2 个喷油器喷油压力较低，并且喷油嘴不雾化，喷孔积炭多，有堵塞现象，喷入汽缸的柴油顺着汽缸壁流入油底壳，造成机油稀释，使机油压力变低。

喷油器是柴油机燃烧系统的重要组成部分，喷雾的质量、喷柱的状态等重要参数直接影响发动机的稳定性。主要有以下几方面的影响：

3.3.1　一定的开启压力，对于保证燃油雾化质量，促进油气混合、改善燃烧有重要作用，同时也可以在针阀落座的后期，避免因高压油管内的燃油压力波，再次推开针阀面产生二次喷射等不正常的喷射现象。

3.3.2　喷嘴积炭堵塞增加了喷油的阻力，减小了喷注的射程。如果没有足够高的喷油压力则会增加了喷油的持续期。

3.3.3　另外由于粒径过大的柴油雾滴喷入燃烧室底部，使柴油沉积过多，不能充分燃烧，而顺着汽缸壁流入油底壳，使机油液面增高，黏度下降，造成润滑油稀释，润滑恶化。

3.3.4　柴油机喷油器雾化不良，不仅会引起柴油机性能参数恶化，而且使油耗高、排温高、冒黑烟、功率下降、排放物质增多。不雾化的油矩冲刷缸壁，稀释机油，就可能造成拉缸、烧瓦等事故。

3.3.5　经校对喷油器开启压力至规定值，按喷油器扭紧力矩 50N·m、供油管接头 20N·m连接好，并更换机油及机油滤芯，带负荷运行后，排烟及温度均正常，机油压力及机油消耗均正常，机油性能无改变，故障彻底排除。

3.3.6　VOLVO 柴油机喷油器打开压力是由弹簧预紧力控制的，没有可调节预紧力的螺丝。喷油器弹簧经长期使用后，由于长期受力压缩易产生塑性变形，使弹簧自由长度缩短，弹力不足，一般弹簧弹力减弱时应进行换新。在校正喷油器时，如达不到规定的压力值，也可以在弹簧的上端选用适当厚度的垫片，来增强弹簧的预紧力，调整到规定的压力值，经现场使用切实可行。

3.3.7　应该值得注意的是 VOLVO 喷油泵维修或其他原因，须将机油放尽时，在重新运行前，应向喷油泵凸轮轴室内加注适量的新机油，以使运转的最初阶段获得起码的润滑条件。

4　故障的预防

4.1　由于涉外项目存在国与国之间的文化差异，外籍员工素质参差不齐，管理难度大，中方设备监察人员更要加强对现场设备和外籍人员的监护和指导。

4.2　提高外籍员工的技术素质，全面掌握柴油机的工作原理、构造，并且熟悉所使用的柴油机结构特点，各部分的功能及性能使用、操作和维护保养的方法。

4.3　加强外籍员工的操作素养的培训，掌握有关柴油机的使用保养说明书和操作规程标准要求。

4.4　严格按照规定要求使用合格的柴油、机油和冷却水，并按季节不同及时更换相应的牌号。

4.5　必须密切关注柴油机运行状况，对一切故障征兆做到早发现、早处理，防止造成严重的事故。

柴油机气门弹簧断裂导致气门落缸事故分析

1　故障概况及经过

2007年某公司为一套ZJ50L钻机配套使用了两台新型的TAD1641GE沃尔沃柴油发电机组，在使用3000h以后，两台均发生气门弹簧断裂现象，其中的一台在气门弹簧断裂后，导致气门头部断裂，引起气门落缸，致使活塞、缸套、连杆、机体等主要零部件的严重损坏。

事故发生时，恰逢井队解体设备，当班柴油机工在柴油机房(3台12V190柴油机处)拆卸排气管螺丝，突然听到柴油发电机组运转声音异常，他扭头一看发现发电房排气管排出大量浓白烟，当即放下手中工具直奔发电房准备停车，刚到发电房门口突然一声巨响，机体被连杆小头捣出一个大洞(如图1)后自行停车，地面散落着活塞、缸套及机体的碎片。

2　事故原因及失效机理分析

事故发生后，柴油发电机组被送到修理厂，经拆检发现多缸气门外弹簧断裂(如图2)，立即通知钻井队对另外一台TAD1641GE柴油机进行检查，检查发现这台柴油机存在同样的问题，有四个气门外弹簧已经断裂。从而可以判断导致这次事故发生的主要原因是气门弹簧断裂。

图1　机体被捣出一个大洞

图2　弹簧断裂

3　故障原因分类

3.1　造成气门弹簧断裂的原因有以下几个方面：

3.1.1　气门弹簧材质裂纹、锈蚀等缺陷，造成弹簧在工作中从这些缺陷处断裂；

3.1.2　气门弹簧硬度太高，脆性太大，疲劳强度满足不了要求；

3.1.3　配气凸轮型面异常磨损，凸轮运动规律不正常。使气门弹簧受到大的惯性力，发生疲劳断裂；

3.1.4　气门弹簧盘扣瓦脱落，引起弹簧断裂。

3.2　结合以上几个方面原因及柴油发电机组的现场使用情况分析：导致气门弹簧断裂的主要原因是气门弹簧硬度太高、脆性太大、疲劳断裂。

3.3　钻井队在发生此次事故之前施工的几口井，曾用这两台 TAD1641GE 发电机组发电带动顶部驱动钻井装置(顶驱)。由于井内原因及操作送钻的不均匀，顶驱扭矩是交替变化的，顶驱扭矩的变化直接作用在发电机上，导致柴油机转速忽高忽低，气门弹簧受到较大的惯性力，疲劳而断裂。

4　故障教训

任何事故在发生前都有征兆，当气门弹簧断裂时，能听到“啪啦”、“啪啦”的响声，而且有严重的气门漏气声，严重时还伴有气门碰撞活塞的敲击声。

5　防范措施

5.1　柴油发电机组要合理使用，尽可能使负荷均匀，避免突然加载和卸载；

5.2　加强巡检，重大关键设备专人坐岗，判断分析柴油发电机组是否存在异常，及时处理，避免酿成大的设备事故；

5.3　掌握柴油发电机组的相关数据，正确操作和维护保养。

测井录井勘探设备篇

CS400C 数控测井系统无法开机

1　故障概况及经过

1.1　故障发生经过

2008 年 9 月 19 日，某公司测井小队，在某油田黄 16 井进行 PND 测井施工时，外接 110V 交流电源，启动 CS400C 地面测井系统时，无法开机。

1.2　故障处理过程

1.2.1　检查外接 110V 交流电源，发现电源电压幅度及频率均不稳定。

1.2.2　检查电源接插头有松动现象，紧固后故障依旧。

1.2.3　检查电源分配单元的 +12V 电源及固态继电器是否正常，检查发现 +12V 电源及固态继电器均正常，电源分配单元有 110V 的电源输出。

1.2.4　检查主机低压电源输入 110V 交流电正常，但无 ±12V、+5V 电源输出。

1.2.5　维修发现电路板驱动管电路、脉宽调制电路严重损坏，电路无法修复。

1.2.6　由于系统缺少 ±12V、+5V 电源，致使系统无法开机，无法利用系统进行测井。

1.2.7　更换新的开关电源部件后，故障排除。

2　事故原因及失效机理分析

2.1　交流发电机或外接 110V 交流电源输出的 110V 交流电压，送电源分配单元电路，电源分配单元电路产生 +12V 低压电源，给固态继电器 Z1、Z2 供电，控制 110V 交流电源通过。

2.2　通过电源分配单元电路控制输出的 110V 的交流电源，经中央处理器后面的 J1 接头，送中央处理器的低压电源开关模块，经变压器降压、滤波电路滤波和稳压电路稳压后，低压电源开关模块产生 +5V、±12V、±15V、+22.4V 电源，分别通过 J1、J2 送 VME 总线、SCI 总线供系统电路使用。交流发电机或外接 110V 交流电源输出不稳，往往会造成低压电源损坏。本次故障无 ±12V、+5V 电源输出，故造成 CS400C 系统无法开机。

3　故障原因

外接 110V 电源或交流发电机 110V 交流输出电压不稳；原配置的 UPS 不间断稳压电源损坏；本次外接 110V 电源，未通过稳压器而接入系统；环境温度与湿度；操作不当；电路设计存在缺陷、电路器件老化。

4 故障教训

造成本次故障的教训深刻，造成主机低压电源的永久性损坏，直接经济损失 2 万余元。电源损坏，造成系统无法开机，影响 PND 测井施工 2 口，减少测试劳务费 15 万元。

5 防范措施

5.1 避免大电流电压冲击。CS400C 测井系统利用并产生致命的电压和电流，为避免触电，在打开面板或者触摸机柜后面的电缆之前，一定要关闭电源。没有经过技术培训并取得设备维修资格的操作工程师不能打开设备盖板。致命的电压电流通常显露在以下 3 个部位：配线架、有线连接器、CHIP 测试点。

5.2 不要在易燃、爆炸性气体环境下使用设备。

5.3 设备接地。为减少触电危险，CS400C 系统底盘、机架必须连接地线。

5.4 谨慎操控显示器。显示器为易碎玻璃质的阴极射线管，为防止阴极射线管爆炸，应避免粗暴操纵或震动显示器。

5.5 为防止系统过热而死机，确保过滤器和风扇完好并清洁，保证系统通风良好。

5.6 移动或维修某些大型部件。如 CPU 箱体从机柜上拆卸时，要有两个人共同完成。

5.7 110V 交流电源必须经过 UPS 不间断稳压电源才能接入系统。

5.8 操作系统时一定要按正确步骤开关机。

测井绞车滚筒刹车失控故障

1　故障概括及经过

1.1　故障设备概况

故障设备为某型射孔机械绞车，2003 年投产使用。故障发生单元为电缆滚筒刹车系统。设备实物图、示意图分别见图 1、图 2。

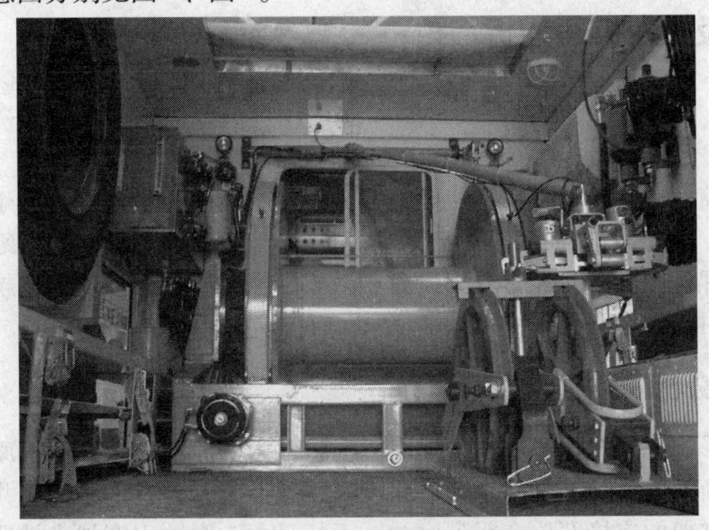

图 1　电缆滚筒及刹车系统实物图

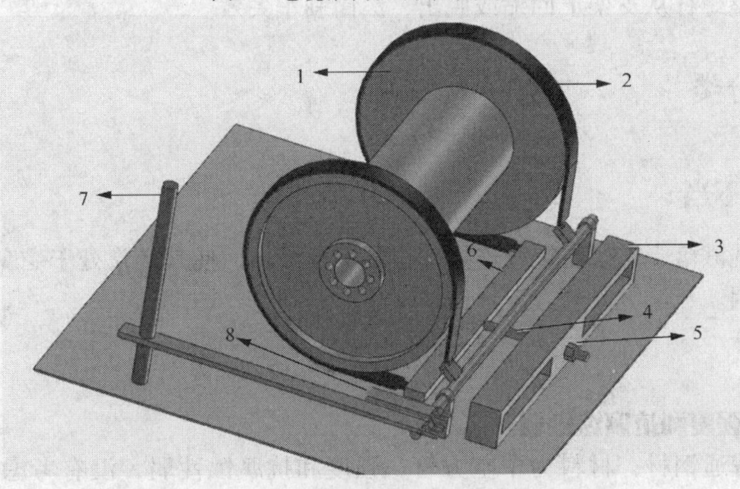

图 2　电缆滚筒刹车系统示意图

1—电缆滚筒；2—刹车带；3—滚筒刹车支架；4—连接调整螺杆；5—螺母；6—平衡梁；7—手刹把；8—气刹连杆

1.2 故障概况及经过

2010 年 7 月，施工小队在测井施工过程中，当电缆下至 300m 时，绞车操作工准备换挡加快下放速度，当滚筒手刹拉到底时发现电缆依然有下溜迹象，操作气刹现象相同，滚筒依然有轻微转动。队长得知后用撬杠别压刹车带，滚筒方停止转动，绞车操作工换上提挡将电缆起出井口。

电缆起出后初步观察，与滚筒刹车平衡梁相连的连接调整螺杆从固定支架向后回缩，螺母嵌入支架内，导致刹车失控。所幸电缆下深较浅，回缩不严重，否则将导致滚筒刹车彻底失控，整盘电缆将落入井内报废。如果发生井下落物事故，打捞过程及时间将不可预测，影响投产周期。另外，电缆在落井过程中将越来越快，最终将与滚筒脱离断开，脱开瞬间有可能将绞车拉向井口，甚至出现人身伤害事故。

2 故障原因及失效机理分析

2.1 故障原因

机械绞车滚筒刹车系统是一个有机整体，刹车带主动端通过连杆连接于手刹和气刹，被动端通过平衡梁、连接调整螺杆连接于滚筒刹车支架。滚筒支架由于受腐蚀而导致强度降低，而连接调整螺杆在刹车时经常受力，日积月累，当滚筒支架强度越来越低，受力处的孔眼涨径越来越大时，螺母向孔眼中回缩。

2.2 失效机理分析

受施工环境影响，射孔作业电缆上提时，会将井内的原油、水带出，原油、水会滴落堆积在螺母附近，而井内大部分是卤水，矿化度高、碱性大；另有一小部分井中为酸性的腐蚀性液体，螺杆与支架的连接部位会受到腐蚀，天长日久，腐蚀程度越来越严重，最终导致经常受力的连接调整螺杆从支架上回缩或脱出，滚筒刹车失效。

3 故障原因分类

3.1 维护保养不当

未能及时清洗溅落于支架与螺杆连接部位的腐蚀液体，使其经常处于受腐蚀状态，是发生故障的次要原因。

3.2 设计缺陷

3.2.1 支架抗拉强度和抗腐蚀性弱

支架材质为普通钢材，材料为中空方管，强度和抗腐蚀性弱，没有考虑到现场使用环境，是发生故障的主要原因。

3.2.2 没有设计密封防腐装置

螺杆螺母与支架接触部位经常受液体腐蚀，没有设计密封护罩和加注黄油的装置，是发生故障的又一主要原因。

3.2.3 没有设计应急控制部件

整个滚筒刹车系统中，主动端除手刹外，还设计了气刹应急备份，被动端没有设计应急部件，存在设计缺陷。

4 故障教训

4.1 小隐患将引发大事故

电缆滚筒刹车系统是保障电缆起下安全的关键装置，系统中任何一个环节出现问题，都有可能导致刹车失控，影响施工作业安全。滚筒支架在施工过程中受腐蚀是一个从量变到质变的过程，而这个现象大家习以为常，都没有引起操作人员和管理人员的关注和重视，最终导致了刹车失控，严重时会导致大事故发生。

4.2 设备隐患排查应做到全员、全过程、全方位

绞车滚筒刹车系统是射孔绞车的一部分，在进行隐患排查时不应被疏漏，应定期进行专项隐患排查，操作人员和各级管理人员都应负起自己的责任，注重过程管理，提前发现问题，并进行风险评价，消减事故风险，避免故障的发生。

4.3 设计环节应考虑应用实际

生产厂家在设计产品时应与使用单位及操作人员进行沟通，了解现场使用环境和使用要求，对现场反馈的问题应及时讨论评估，提出改进措施，避免问题及故障的发生。

5 防范措施

5.1 加强培训教育，对设备操作人员定期进行操作培训。

5.2 加大设备检查力度，定期对刹车受力和润滑部位检查，对设备检查认真仔细不留死角。

5.3 加强设备维护保养力度，施工回场及时清洗易腐蚀部位，并涂抹黄油防腐，对设备进行定期维修保养，防患于未然。

5.4 加工 1cm 厚、15cm×20cm 见方的钢板焊接到支架与螺母之间，加大支架受力部位的强度，对所有同类型绞车进行加固。

5.5 建议厂家对新生产绞车的设计进行更改完善。

分动器一轴与齿轮及轴承的烧损

1　故障概况及经过

1.1　分动器是越野车上的一个重要的总成件，它的动力来自变速器，其作用是将变速器传输出的动力分配到各个驱动桥，兼起副变速器的作用。分动器各轴均用两个圆锥滚子轴承支承，其轴承松紧度用相应的调整垫进行调整。分动器的润滑方式，在重型越野车上多采用压力及飞溅相混合的复合式润滑方法，因而油泵在分动器内就显得至关重要了。

1.2　分动器还有个重要的功能，就是钻机取力，这是 WTZ－100S 钻机设备打井的动力来源，它使用频率之高、负荷之大可想而知。故障常发生在钻机施工作业中，主要原因是无法了解分动器的工作状况。当分动器发生故障后，钻机作业无法进行，钻具无法取出甚至丢失。通过在分动器的主油道上安装远程控制装置，将油泵出油口所对应的油泵外壳处钻通孔与主油道相通；并将通孔攻丝与接头的丝扣相匹配；为防止接口处漏油，在过渡接头上加装组合垫与油泵外壳连接在一起；将传感器连接在接头上，并连接电路及仪表，时刻监控分动器的工作状况，提早发现并及时处理，上述问题就可迎刃而解。

2　故障原因及失效机理分析

2.1　分动器的油泵位于分动器的上后部，前接分动器一轴（主轴），做为油泵的驱动；后接钻机取力器及传动轴凸缘，做为钻机的驱动。润滑油路包括进油管、油泵进油口、油泵外壳、油泵出油口、主油道、喷油管（面向齿轮组侧均布油孔）。因油泵磨损严重、泵力下降、润滑油（齿轮油）内漏或缺少、油路不畅（堵塞）众多原因导致分动器故障。

2.2　既然设计油泵，润滑油就有压力，可是又没有油压表或是报警器的监控，所以，无法监控、提早预防，更无法及时排除故障，最终导致设备损毁。

3　故障原因分类

设计问题。

4　防范措施

4.1　在复合润滑式分动器的合理位置上安装远程控制装置，完善分动器在设计上的不足，使操作者在行车或是在钻井作业过程中，随时监控，提早发现，及时排除故障，实现复合润滑式分动器的远程监控的最终目的。

4.2　此装置已申报并获得国家实用新型专利。

录井气相色谱仪转阀故障分析

1　故障概况及经过

1.1　概述

综合录井仪是钻井过程中气体检测技术的物理实现方式，其通过气相色谱仪(Gas Chromatography，GC)在线检测(Surface gas measurements)钻井液气体样品，分析地下烃类气体成分及含量，并在线进行地下油气层评价和指导钻井作业。

转阀、十通阀均是气相色谱仪气路系统中的关键部件，用于钻井液样品气的周期分析。具体实现方式：在组分周期分析中，有两路动力空气按照设定时间依次驱动转阀往返转动一定角度，转阀通过连动装置带动十通阀阀芯一起转动，完成样品气进样、分析两种状态的转换。之后样品气在流动相(载气)携带下进入色谱柱，利用各组分在色谱柱流动相和固定相之间存在溶解系数的微小差异，在流动相的冲洗下，在两相之间反复多次溶解挥发，完成 $C_1 \sim C_5$ 五种成分的分离，最后进入氢火焰离子检测器(FID)，按时间顺序转换为微电流信号，完成了样品气组分分析的过程。

从上述分析可以看出，转阀在气相色谱仪的气路系统中发挥着重要作用，其发生故障会造成样品气组分分析无法完成。

1.2　故障概况

1.2.1　故障现象一

2011 年 3 月，一台正在施工的综合录井仪发生故障。故障现象：气相色谱仪在周期分析切换时，转阀发出沉闷的“吱吱”声，色谱软件提示组分氢火焰离子检测器(FID)熄火，色谱软件采集不到组分信号，但是全烃信号采集正常。经过观察，发现转阀切换时旋转不到设定角度。该综合录井仪配备的气相色谱仪为快速色谱仪，分析周期 30s，在设备故障发生后的半小时内，录井队立即更换了备用快速色谱仪。录井设备正常后，钻井队恢复钻进状态。

1.2.2　故障现象二

2011 年 7 月，一台正在施工的综合录井仪发生故障。故障现象：气相色谱仪内部发出轻微“嗤嗤”漏气声，空气压缩机启动频繁，值班人员注入标准混合样后，组分、全烃出峰仍正常。几个小时后，漏气声音变大，色谱软件提示组分氢火焰离子检测器(FID)在周期切换时熄火。经过检查发现，转阀侧面的两路动力气输入管线中一路进气，另一路有空气泄漏，这种现象说明转阀内部密封不严，发生串气现象。该录井仪使用的气相色谱仪分析周期为 120s，故障发生时钻井队正在停钻检修设备，录井队通过更换新转阀及时排除了故障。

2　事故原因及失效机理分析

上述两个故障均发生在转阀环节，通过拆卸、研究损坏的转阀，故障原因总结如下：

（1）故障一中损坏的转阀内部脏，放置钢珠的部件磨损严重，转阀动作时阻力很大，切换不到位，导致组分周期分析时氢气和样品气气路流程改变，组分氢火焰离子检测器（FID）因缺少氢气而熄火。

（2）故障二中损坏的转阀内部也很脏，用于气路密封的O形圈磨损较大，转阀内部串气，严重时转阀切换不到位，产生以下后果：一是组分氢火焰离子检测器（FID）缺少氢气熄火；二是用于切换动力气的压缩空气泄露，导致空气压缩机频繁启动，降低了其使用寿命。

3　故障原因分类

转阀故障发生的原因主要包括：维护保养问题、制造质量问题以及使用寿命终结等。

3.1　维护保养方面

切换动力空气在输入到转阀前过滤不好，干燥管硅胶更换不及时，从空气压缩机输出的压缩空气携带着油污等进入转阀，在转阀内部不断积累，最终导致转阀发生故障。

3.2　制造质量方面

从国内购买的部分转阀内部部件材料耐磨性变差，造成其使用寿命降低。

3.3　使用寿命终结

转阀是有额定使用寿命的，在录井现场，综合录井仪24h连续工作，因此转阀内部机械部件按照设定周期时间一直动作。随着快速色谱仪的推广使用，其分析周期由常规的120s缩短到30s，单位时间内切换次数增加了4倍，导致转阀使用寿命大幅度缩短。

4　故障教训

在综合录井仪使用过程中，要累计记录转阀使用时间，动态掌握转阀的运行状况，在其损坏前及时更换，避免在钻井过程中突然发生故障，影响钻井施工。

5　防范措施

5.1　深入了解转阀的内部结构，以便通过切换声音、旋转角度等信息及时掌握转阀性能状况的变化。

5.2　来自空气压缩机的动力气在输入转阀前，必须经过有效过滤。

5.3　在转阀选型时，要综合考虑生产厂家、转阀内部部件材料、现场测试结果等因素，选择质量过硬的产品。

5.4　转阀有其使用寿命，在录井过程中要做好备件储备。

综合录井仪雷击故障分析

1　故障概况及经过

1.1　故障设备概况

综合录井仪借助各类分析仪器对石油地质、钻井工程及其他随钻信息进行采集(收集)、分析处理，进而达到发现油气层、评价油气层和实时钻井监控目的，为石油天然气勘探开发提供齐全、准确的第一性资料，是油气勘探开发技术系列的重要组成部分。

综合录井仪拥有大规模集成电路，它常年工作于钻井井场，经常受到雷电袭击，造成巨大的损失。

1.2　A 井雷击事故发生经过及恢复情况

1.2.1 事故发生经过

现场作业工作人员正交接班，天降暴雨，伴有大风和强雷电。一道低空强闪电后，录井仪器设备遭受雷击，所有传感器指示电压均为零，传感器工作陷入瘫痪状态，并且同时井队所有仪表也均无法工作，显示为零。重启多次后均无反应。

1.2.2　事故处理及恢复情况

经技术人员检测，损坏设备如下：PCI－8503 脉冲计数接口卡、PCI－8325 卡、绞车板、绞车传感器、悬重压力传感器、霍尔效应电扭矩传感器、出口流量传感器、硫化氢传感器、泵冲临近式传感器、空气压缩机、出口密度传感器等。

经过维修技术人员的连夜抢修，更换受损配件，恢复了仪器功能。

1.3　B 井雷击事故发生经过及恢复情况

1.3.1　事故发生经过

工程下钻施工作业过程中，天降暴雨，并伴有闪电雷鸣。突然综合录井房内电力中断，日光灯和显示器屏幕全黑。

1.3.2　事故处理及恢复情况

经技术人员检测，损坏设备如下：9 台计算机显示器烧坏，2 只固定式硫化氢传感器、1 只电导率传感器、1 只密度传感器、1 只流量传感器烧坏，2 只视频分配器烧坏，3 台工控机损毁无法启动，3 台计算机损毁无法启动，1 个 D－LINK KVM SWITCH 烧毁，1 块 4－20mA 模拟量板烧毁，2 套防爆灯烧毁，1 台 EPSON1520 打印机损毁无法打印。

经过维修技术人员的连夜抢修，更换受损配件，恢复了仪器功能。

2　事故原因及失效机理分析

近几年在野外施工的综合录井仪频繁发生雷击事故，给公司造成了巨大经济损失，结合近几年的设备遭雷击事故情况，分析如下：

2.1 对引入雷电的原因考虑不全面

根据雷击事故情况分析，损坏的除了外部传感器，还有内部计算机、显示器、显示分配器等，主要是由于给钻井监督、钻井工程对提供的外接终端显示器未加装防雷装置，导致雷电产生的高压顺着显示器信号线引入仪器房内，损坏录井仪器房内部的计算机系统，导致计算机相关配件的损坏。

2.2 防雷措施不完善

根据雷击事故情况分析，损坏的设备大部分为综合录井仪外部传感器，小部分为综合录井仪内部采集板件。造成这种现象的主要原因是此类传感器直接工作于钻井井场室外，而这些传感器端未安装相应的防雷装置，造成的传感器损坏。

2.3 防雷装置安装使用不规范

由于部分钻井公司施工井队不允许在井架上另外连接其他防雷线路，使综合录井仪防雷装置在安装上达不到预期的设计要求，导致防雷装置起不到应有的防雷效果。

3 故障原因分类

设计、操作及维护保养问题等。

设计问题包括：设计时对雷击进入综合录井仪内部的原因考虑不够全面，防雷措施不全面等方面。

操作问题包括：防雷装置安装不规范，防雷系统使用不规范等方面。

维护保养问题包括：部分设备防雷击装置工作状态不佳，没有引起操作人员的重视，没有及时维护。

4 故障教训

频繁发生的雷击事故，造成综合录井仪外部部分传感器、综合录井仪内部部分计算机、显示器、打印机以及综合录井仪部分采集板件等设备的损坏，给公司造成了巨大经济损失，并且生产停工维修，影响了录井服务质量。因此，需要对综合录井仪雷击故障进行全面防范，防止类似事件的再次发生。

5 防范措施

5.1 完善防雷设计

提出系统防雷观念，针对整个钻井井场进行综合考虑，建立完善的防雷击系统，消除安全隐患，保障设备的正常运行。在条件允许的情况下，给外部传感器加装防雷装置，以降低设备损坏的可能性。

5.2 严格防雷装置的安装、操作

严格按照目前使用的防雷系统的安装要求，严格对防雷地线以及相关装置的安装，不符合要求不允许进行施工。

5.3 严格对设备的维护、保养

每个现场队必须定期对防雷装置进行检查，发现隐患立即整改。使防雷装置完好运行。

综合录井设备接地装置失效故障分析

1 故障概况及经过

1.1 综合录井仪接地装置简述

综合录井仪接地装置由金属接地体(一般是铜棒)和连接用的铜丝构成。金属接地体一端埋入大地，另一端与铜丝一端相连，铜丝的另一端则与综合录井仪外壳相连。保护接零是三相四线制配电方式，中性线与供电系统(发电机)的零线相接。

1.2 故障发生经过、影响范围、处理过程及恢复情况

案例1：2010年6月13日16:50突下暴雨，钻井队正常施工钻进，突然一声雷鸣，井场断电，仪器房两台UPS中一台正常供电，另一台UPS无电，经过井队检查确认，是雷击造成井队发电机被击坏。

待钻井队启动备用发电机正常供电后开机准备录井，发现色谱部分工作不正常，立压、套压、扭矩、出口流量、硫化氢和1个池体积传感器等电压信号为满量程，监控机不工作。遂报项目部经专业人员到井检修后色谱正常工作，并确认仪器部分传感器被雷击，损坏的传感器及部件有：①立压、套压、扭矩、出口流量、硫化氢和2个池体积传感器；②隔离栅4块；③监控机显示主板。6月14日更换传感器、隔离栅、监控机后故障排除，设备恢复正常运行。

案例2：2010年9月2日17:20开始下雨，17:25仪器大班到仪器房先行切断外部供给的电源，使用仪器自身的UPS电源进行录井作业；为防止雷击仪器事件的发生，17:34关掉仪器，17:40出现雷电天气。雷雨停止后开始检查仪器房自身是否带电，确认仪器房不带电后进入仪器房内进行内部检查。初步检查发现：两块模拟隔离栅电源指示灯不亮，运行录井软件，发现显示界面所有数据归零；进一步检查发现DCU采集电压值为90~100mV(超范围)，测量隔离栅，发现悬重、立压、1号H_2S、2号H_2S无电压输出；其余隔离栅供电电压正常(24V)，测量传感器返回电流均正常，检查仪器内部网路连接正常；检测外部传感器发现：立压、出入口密度、电导传感器损坏；21:12项目部技术人员到现场进一步检测后确认：隔离栅、PC104计算机主板、立压/温度/电导传感器、视频分配器、程控交换机部分通道、防爆电话等设施损坏。

9月3日厂家服务人员带配件、设施到达现场进行更换，更换后设备故障排除，仪器设备恢复正常运行。

2 事故原因及失效机理分析

2.1 接地装置用途分类

电气设备的接地按用途主要可分为工作(保护)接地、防雷接地、仪控接地。工作接地

是将电气设备外壳与大地直接连接，当发生漏电时，通过外壳传入地下，减小通过人体电流，防止发生触电伤亡事故。防雷接地是针对防雷保护的需要而设置的接地，目的是使雷产生的电流顺利导入大地，以利于降低雷过电压，故又称过电压保护接地。仪控接地是为了稳定设备电位、防止干扰而设置的接接地，保证电力系统设备正常运行。保护接零是设备的地通过中性线与发动机的零线相接，中性点直接接地，当发生单相电触地时，接地相与中性点形成了电流回路，流过的电流很大，从而使保护动作。

2.2 接地装置失效机理分析

2.2.1 目前使用的综合录井仪接地装置，主要是稳定综合录井仪设备电位、防止干扰和避免外壳带电伤人，及防止单相线触地，接地相与中性点形成了电流回路，从而使保护动作等。综合录井仪采用接地装置及接地方式主要有工作接地(保护接地)、仪控接地、保护接零，不具备防雷击的保护功能，因此在设备遭遇强雷电袭击时，其接地的功能就基本失效了。

2.2.2 案例1：正常录井作业中通电运转遭到雷击而击坏的录井设施：外部传感器－立压、套压、扭矩、出口流量、硫化氢和池体积，内部设施－隔离栅(A1/A2/A3/A4)如图1、图2所示，及监控机显示主板；这些外部传感都是模拟型信号，通过隔离栅供电、完成信号(如图3、图4所示)传输及隔离保护；雷电形成的强电磁效应主要作用在导线上，传感信号通讯电缆、电源电缆正是雷电形成电磁效应体，这种强电磁产生的强电流沿着信号通讯电缆流过去，击穿保护的隔离栅，击坏隔离栅前端的传感器电路单元，隔离栅后端电路单元得到了保护；监控机：录井监控机(DMU)－录井终端机通过视频分配器和信号电缆，把录井信息传输到各终端显示器。雷电形成的强电流沿着视频信号电缆流到监控机，击坏显示电路主板。

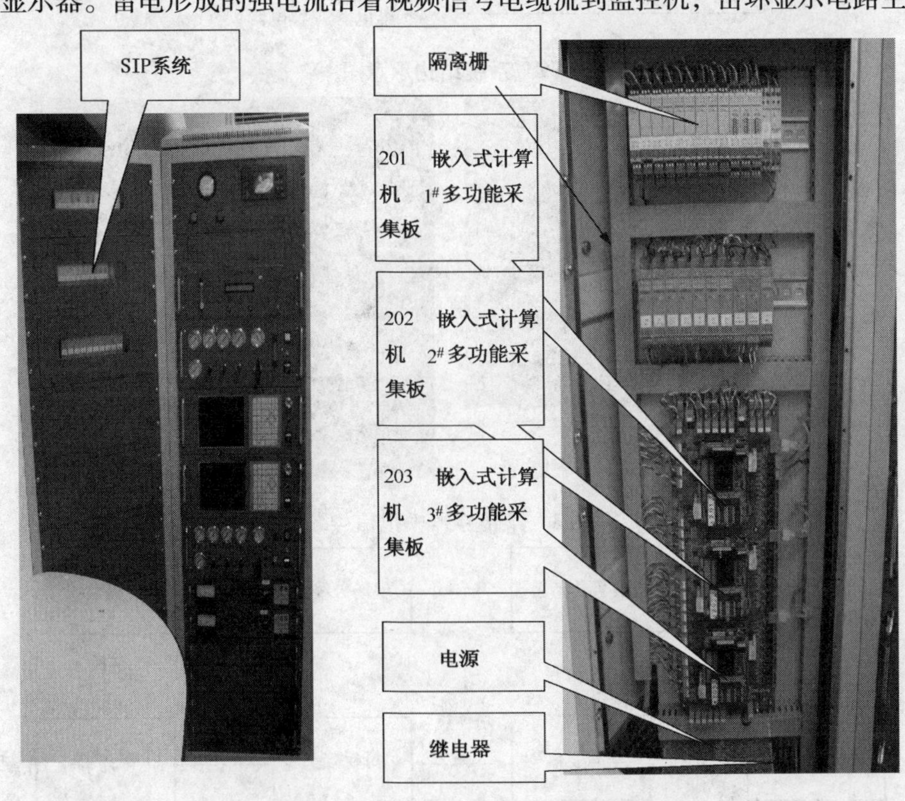

图1 SIP系统结图

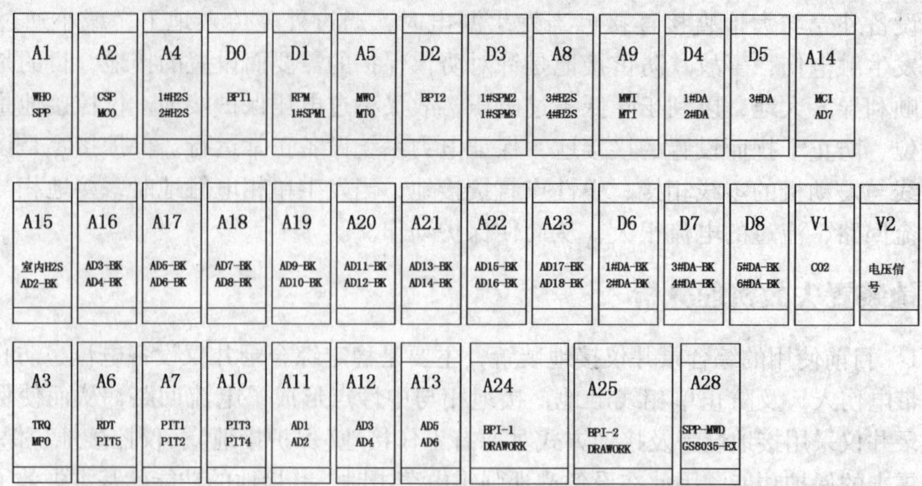

SIP信号采集板

图2　系统结构示意图

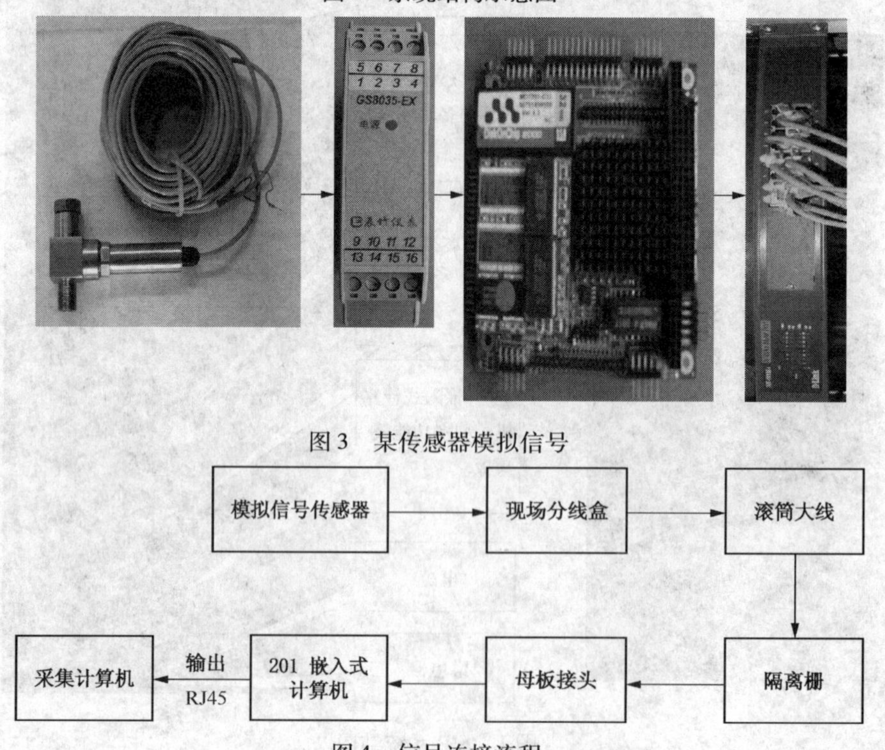

图3　某传感器模拟信号

图4　信号连接流程

2.2.3　案例2：切断外部供电电源，设备/设施在不运转情况下遭受雷击，击坏的电器设施工作流程机理与案例1相同；雷电在通讯信号电缆上形成强电磁感应，通过强电流的形式击穿了传感器、具有保护功能的隔离栅，进而击坏了信号处理机PC104的201单片机电路板；以及视频分配器通道、程控交换机和防爆电话机。

3　故障原因分类

在设备设计防护方面，对雷电形成的自然灾害考虑的不足和欠缺，预防设施(接地)针对雷电是无效的。

4　故障教训

施工区地处于沙漠地带，雷电频繁，雷电天气主要集中在5～9月，其中65%以上出现在6～8月，且雷电类型多属于直击雷。直击雷是雷电接触作用到物体导体上，产生雷电感应。雷电感应过程中产生的强大瞬间电磁场，这种强大的感应磁场，可在地面金属网络中产生感应电荷，包括有线、无线通讯网络、电力输电网络和其他金属材料制成的线路系统。高强度的感应电荷会在这些金属网络中形成强大的瞬间高压电场，从而形成对用电设备的高压弧光放电，最终会导致电气设备烧毁。或者高强度的感应形成电磁脉冲，对电子、电子集成等弱电设备的破坏最为严重。

录井作业一般大都处于空旷地域、沙漠地带，在雷雨天气，井队钻机和综合录井仪特别容易受到雷电的袭击。因此，雷雨天气会给录井设备造成损坏的风险较大。

5　防范措施

5.1　加强防雷电知识的学习和提高雷电风险意识

为了避免在今后的雷雨天气中出现设备的损坏和人员伤害，应加强录井队员工对雷电的形成及类型、雷电的危害和雷电的防护措施知识的普及和学习；增强录井队员工的雷电风险意识，提高员工保护自身安全和设备安全的意识。

5.2　完善录井队有效防雷电装置的配备

公司完善应急预案，加强设备安全防护管理，针对雷电的防护购置了一批YC－1型防雷电系统装置，根据工区内雷电分布特点进行配置、安装，取得了比较明显的效果。

HH2530 测井仪器测井曲线深度大小格故障案例分析

1 故障概况及经过

HH2530 测井仪器在测井施工过程中，测井曲线深度出现大小格故障，经检查是由于网络通讯不良引起的。见图 1。

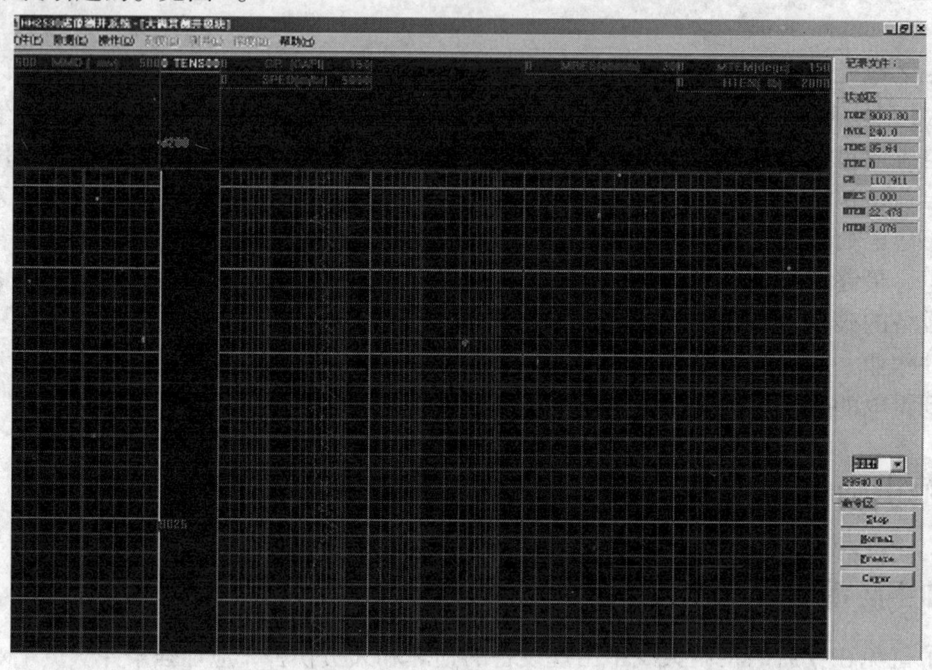

图 1 测井曲线深度出现大小格故障

2 故障原因及失效机理分析

在测井仪器通讯过程中，传输一个最大帧大约需要 132μs，一个深度测量点的数据会分段打包，形成大约 10 ~ 50 帧的数据。如果网线接触不良，会导致地面系统与计算机之间反复传输。帧越大出错的可能越大。

更严重的是地面系统发出数据后，收不到或收到错误因特网控制 ICMP 报文，从而进入无休止的等待直到超时。这个时间要几百毫秒，是上面传送一帧数据的几倍到十几倍。

由于占线，绞车面板无法向计算机发送深度信号。如果测速为 500m/h，编码轮是 1280 脉冲/m，那么 66ms 将漏失 12 个脉冲或 1cm，500ms 将漏失 100 个脉冲或 10cm，而这 1cm 很有可能就错过一个测量点，特别是成像或倾角等高测量密度项目。即使绞车面板直接接入地面系统，数据也会因为下一测量点到达而放弃正在传输的数据。由此我们看到地面系统与计算机之间的网线不好，影响的却是整个系统，绞车面板无法向计算机发送深度信号；发送了一台计算机来不及发送另一台，结果就造成了测井曲线深度出现大小格故障。引发网络通讯不良引起的原因有：

2.1 530 测井主机网卡坏；

2.2 PC104 的网卡坏；

2.3 网络交换机坏；

2.4 网线是否有断线或线间短路现象，尤其是 RJ-45 头，与网卡的接触是否良好。

3 故障原因分类

维护保养问题。

4 故障教训

该故障造成施工现场返工重测，严重影响了测井质量和测井时效。

5 防范措施

5.1 要经常检查 PC104 嵌入式计算机印刷电路板上 net 插针和插座、RJ-45 头与插座的接触是否良好；

5.2 对于受车辆震动的影响易松动的部位，要采取加固措施。

动力设备篇

电厂锅炉高温过热器爆管故障

1　故障概况及经过

1.1　2011 年 6 月 18 日 11:00，某 IK6 号吹灰器入炉处有异音，检修人员到达现场后听到明显的泄漏声，判断为高温过热器泄漏，申请停炉抢修。

1.2　6 月 19 日 6:00，检修人员进入炉膛折焰角区域检查，发现在高温过热器西数第 8 排的下部 U 形弯处有明显的泄漏点，立即通知炉内搭设脚手架。8:30，脚手架搭设完毕后，进入高温过热器处检查，发现西数第 8 排内 2 圈的下部 U 形弯的前部背面有一处明显的爆口，爆口形成椭圆形，最宽处有 5mm，长度有 30mm。爆口附近第 8 排内 1 圈(加持管)西侧的垂直段距下部 U 形弯 507 ~ 707mm 处有吹损痕迹，吹损处有 3 个漏点。第 8 排内 3 圈前部弯头内侧有吹损痕迹，吹损处有 4 个漏点。第 9 排内 1 圈(加持管)的东侧、西侧垂直段距下部 U 形弯 250 ~ 707mm 处有吹损痕迹，经测厚超标。第 9 排内 2 圈的下部 U 形弯的正下方吹漏。第 9 排内 3 圈前部 U 形弯的内侧吹漏。第 9 排内 4、5 圈前部 U 形的内侧有吹损痕迹，经测厚超标。

1.3　检修过程：将高温过热器西数第 8 排内 2、3 圈，西数第 9 排内 2、3、4、5 圈下部 U 形弯进行整体更换，管子型号为 $\phi54\times8$，材质为 12Cr2MoWVTiB；西数第 8 排内 1 圈西侧减薄区域进行更换，管子型号为 $\phi54\times8$，材质为 T91，长度为 150mm；西数第 9 排内 1 圈东西侧减薄区域进行更换管子型号为 $\phi54\times8$，材质为 T91，长度为 900mm。所有焊口焊后进行热处理。

2　故障原因及失效机理分析

高温过热器西数第 8 排内 2 圈下部 U 形弯长期超温，管子材质老化。

3　故障原因分类

设备材质问题。

4　故障教训

对锅炉受热面应定期进行取样检查，及时发现其材质变化后应立即采取整改措施。同时杜绝锅炉超温运行。

5　防范措施

5.1　加强锅炉四管防磨防爆检查，发现问题应立即采取整改措施。

5.2　运行值班人员加强监视调整，避免超温问题发生。

电厂锅炉省煤器爆管

1 故障概况及经过

1.1 2011 年 8 月 15 日 5:40，某发电厂运行值班人员巡检发现 10m 平台乙侧省煤器落灰斗处往外滴水，立即到 26m 乙侧省煤器处检查，在乙侧中隔墙处能够听到泄漏声，确认省煤器发生泄漏，值长下令停炉。

1.2 8 月 15 日 8:15，该锅炉在滑停过程中，检修人员打开乙侧低再侧省煤器南 1 人孔门，打开后立即有水冒出，初步确认省煤器最上层出现泄漏。8 月 16 日，炉内冷却后进入炉内发现，乙侧低再侧省煤器南侧西数第 5 排最上层蛇形管在距中隔墙 400mm 处，从南面看在时针 2 点的位置有一明显漏点，漏点的形状为椭圆形，长度有 3mm，宽度有 1.5mm，漏点的位置在翅片与管子的镍基钎焊处，此漏点为起爆口。漏点将西数第 6 排的下部吹漏，将西数第 7 排下部 50mm 的翅片吹没，省煤器管有明显的减薄，测厚为 2.36mm，减薄超标。同时对西数第 8、10 排的省煤器管护瓦下部进行测厚，未见超标。

1.3 处理过程：将低再侧省煤器西数第 5、6、7 排进行堵管。在距省煤器入口联箱及出口联箱 150mm 处将省煤器管割开，加装堵头并进行焊接。堵头为 ϕ26mm，材质为 12Cr1MoV，焊条为 J507，省煤器管为 $\phi38 \times 5$，20G。将西数第 5、6 排泄漏位置的省煤器管割除，长度为 400mm。对西数第 5 排的泄漏位置进行打磨，并做金相试验。

2 故障原因及失效机理分析

对省煤器管西数第 5 排泄漏部位检查发现螺旋鳍片有一处砂眼，产生原因为：焊接螺旋鳍片时咬边造成的，经过长时间运行造成泄漏。经进一步检查，割除管子鳍片后发现漏点南侧 5 处鳍片同一侧根部都有明显沟槽，打磨后检查沟槽深约 2mm，取样做金相组织分析为铁素体 + 珠光体，组织正常；省煤器管是螺旋鳍片管，根据烟气方向符合吹损鳍片管一侧的规律，因此主要原因是飞灰磨损造成原始缺陷（咬边）减薄泄漏。

3 故障原因分类

原始缺陷及飞灰磨损。

4 故障教训

应加强锅炉防磨防爆检查，对锅炉受热面重点部位（如飞灰磨损、烟气走廊等）进行全面细致检查，并对重点部位采取防范措施。

5 防范措施

5.1 对磨损严重部位进行检查测厚，做好定期监控工作。

5.2 对省煤器烟气走廊形成的重点区域进行检查，磨损部位加装护瓦防护。

电厂汽动给水泵推力瓦温高停泵

1 故障概况及经过

2011年3月28日，某机组小修结束后，一台汽动给水泵冲转，15:20该汽动给水泵辅助推力瓦温度(TE-2110点)突升至120℃，汽动给水泵跳闸。热工校核测点后，16:40该泵汽轮机再次冲转至1800r/min时，辅助推力瓦温度(TE2110)又出现跳升，汽动给水泵再次跳闸。

2 原因及失效机理分析

检查汽动给水泵，打开自由端推力瓦轴承室发现安装辅助推力瓦测点的瓦块位置发生变化，导致其他各瓦块受力不均匀，特别是安装测点的瓦块发生了径向位置偏移，致使瓦块温度突升。原因为热工温度测点为刚性指针型，当测点指针插入瓦块安装孔内时，瓦块不能自由摆动，不能以自由状态与推力盘结合，存在憋劲现象，容易使该测量瓦块温度升高。另外，解体该汽动给水泵推力瓦支架后发现，厂家提供的瓦块侧面锁紧螺钉与瓦块卡槽配合间隙较大，当汽泵转速急速升高时，瓦块向圆周方向偏移，致使瓦块受力不均匀而温度升高。

3 故障原因分类

设计、制造质量问题。

4 故障教训

没有对设备的设计及制造进行有效的监造和提出改进意见。

5 防范措施

5.1 在该汽动给水泵更换芯苞后，经厂相关部门研究决定，将测温元件由刚性指针型改为软线固定在瓦块上，确保瓦块能够自由活动，另外对各瓦块厚度进行了测量，保证在0.02mm以内。

5.2 安装瓦块时，检查锁紧销钉与瓦块配合间隙。

5.3 安装时，测量好推力间隙。

5.4 汽泵启动过程应根据给水流量缓慢升速带负荷。

电厂发电机密封瓦漏氢气

1 故障概况及经过

1.1 2011 年 9 月 21 日后夜，某发电机组负荷 212MW，发电机氢压 0.293MPa，机组平稳运行。6:34，3B 氢侧密封油泵电流由 9.39A 突升至 10.68A，氢侧密封油供油母管压力由 0.79MPa 突降至 0.66MPa，空侧密封油供油母管压力由 0.88MPa 降至 0.85MPa。6:36，氢侧密封油箱油位低报警，补油电磁阀联开，就地检查油位低至最底部，开手动旁路门补油，氢压下降速度快。6:42，氢侧密封油泵出口压力低开关报警，3A 氢侧密封油泵联启，10s 后 3B 氢侧密封油泵逻辑强停。氢压持续下降，就地检查调整系统运行方式无效，一直保持发电机低氢压运行。

1.2 2011 年 9 月 23 日，该机组停机对发电机密封瓦进行检查。打开发电机两侧轴瓦小端盖，依次取出轴瓦、密封瓦、密封瓦座、中分环等部件，检查密封瓦乌金面良好，测量密封瓦尺寸，汽端密封瓦径向总间隙 0.28mm，励端密封瓦径向总间隙 0.22mm，密封瓦处轴颈 ϕ449.98mm，要求值 0.18 ~ 0.23mm，汽端密封瓦径向总间隙超标。励端密封瓦座密封胶垫有一处鼓包；励端、汽端两侧中分环密封胶垫均多处损坏。

1.3 用 10mm 的白色硅胶板制作中分环垫子，8mm 的白色硅胶板制作密封瓦座垫子。汽端密封瓦超标更换，测量新密封瓦径向总间隙 0.195mm，轴向间隙 0.20mm。测量励端密封瓦径向总间隙 0.22mm，轴向间隙 0.18mm。密封瓦与密封瓦座轴向总间隙要求值 0.135 ~ 0.205mm。

1.4 恢复中分环、密封瓦、轴瓦等部套。密封瓦恢复后，检查密封瓦活动灵活。测量 5 号瓦瓦口间隙左侧 0.65mm，右侧 0.60mm。6 号瓦瓦口间隙左侧 0.65mm，右侧 0.60mm。测量 5 号瓦外油挡间隙底部 0.05mm，左侧 0.60mm，右侧 0.60mm。6 号瓦外油挡间隙底部 0.08mm，左侧 0.40mm，右侧 0.40mm。

2 原因及失效机理分析

2.1 从设备解体检查情况分析，此次密封油压低，氢气压力保持不住的直接原因是中分环密封垫损坏造成。密封胶垫自某次大修更换到发生损坏，时间只有 3 个多月，从密封胶垫损坏情况看，是由于密封胶垫原材料不合格、质量差造成。

2.2 对于该发电机密封瓦垫子损坏的问题，该公司技术人员确认因所供备品垫子质量不合格造成。质量不合格主要原因：该公司制作垫子的原材料不合格，没有按要求采用规定的材料制品。制作的成品垫子出厂时，其相关质监部门没有做到对垫子逐一检验，存在漏检的问题。

3 故障原因分类

产品制造质量问题。

4 故障教训

对产品质量把关不严。

5 防范措施

5.1 该公司对密封瓦垫子原材料进行检查把关，并对胶板制品进行百分之百检验。

5.2 该公司对出厂的备品出具检验报告、材质报告、合格证等相关资料。要求该公司提供的垫子必须适合发电机设备运行条件，做到所供备品备件符合要求。

电厂压缩空气干燥塔失效

1 故障概况及经过

1.1 春、秋、冬三个季节，某发电厂压缩气系统含水明显增大，造成微热再生干燥塔负荷过重，无法及时将压缩气中的凝结水去除，严重时干燥塔失去干燥作用。

1.2 一旦压缩气中含水大，就不能为设备的气动装置、吹扫装置、气力输灰装置、仪表冷却等提供合格的气源，造成气动装置失灵，输灰管线堵塞及检测仪表损坏。

1.3 检查冷却器发现冷凝管两头堵塞，冷却器堵头隔板腐蚀严重，对冷却器进行整体更换。

2 故障原因及失效机理分析

2.1 春、秋、冬三个季节，环境温度低，压缩气管道的温度远远低于空压机主机排出的压缩气温度，压缩气进入管道后，压缩气的温度降低到露点温度，压缩气中的水蒸气开始液化、凝结，造成压缩气中含水大。

2.2 管道设计不合理，没有按照设计要求将压缩气管道保持一定的坡度，也没有在管道的最低点装设手动及自动排污装置，导致不能及时将凝结水排出，凝结水过多存积在管道中，更加重了压缩气中的含水量。

2.3 压缩气管线中含水过多，使微热再生干燥塔的干燥再生能力降低，恶性循环导致干燥塔失去作用。

3 故障原因分类

设计、施工质量问题。

4 故障教训

压缩气输出管线的布置及排污设施完善对保证压缩气的品质是十分关键和重要的。

5 防范措施

5.1 在管道的最低点装设手动及自动排污装置。

5.2 制定定期排污工作制度，每班应打开疏水阀手动排污一次，确保疏水阀畅通。

5.3 定期对疏水阀进行检查清理，确保自动排污口畅通。

电厂高速混床混脂溢流管漏树脂

1 故障概况及经过

1.1 高速混床概况

某发电厂某机组凝结水精处理高速混床共 6 台，设备直径为 2260mm，设计压力为 3.5MPa，设计最大流速为 120m/h。

1.2 故障及其处理情况

高速混床混脂过程中出现跑漏树脂的情况，检查发现高速混床内部不锈钢混脂溢流管出现弯曲、管端耳板断裂等情况，不锈钢绕丝间隙变形，导致部分树脂流失。

对混脂溢流管进行直弯、焊接等修复工作，于水流方向焊接加强筋板。复装后运行半年无异常。

2 故障原因分析

高速混床混脂溢流管长度约为 2m，内部为 *DN*50 不锈钢管，外部缠绕间隙为 0.25mm 的绕丝，该部件一端法兰固定连接，一端耳板固定于罐体，中间无支承也无加强措施。高速混床运行时水流长时间高速冲刷，导致混脂溢流管变形弯曲甚至断裂的情况出现。

3 故障原因分类

设计问题。

4 故障教训

针对高速混床运行工况的特殊性，设计时应加以注意，对内部组件应做抗水流冲刷的措施。

5 防范措施

依据设备运行工况的特点对设备设计方案及图纸严加审核，及时发现问题并解决。

电厂高压加热器泄漏故障分析

1 故障概况及经过

某发电厂某高压加热器运行过程中疏水水位突然升高异常，无法维持运行。系统隔绝后，打开高加水室人孔门，进入水室检查，发现水室管板冲刷。采用汽侧冲压缩空气打压，确定泄漏部位为管板与管束结合位置。对泄漏部位进行堵管补焊处理。处理工作结束，恢复该高压加热器正常。

2 原因及失效机理分析

机组负荷变化过快给高加带来热冲击，管子与管板相连，管板变形会使管子的端口发生泄漏。高加管板水侧压力高、温度低，汽侧则压力低、温度高，尤其有内置式疏水冷却段者，温差更大。如果管板的厚度不够，则管板会有一定的变形。管板中心会向压力低、温度高的汽侧鼓凸。在水侧，管板发生中心凹陷。在主机负荷变化时，高加汽侧压力和温度相应变化。尤其在调峰幅度大，调峰速度过快或负荷突变时，在使用定速给水泵的条件下，水侧压力也会发生较大的变化，甚至可能超过高加给水的额定压力：这些变化会使管板发生变形导致管子端口泄漏或管板发生永久变形。如果高加的进汽门内漏，则在主机运行中停运高加后，会使高加水侧被加热而定容升压，如水侧无安全阀或安全阀失灵，压力可能升得很高，也会使管板变形。

3 故障原因分类

制造质量、操作问题。

4 故障教训

4.1 机组应保证稳定运行，负荷波动小。

4.2 在负荷调整过程中，应缓慢调整，主要高加温度变化率不应高于2℃/min。

4.3 定期对安全阀进行校验。

5 防范措施

加热器应有足够厚度的管板，有良好的管孔加工、堆焊、管子胀接、焊接工艺外，运行上要使加热器在启停时的温升率、温降率不超过规定，水侧要有安全阀防止超压，检修上要有正确的堵管工艺。

电厂低压加热器泄漏故障

1 故障概况及经过

某低压加热器运行过程中疏水水位突然升高异常，无法维持运行。系统隔绝后，打开低加水室人孔门，进入水室检查，采用汽侧冲压缩空气打压，发现管束端口有压缩空气冒出，管板及管口胀接处完好，确定泄漏部位为管束本身损坏破裂。对泄漏管束进行堵管补焊处理。处理工作结束，恢复该低压加热器正常。

2 原因及失效机理分析

水温度过低或机组超负荷等情况下，通过加热器管子间蒸汽流量和流速超过设计值较多时，具有一定弹性的管束在壳侧流体扰动力的作用下会产生振动，当激振力的频率与管束自然振动频率或其倍数相吻合时，将引起管束共振，使振幅大大的增加，导致管子与管板的连接处受到反复作用力造成管束损坏。管束振动损坏的机理一般有：①由于振动而使管子或管子与管板连接处的应力超过材料的疲劳持久极限，使管子疲劳断裂；②振动的管子在支承隔板的管孔中与隔板金属发生摩擦，使管壁变薄，最后导致破裂；③当振动幅度较大时，在跨度的中间位置相邻的管子会相互摩擦，使管子磨损或疲劳断裂。

3 故障原因分类

制造质量、操作问题。

4 故障教训

4.1 机组应保证稳定运行，负荷波动小。

4.2 机组运行过程中保证蒸汽流量平稳。

4.3 机组运行过程中保证凝结水流量不中断。

5 防范措施

5.1 冲刷侵蚀预防措施。限制壳侧蒸汽或疏水的流速及防止疏冷段内闪蒸；蒸汽冷却段出口蒸汽要有足够的剩余过热度；防冲板的固定要牢固，面积足够，材质要好；保持壳侧水位正常，禁止低水位或无水位运行。

5.2 管子振动预防措施。限制壳侧蒸汽或疏水的流速；管子间距要足够大，这一方面降低了壳侧流速，另一方面减小了管子互相碰撞摩擦损坏的可能性；限制管束自由段长度

（即跨度）。

5.3　管子给水入口端的侵蚀预防措施。限制给水流速，停用一列加热器或加热器堵管数量较多时，都会使管内流速明显增大。

5.4　材质、工艺不良引起管子泄漏的预防措施。管壁至少应在2.0mm以上以提高抗冲刷能力。组装前要对每根管子探伤、水压试验等检验；U形管应热处理、无直观缺陷；管板管孔应保持一定的粗糙度、公差和同心度，管孔倒角或倒圆应光滑无毛刺。

电厂高加紧急疏水手动门泄漏

1 故障概况及经过

2011年7月26日，某机组负荷由190MW(13:07)涨至293MW(14:52)。在机组涨负荷的过程中，三段抽汽压力由1.06MPa升至1.46MPa，温度由428.3℃升至438.6℃，3号高加水位由460mm升至479mm，并一直处于上升趋势。为保持3号高加水位，运行人员全开了高加逐级疏水至除氧器调整门，但不能满足要求，14:43开启3号高加紧急疏水调整门，14:52开至15.57%停止。15:00运行人员发现6.3m层蒸汽弥漫，报告值长，值长通知汽机部相关人员，并汇报厂领导。判断为高加或给水泵泄漏，隔绝高加系统，后汽机检修人员发现为3号高加紧急疏水调整门前手动门门盖脱落，并砸断西侧部分油系统管路，导致氢侧密封油管漏油。

2 原因及失效机理分析

2.1 该机组在涨负荷过程中，3号高加水位上升较快，逐级疏水门全开后依然不能满足高加正常水位要求，需开启紧急疏水门调整水位。紧急疏水调整门开启后，3号高加疏水(抽汽压力下的饱和水)对紧急疏水管道内原存留的温度较低的疏水造成急剧冲击，使管道内原存留的疏水迅速汽化，管道阀门内介质压力温度急剧上升，造成阀门泄漏。

2.2 较高温度的高加疏水流过阀门后，阀体阀盖受热膨胀较快，但阀盖紧固螺栓受热条件相对阀体阀盖受热速度较慢，使阀盖紧固螺栓受到极大的拉伸应力。经检验，3号高加紧急疏水手动门螺栓硬度未达到设计要求，导致螺栓受力后螺纹损坏，螺帽脱落，阀盖在高压介质的作用下脱落。

3 故障原因分类

制造、施工质量问题。

4 故障教训

4.1 研究现场系统、运行操作及热工反馈等有无优化的可行性，避免机组运行工况的变化而导致的对管道阀门的冲击。

4.2 运行人员处理操作应冷静及时。

5 防范措施

5.1 择机更换该机组3号高加紧急疏水调整门前手动门门盖螺栓，并普查现场阀门是否存在相同厂家的阀门，对阀门螺栓进行检查，必要时进行更换。

5.2 普查现场阀门的使用是否符合现场要求(压力、温度等)，要深入分析阀门的工作状态，采用符合现场要求的备品备件。技术人员在以后报备品时除写明型号规格外，还要说明其介质工况。

5.3 规范备品的到货验收程序，对新阀门使用前应进行解体检修，必要时进行打压试验以确定其是否合格。加强对阀门各零部件的检查验收。

5.4 加强对检修和运行人员的培训，提高处理类似事故的能力与水平。

5.5 发生类似突发事件，工作人员需保持冷静的头脑，进入现场前要先找好逃生路线，在确保人身安全的前提下，有效地处理设备问题。

电厂机组主汽阀疏水管泄漏

1 故障概况及经过

2009 年 12 月 19 日 10:10，某机组小修后开机，开机前所有疏水阀门处于开启状态。轴封 32.58kPa，抽真空 -94kPa，10:18，锅炉点火，14:15，机组冲转，主汽压力 2.39MPa，主汽温度 328℃。14:26，1200r/min 暖机，真空值 -96kPa，主汽温度 343℃，主汽压力 2.39MPa，轴封压力 43.03kPa。14:40，发现该机组右侧主汽门阀壳疏水管第三个弯头漏，机组无法维持运行，打闸停机，锅炉消压放水。12 月 20 日 0:45，该机组主闸门疏水管漏点处理好。

2 原因及失效机理分析

在该机组小修期间，技术人员对疏水管弯头进行了壁厚测量，发现右侧主汽门阀壳疏水管第三个弯头壁厚为 2.83mm，原厚度为 4mm，疏水对弯头冲刷比较严重，这次小修对弯头进行了更换。为了增加管子壁厚，管子由 $\phi28\times4$mm 换为 $\phi32\times6$mm，联系了电研所进行检验，材质为与原材质同规格的合金钢(12Cr1MoV)管材。12 月 19 日主汽门阀壳泄漏疏水管割下，联系金相进行检验，发现该 $\phi32\times6$ 管道硬度值为 110HB 左右，导致短时间内冲刷泄漏。同时对原冲刷 $\phi28\times4$mm 疏水管硬度进行了测量为 150HB 左右。将 $\phi32\times6$ 疏水管再次更换为和原母材一样的 $\phi28\times4$mm 合金钢管材，联系金相进行了检查，硬度为 150HB 左右，与原 $\phi28\times4$mm 弯头硬度一样。

3 故障原因分类

制造、检修质量问题。

4 故障教训

疏水管材质相同，但因适用环境温度、压力、介质等参数不同，材质硬度应选用不低于原管道等级。

5 防范措施

5.1 疏水管选用上要注明适用温度、压力、介质等参数，便于选型。

5.2 疏水管使用前要对材质和硬度进行金相复查。

少油断路器进水受潮爆炸实例

1　故障概述及经过

2008 年 8 月 29 日 16:19，某变电站 110kV 断路器(型号 SW_6-110)C 相发生爆炸。

2　事故原因及失效机理分析

高压少油断路器是电力系统中最常见的高压电器之一，正常运行时它不仅要控制电路的开断和闭合，而且当电网中发生故障时，还起到迅速切断故障电流，保护电网安全运行的作用。经过现场技术人员分析，该断路器爆炸的原因是 110kV 断路器为 1982 年投产的少油断路器，由于长期在室外风吹雨淋，断路器顶部呼吸器，锈蚀严重，导致泄压装置异常，致使断路器灭弧能力差，油压异常，而发生爆炸。

3　故障原因分类

设施老化造成。

4　故障教训

电网中 220kV 及以下系统中少油断路器还有部分运行，运行时间长，维修难度大。为了及时掌握设备运行状况，要加强巡视次数和高压试验频率，发现隐患及时停电予以消除。

5　防范措施

高压少油断路器事故中绝缘事故占有相当大的比例，而此类事故又主要表现在绝缘闪络、击穿、直至断路器爆炸等现象。为确保电网安全稳定运行，应尽快更换为更为可靠的 SF_6断路器。

DRS160 – Y(B)型热媒炉炉管穿孔

1 故障概括及经过

1.1 某联合站简介及热媒炉简介

1.1.1 联合站简介

联合站2004年3月31号建成投产，负责CB30、CB306、CB32A、ZH10四个区块的原油油气分离、脱水、稳定、原油外输、天然气增压外输等任务。

1.1.2 热媒炉简介

联合站目前拥有两台热媒炉，型号为DRS160 – Y(B)，额定热功率1.87MW，工作压力0.8MPa，2004年3月投产以来，已使用7年。主要是通过热媒炉燃烧天然气对中间介质热媒油进行升温，并将热量交换给原油，使进站原油温度上升。

1.2 故障经过

1.2.1 故障经过

2010年3月19日，联合站炉稳岗职工在巡回检查时，发现1号热媒炉烟筒冒出黄色烟雾，在正常情况下应冒出白色水蒸气，岗位职工立即上报。

1.2.2 影响范围

联合站进站原油升温、值班室取暖等热量均需要两台热媒炉提供。正常情况下，运行两台加热炉，如果一台炉子故障停运，势必影响原油升温效果，并影响轻烃产量，造成较大的经济损失。另外，3月份天气较为寒冷，站内采暖系统需要投运。

1.2.3 处理过程

为确定故障原因，立即停运1号热媒炉，并将炉子进出口阀门关闭。经过观察，炉子内部压力在15min内降至零，试验几次后，热媒炉均不能稳住压力，初步判断为热媒炉内部有漏点，联合站上报大队，并停运热媒炉。

维修施工队来到联合站后，在炉子进出口阀门关闭的情况下，用水对热媒炉进行打压试验，经过几次打压试验后，压力仍然稳定不住，可以判断为热媒炉内部盘管有漏点。施工队将1号热媒炉开炉，寻找漏点位置，由于内部盘管较多、特殊的作业环境，漏点寻找起来存在一定的困难，综合考虑后，决定将热媒炉内部盘管全部进行更换。

1.2.4 故障恢复情况

更换盘管施工完成后，经过打压试验等工作，确定热媒炉可以投运使用后，打开热媒炉进出口阀门，热媒炉运行正常。

2 故障原因分析

联合站1号热媒炉自2004年3月投产使用来，盘管从未进行更换，已使用7年。另外，内部循环的热媒油成分中含有少量水分，加之天然气燃烧后产生的水气，会使盘管腐蚀，产生穿孔，热媒油外泄，高温燃烧后产生黄色烟雾由烟筒排出。

3　故障分类

由于热媒炉内部盘管使用年限较长，输送热媒油中存在杂质，盘管腐蚀穿孔。

4　故障教训

由于热媒油内部盘管腐蚀穿孔，导致热媒油外泄，高温下燃烧生成黄色烟雾物质，如不能及时发现并处理，将有可能发生炉体爆炸的危险。

5　防范措施

坚持每年对两台热媒炉进行强制检验，测盘管壁厚，发现壁厚不符合规定的，及时处理。

GL4700C - DY/1.6Q 热媒炉启炉时副火无法点燃主火

1 故障概况及经过

1.1 某平台及热媒炉简介

1.1.1 中心二号平台简介

某平台平均水深13m，于1998年8月正式投产，由生活平台、生产平台、储罐平台、动力平台、注水平台等5个子平台组成，中间依靠栈桥连接，是集油气处理与外输、变配电、海水处理与注水、自动化监控、生活保障于一体的大型综合性海上平台。

1.1.2 热媒炉简介

平台热媒系统包括有3台热媒加热炉和4台热媒泵机组。热媒炉型号为GL4700C - DY/1.6Q，于1998年8月安装投产，担负着为外输原油加热升温的重要任务，设计流量$177m^3/h$，入出炉温度150～200℃，压力1.6MPa，热效率86.62%。热媒泵型号为RY125 - 100 - 315A，流量为$180m^3/h$，扬程100m，配用电机型号YB280M - 2 - H，功率为90kW。

1.2 故障经过

1.2.1 故障经过

2010年11月23日，平台1#热媒炉启炉时，当副火燃烧7s后，突然熄灭，主火无法点燃，检查进气流程，压力等参数均正常。

1.2.2 影响范围

平台热媒系统的功能是对井组平台的来油进行加热，实现油、气、水的分离，然后将升温后的原油通过海管输送到陆地。特别是在冬季，由于气温低，原油黏度大，热媒/原油换热系统对于确保平台原油处理及平稳外输显得尤为重要，一旦因故障停运会导致海上$10000m^3$原油无法加热处理。

1.2.3 处理过程

平台为保证原油外输的正常运行，迅速开启备用热媒炉进行生产，同时组织技术人员对热媒炉各部件进行检查和校对，发现副火正常点燃后，主火无法正常引燃。通过几次开启，各部件阀件开关正常，燃气压力正常，判断为炉内燃烧气体与空气配合浓度出现异常，于是对连杆机构进行了调整，改变了混合比例。

1.2.4 故障恢复情况

通过调节连杆机构，调整了燃气和空气风门的位置，减小了空燃比，通过几次启炉试验，故障消除。

2 故障原因分析

热媒炉启炉时，经大风吹扫后，在小负荷位点燃副火，持续 7s 后，主气阀打开，燃气进入炉膛，副火将其引燃。在夏季运行时，为获得较好燃烧效果，调整过燃气和空气风门位置，增加了空燃比，即使燃烧混合气变稀。而在冬季运行时，由于环境温度较低，不利于稀混合气体的燃烧，特别是在启炉阶段，火焰燃烧的产热量低于扩散燃烧的散热量，导致副火无法将主火点燃。经过现场技术人员的重新调整过燃气和空气风门位置，减小了空燃比，然后启炉，热媒炉工作正常。

3 故障原因分类

因季节温度的变化，导致燃烧环境改变，设备本质故障。

4 故障教训

4.1 加强应对突发事件的处理能力。

4.2 加强设备原理的学习。

5 防范措施

为预防此类故障的发生，一是在进入换季运行时，对热媒炉执行机构进行重新调整，保持进风量和燃气量的合适比例；二是对已经使用较长年限且已磨损的执行机构考虑更换，减小机构控制过程中调控误差。

循环流化床锅炉膜式水冷壁穿孔故障分析

1　故障概况及经过

1.1　故障概况

2009 年 12 月 21 日，某台 DHF－29－1.6/150/90－P 循环流化床热水锅炉(图 1)运行时突然出现炉膛上部温度下降。在炉膛底部温度保持不变的情况下，输煤量增大，炉膛负压下降。炉前人员随后提高引风量，炉膛负压依然缓慢下降，检查炉体时发现在锅炉一次返料夹道保温层下方有水珠和水蒸气溢出。在立即对锅炉采取紧急压火措施后，发现炉膛上部有水汽悬浮。运行人员立即启动锅炉紧急上冷却水，打开锅炉旁通阀门并关闭其进出口阀门，同时采取启动鼓、引风机和排除炉膛内热渣的方法对炉膛进行降温。待炉膛温度下降至 200℃以下时，打开锅炉所有炉门进行自然冷却，保持炉膛通风，在确定安全后检查人员穿好防护用品进入炉膛检查发现锅炉的膜式水冷壁双受热面上部，炉膛双受热面第 17、18、19 根膜式水冷壁管在下方距离上集箱 0.3～0.5m 处正前方开裂，从左至右第 7～24 根膜式水冷壁管在下方距离上集箱 1.5m 范围变形，且锅炉一次返料(即天圆地方)中部有水渗出。在将锅炉一次返料处部分浇注料去除后，发现后膜式水冷壁与锅炉下集箱连接处第 13、15 根膜式水冷壁管与锅炉下集箱连接处有水外溢。

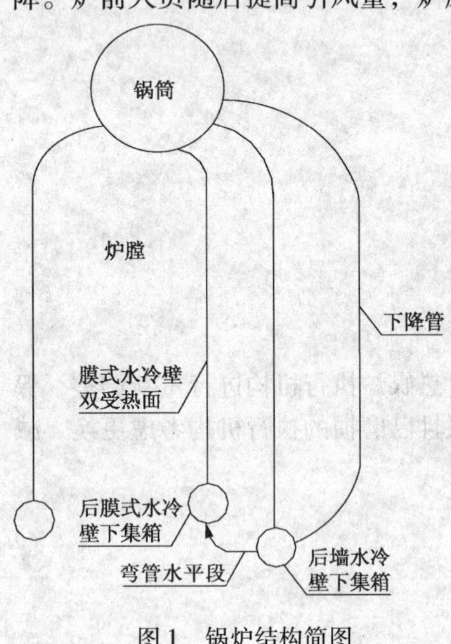

图 1　锅炉结构简图

1.2　故障处理

对穿孔的水冷壁管进行补焊并采用快速保温材料进行保护后维持锅炉运行，停炉以后对穿孔和变形的水冷壁管进行了更换并用疏通机对锅炉一次返料夹道下的弯管进行了疏通。

2　故障原因及失效机理分析

2.1　首先根据锅炉运行时的炉膛温度记录判断，水冷壁不存在过烧现象。其次经过对穿孔和变形的水冷壁管进行切管检查，发现管内有 1～2mm 厚水垢，较厚的水垢呈层状，各层颜色均不相同，说明为多年残余硬度结生的。又通过对其他位置的水垢水冷壁管进行切管检查，发现管内无水垢，仅有一薄层松软的锈垢。据此排除了由于水质超标造成故障的原因。最后经过对锅炉结构进行认真分析认为，锅炉一次返料夹道下的弯管（锅炉后膜式水冷壁循环系统的下集箱必须通过该弯管与后墙水冷壁下集箱进行连通）被水渣形成的二次水垢堵塞，锅炉停运后检修时，发现该弯管内果然积满了疏松的水渣、水垢等物，验证了上述分析是正确的。

2.2 设计上循环流化床热水锅炉后膜式水冷壁循环系统的下集箱必须通过锅炉一次返料夹道下的弯管与后墙水冷壁下集箱进行连通，而该弯管因有一段是水平管段容易沉积水渣等杂物。久而久之，较大粒径的水渣等杂物沉积使该连通弯管流通截面积变小影响水循环，粒径较小的水渣等杂物则随上升的水流进入水冷壁管内。随着时间的延长，该水冷壁管内水渣浓度升高，在水冷壁两侧高强度的热辐射作用下，水渣逐渐形成二次水垢附着于水冷壁管内壁上，最终导致水冷壁管因传热受阻过热发生变形和穿孔。

3 故障原因分类

锅炉后膜式水冷壁水循环设计有缺陷、锅炉停运期检修保养不到位和运行期间操作保养不合理导致锅炉设备故障。

4 故障教训

4.1 未能针对锅炉后膜式水冷壁水循环设计缺陷提前制定改造方案，未利用停运期对锅炉进行技术改造，以消除设计缺陷。

4.2 未能在锅炉运行期间加强后膜式水冷壁循环系统排污，以减少后膜式水冷壁水循环设计缺陷的影响。

4.3 未能在锅炉停运期有针对性地对后膜式水冷壁循环系统两个集箱间的连接弯管进行疏通除垢，以减少设计缺陷的影响。

5 防范措施

5.1 对锅炉后膜式水冷壁水循环设计缺陷制定技改方案，利用停运期对锅炉进行技术改造，以消除或减轻原设计缺陷。

5.2 制定专项操作保养制度，并加强检查。一是在锅炉运行期间加强后膜式水冷壁循环系统排污，严格按照少量多次的原则进行。二是在锅炉停运期认真对后膜式水冷壁循环系统两个集箱间的连接弯管进行疏通除垢，保证连接弯管内畅通，流通面积符合设计要求。

船舶主柴油机曲轴抱瓦故障分析及处理

1 故障概况及经过

1.1 故障设备概况

船型：三用工作船　　　　　主机型号：Wichmann10AXAG

功率：5000BHP×2 台　　　　主机厂商：WartsilaNsdNorway

该船 1978 年建于西班牙，1986 年两台主机更换为目前机型：二冲程直列 10 缸(机架由 2 个 5 缸机拼接而成)，缸径 300mm，冲程 450mm；润滑油出口温度在 50～75℃，淡水出口温度在 70～80℃。

1.2 故障发生经过

2009 年 6 月，该船正在为海洋石油钻井平台进行起抛锚作业，首次抛锚拉到 870m，右主机多缸出现排气高温报警现象，左主机也有部分缸出现排气高温报警现象，左右主机的工况已明显超负荷；稍后又进行了第二次抛锚，因右主机大面积排气高温报警而停止；随后的第三次抛锚，坚持约 5min 左右，因淡水沸腾而停止了作业。轮机长依据右主机振动异常，要求对右主机 2 个缸进行常规吊缸检修，并抽检 2 道主轴瓦以观察机器内部受损情况。后经拆检，确认为柴油机曲轴抱瓦故障。

1.3 故障影响范围

船舶柴油机主机严重故障，故障直接造成当事船舶生产运营停止。

1.4 处理过程及恢复情况

故障发生后，该船进中海工业菠萝庙船厂进行检修。在对右主机进行拆解过程中发现 No. 11 道主轴瓦(No. 10 缸前端)存在严重的抱瓦走外圆现象(图 1)。进一步解体机架，吊出曲轴，发现 No. 11 道主轴径表面有明显烧痕(图 2)，经磁粉探伤，该段主轴径表面布满裂纹，局部硬度高达 600HB(正常硬度应为 200HB 左右)。为了探明裂纹深度，在受伤局部选定一 $10mm^2$ 方块进行打磨，一直磨到深度为 0. 6mm(厂方给出标准单边最多磨掉 0. 5mm)，通过磁粉探伤仍然存在裂纹，而且硬度未有明显下降，仍达 590HB。检测表明，该段主轴径已经无法使用。再经全面检查，该曲轴其他轴径数据正常，而与此相对应的 No. 11 道主轴承机架处，由于安装其上的主轴瓦移位走外圆，导致外形尺寸改变，必须通过现场镗孔的方式来保证轴瓦的贴合要求。

由于曲轴属于柴油机大型主件，按常规不会库存备件，如果换新整段曲轴，从供货到安装至少需时半年。停产半年待修，对单一船舶来说损失将是巨大的。是否通过其他的方法对受损曲轴进行局部修补，这是技术人员反复思考一个问题。在经仔细查找相关资料和技术论证的基础上，技术人员认为，只要在技术上和工艺上能达到相应要求，通过红套工艺换新事故段主轴径，从而恢复整根曲轴的使用应该是可行的。这是因为，该主机的曲轴本身是通过红套工艺把10个曲柄连成一根曲轴的，如果修理取得预期效果，就可以来大大缩短柴油机的修理周期。

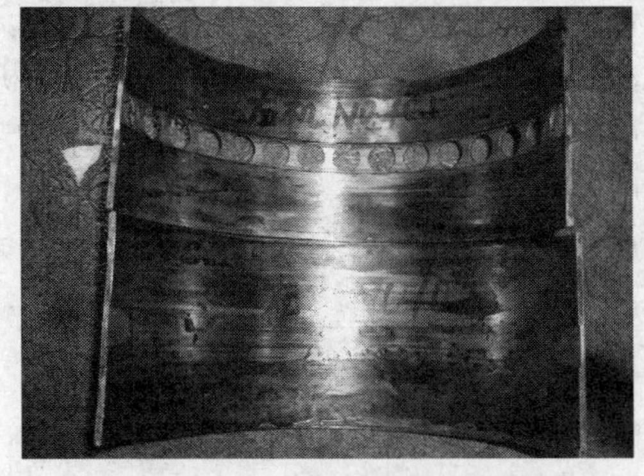

图1　No. 11道上下主轴承烧毁

图2　No. 11道主轴颈表面

修理决策确定后，公司机务部门联合专业修理厂家技术人员根据修理技术要求，制定了一套完整的修理技术方案，并严格按照修理程序实施修理：①利用冷切削方式，切断No. 11道受损的主轴颈(图3)，并对残留在曲柄臂中的主轴颈进行镗加工；②制作专用支承工装，将曲轴竖直，在待加热的曲柄臂和与之相连的曲柄颈之间采取隔热措施，用数字式加热仪对曲柄臂上主轴颈孔进行局部加热，加热过程中进行同步温度监控和同步数据测量，使温升及孔内径的变化达到期望值；③安装专用同心导轨，确定好被套入新主轴颈油孔正确位置，严格按照红套工艺要求将主轴颈安装到位(图4)；④待曲柄臂等曲轴附件冷却后，复检各曲拐之间的扇角分布，测量No. 11道主轴颈外径尺寸，跳动量等各项技术参数；⑤架设曲轴到曲轴磨床，校调精度值，精加工No. 11道主轴颈到要求尺寸；⑥修整并抛光新的No. 11道主轴颈的油孔；⑦复测No. 11道主轴颈外径尺寸，曲轴跳动量，各档轴颈的拐档值，直到标准要求；⑧清洗整根曲轴及油孔，上机安装。整个修理过程中，对元件拆装、数据测绘、机械加工、清洁、研磨、红套、保温等环节，进行严格质量控制，做到步步精细。最终历时近3个月的连续修理，成功恢复了主机的功能。试航所测得的主机各项参数，完全符合说明书的各项要求。试用一段时间后，拆解主轴瓦观察，其磨合情况良好。在之后的多次重大作业中，该主机功率发挥正常，能顺利完成各项任务，进一步证实该机损大修取得了预期效果。

图3　切割No. 11道主轴颈

图4　红套现场

2 事故原因及失效机理分析

此次机损事故发生后，公司组织该主机的生产厂家瓦锡兰公司、承修厂中海工业有限公司菠萝庙船厂以及公司内部的专业人员对机损事故的原因进行取证、分析和推断。认为：该轮在为海上钻井平台起抛锚大型作业工况时，主机连续长时间超负荷运行，是引起该主机机轴抱瓦烧熔故障的主要原因。

2.1 理论上，造成柴油机轴瓦抱瓦烧熔故障的原因主要有：

长期超负荷、比压或摩擦速度过大，油温特高；

供油不足，甚至中断；

油质黏度太低，黏温特性改变；

装配间隙太小；

轴瓦背与轴孔安装座贴合不好；

油中杂质过多。

以上6个原因在各次事故中所占权重的大小应依具体情况而定。

2.2 本次抱瓦故障主要原因的分析：

为了弄清故障发生的原因，从上述理论出发，根据故障发生前维护保养记录、故障发生时的设备状况及故障发生后的检查报告，对本次抱瓦故障发生的可能原因进行了逐条的分析和梳理。

故障发生时，润滑系统压力正常，因此，不存在供油不足或供油中断；

根据机器拆解的情况，无明显证据能证实装配间隙太小及瓦背粘合不良，故此原因所占权重不大；

事后对机内滑油进行了取样化验，化验结果显示滑油黏度正常；

从以往每半年一次的油质化验报告来看，油质情况正常，事后在左右主机中看到的油中杂质过多可能是故障发生后引起的。因此油中杂质在本次事故原因中占有一定权重，但并不太大。进厂后，左右主机各取样一瓶油样送验，除左主机因中冷器可能泄漏造成机油水分偏多外其他指标正常。

本次故障发生的最可能的原因是起抛锚作业中主机连续长时间超负荷所致，这也符合当时的实际情况。当天共进行三次抛锚作业，首次抛锚拉到870m，右主机已出现较多缸排温报警现象，左主机也有部分缸排温报警，左右主机的工况已明显超负荷。随后又进行了第二次抛锚作业，以右主机大面积排温报警而停止，稍后的第三次抛锚坚持约5min，最后到淡水沸腾，而停止作业。三次大负荷抛锚过程中，两台主机处于连续长时间超负荷状态，同时，两台主机中，右主机淡水压力相对偏低，在高负荷下造成高低温淡水温度升高(超过85℃并持续上升)，而扫气空气是经过低温淡水系统冷却的，低温淡水温度升高，造成扫气温度升高，进入燃烧室的空气量减少，燃烧恶化，直接造成主机排气温度高。因此，右主机工况更加恶劣，轴瓦的润滑状况极端恶化，最终导致烧瓦、抱死的严重故障，至于为何发生在No.11道，可能这道瓦油量少点，脏东西多点，间隙偏小些，瓦背粘合差点，总之，在这种高温情况发生任何一道瓦烧熔都有可能。

3 故障原因分类

操作不当，应急处置不力。

4 经验教训

综观整个设备故障的发生过程，如果技术操作人员和设备管理人员能严格按照设备的操作规程操作，在事故苗头出现时，有高度的责任感和警惕性并能及时采取必要的处置措施，该类设备故障是完全可以避免的。正是由于操作人员在设备使用上存在误区，现场设备管理人员在设备运行管理上疏忽大意，最终导致了设备受损，从而造成整个船舶生产经营停滞，带来了较为严重的经济损失，教训是非常深刻的。

4.1 对于船舶大型作业或复杂作业工况，在作业前应根据作业时可能遇到的复杂情况制定详细的作业预案，以便在遇到紧急情况时能采取相应措施，防止事故的发生。

4.2 在设备使用上要严格按照设备的操作规范进行操作，尤其是设备超负荷运行时，绝不允许超极限，并密切观察设备运行情况，一旦出现紧急情况，必须停止使用。本次故障发生前出现大面积报警，却未引起设备操作和管理人员的足够重视，他们盲目自信，存在侥幸心理，对事故苗头和隐患熟视无睹，缺乏应有的谨慎和在特殊环境情况下应有的戒备，从而导致设备破坏性使用直至损坏。

4.3 技术操作人员和设备管理人员平时要加强业务素质的培养和专业知识的学习，熟练掌握复杂情况下的操作技术，避免临场紧张和操作失误。譬如，本次在主机发生大面积报警的情况下应先进行停机检查，在确保设备完好的前提下，采取分时段投入的方法，可以有效规避因超负荷使用而引起的设备受损。

5 防范措施

5.1 全面把握船舶运行技术状况，尤其是经常进行大型作业的船舶，在进行重大作业前，对存在的问题、隐患，要仔细排查，对可能出现的困难要有充分的估计，并有针对性的做好作业预案，确保作业安全，防止类似意外事故的发生。

5.2 设备管理人员要熟识设备性能，在设备操作时，必须严格执行设备操作规程，防止误操作或使用设备不当。

5.3 加强机舱巡回检查制度和机舱值班纪律，密切关注设备使用状况，注有异常情况，要及时采取必要的措施和手段防止事态进一步发展。

5.4 大型作业时，轮机长必须亲自在机舱加强值班，对关键设备督促值班人员进行检查、维护，并做好纪录。

5.5 及时向各船舶通报各类设备事故及信息，对所发生的事故及教训，要让船舶知道，并要切实吸取经验教训。

5.6 船舶设备管理人员和操作人员要利用业务学习等机会加强应急应变知识和设备故障判断、处理经验的交流和学习，不断提高紧急情况的应变能力。

钻采特车篇

XT－12 通井机滚筒变速箱第三轴频发故障的消除

1 故障概况及经过

XT－12 通井机(图 1)是油井施工作业的主要设备。滚筒变速箱是通井机工作过程动力传递过程中档位切换的总成件。XT－12 通井机滚筒变速箱第三轴经常因轴端的定位螺栓承受过度的轴向力作用而疲劳损失，造成滚筒变速箱必须进行解体维修，维修工作量较大，职工劳动强度高。而故障的解决主要就是更换三轴轴端螺栓。三轴故障占滚筒变速箱故障的 56%，频繁的故障即增加了修理工作量，又耽误了前线的生产用设备。据统计，2009 年有 36 台次的通井机出现滚筒变速箱三轴螺栓疲劳断裂，维修后，使用 2～5 月故障重复出现。滚筒变速箱维修及故障情况见图 2。维修变速箱需要拆装滚筒和拆修变速箱，特别是拆卸第三轴，需要全部解体变速箱。

图 1 XT－12 通井机及滚筒变速箱

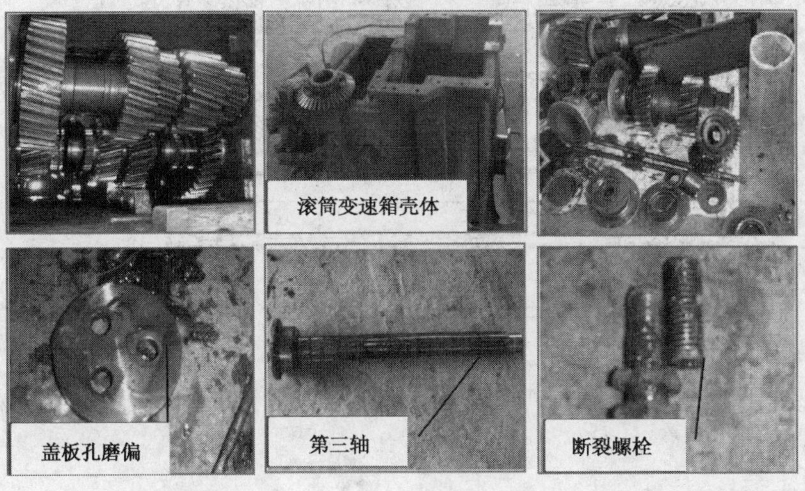

图 2 XT－12 通井机滚筒变速箱第三轴故障维修情况

2 故障原因分析及失效机理分析

为找到第三轴故障发生的原因，我们首先从该滚筒变速箱的结构和动力传递原理入手，分析滚筒变速箱第三轴的传动元件，找到故障发生的关键。图 3 中故障点即为：频繁断裂的第三轴轴端螺栓和容易磨损的轴端盖板。为了进一步找到故障发生的真正原因，我们对滚筒变速箱第三轴的传动过程进行分析(图 4)，通过分析发现，滚筒变速箱第三轴为外花键轴，传动齿轮为斜齿轮，斜齿轮与花键轴通过花键连接，轴上的传动齿轮在轴上的定位通过定位套实现，动力传递通过齿轮的外联结花键与花键套结合与断开来实现；第三轴轴端轴承为圆柱滚子轴承，型号为 N312E 型。根据机械设计原理，圆柱滚子轴承不能承受轴向分力，在轴向分力的作用下将导致轴承的内外圈脱离，严重时分离(图 5)。而斜齿轮传动过程受到较大的轴向分力，该轴向分力只能通过与之连接的花键轴(第三轴)及花键连接套来传递，最终，轴向分力传递到了第三轴末端的圆柱滚子轴承圈，使得轴承内圈在轴向力的作用下挤压轴端盖板，从而使得固定盖板的轴端螺栓(共 3 只、M10)受到重复循环的轴向拉力作用，加上该处只有 M10 的螺栓 3 只，无法承受巨大的轴向力而疲劳断裂。N312E 型圆柱滚子轴承见图 6。因此，如果能将该轴向力实现成功转移，转移到能够承受较大轴向力的地方，问题即可解决。经过观察，与该轴承外圈配合的轴承套与变速箱壳体联结，连接方式为圆周均布的 6 只 M14 螺栓。因此，将第三轴承受的轴向力转移到该处，即可解决问题。

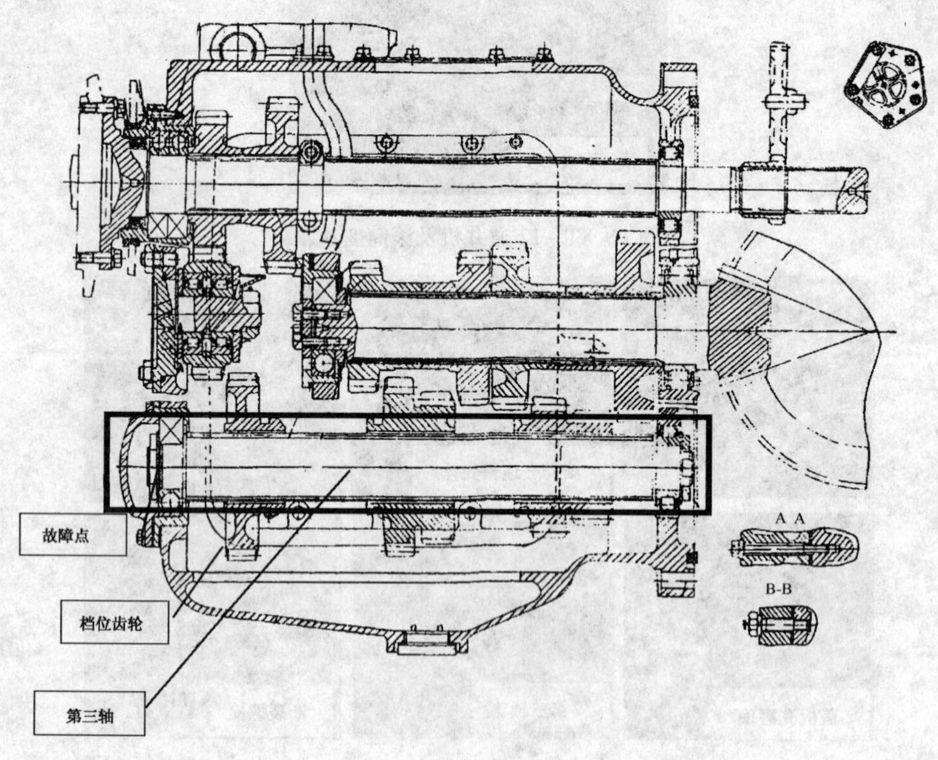

图 3　滚筒变速箱总体结构及第三轴故障示意图

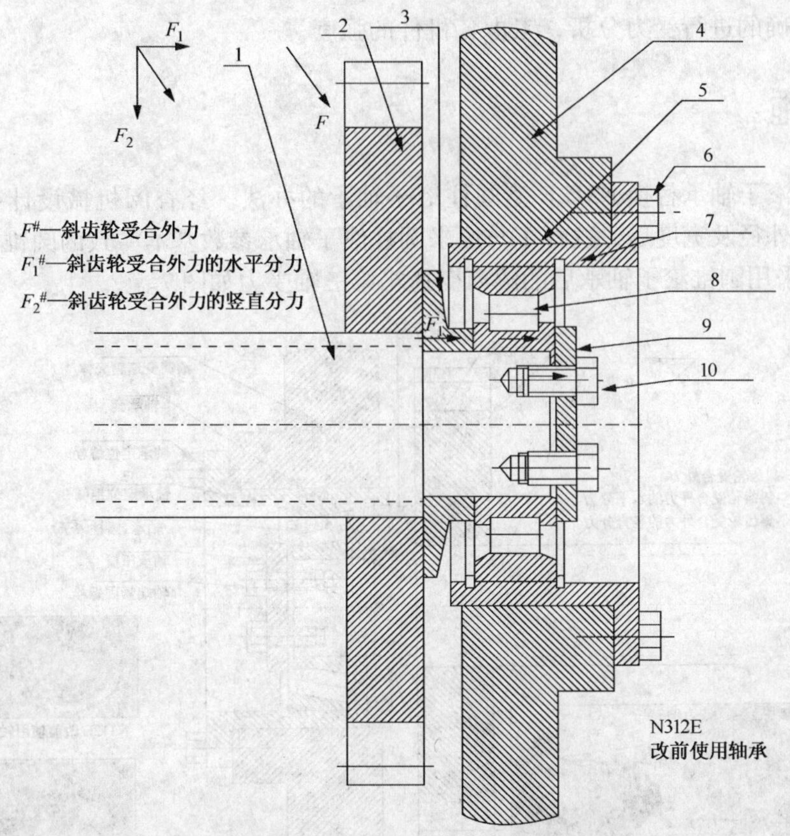

图 4　XT－12 通井机滚筒变速箱第三轴传动结构原理图

1—第三轴花键轴；2—斜齿轮；3—轴承定位套；4—滚筒变速箱壳体；5—轴承套；6—轴承定位螺栓；7—轴承定位挡圈；8—圆柱滚子轴 N312E 型；9—轴承压板；10—第三轴轴端紧固螺栓

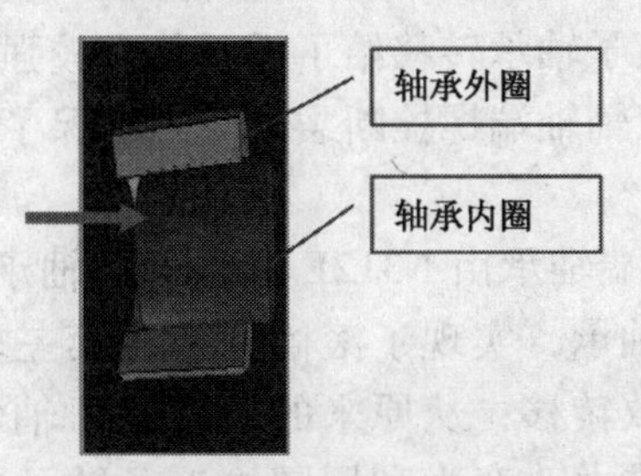

图 5　圆柱滚子轴承轴向力作用下内外圈分离示意图

图 6　N312E 型圆柱滚子轴承

3　故障原因分类

设计缺陷。

4　故障教训

该故障的频繁发生与设计上没有系统的对各传动件的受力情况进行考虑。在机构设计时，必须要精确的进行受力分析，考虑各机件的强度。

5 防范措施

实施圆锥滚子轴承替换 N312E 型圆柱滚子轴承的办法。经查阅机械设计手册，比较了轴承的内径、外径及宽度后，选择了与原来圆柱滚子轴承参数基本一致的圆锥滚子轴承，型号为 30312，采用圆锥滚子轴承后的滚筒变速箱第三轴受力如图 7。

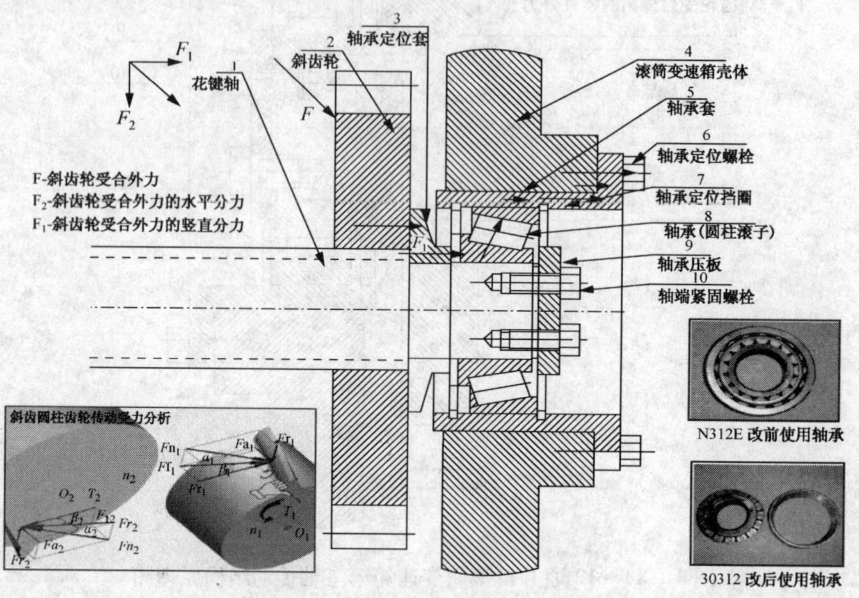

图 7　XT－12 型通井机滚筒变速箱第三轴端轴承改用 30312 后传力路线

从图中可以看出，通过圆锥滚子轴承替换圆柱滚子轴承，改变传力路径，实现了承受轴向力比较薄弱的轴端螺栓承受的轴向力通过圆锥滚子轴承转移给了承受能力较强的轴承套定位螺栓，彻底解决了该类型通井机滚筒变速箱第三轴轴端螺栓断裂故障，确保了滚筒变速箱的维修质量。

通过将 XT－12 型通井机滚筒变速箱第三轴轴端轴承由 N312E 圆柱滚子轴承改为 30312 圆锥滚子轴承，实现了滚筒变速箱第三轴斜齿轮轴向力的有效转移：从原来的圆柱滚子轴承内圈直接承受轴向推力改变为利用圆锥滚子轴承实现内圈受力转移到外圈受力，从而通过改变力的传递路线，实现了变速箱薄弱环节（第三轴固定螺栓的断裂）问题的有效解决，将原来具有破坏性的轴向力实现了有效转移（图 8），彻底解决了滚筒变速箱第三轴紧固螺栓断裂造成滚筒边速箱故障的问题。2010 年 3 月，在 6 台通井机变速箱上应用，平均使用时间 8 个月，完全消除了第三轴轴端固定螺栓断裂造成滚筒变速箱重复维修现象，实现了预期目标。

图 8　滚筒变速箱第三轴轴向力转移情况

XJ40 修井机角传动箱振动异响

1　故障概况及经过

1.1　故障概况

XJ40 修井机在起、下管柱作业时，角传动箱出现振动和异响，传动距离长，抖动大；并时常发生大、小伞齿轮副掉齿损坏等故障。

1.2　故障排除

1.2.1　改进小伞齿轮轴合件

小伞齿轮与传动轴设计为整体式，提高其强度及承受交变载荷能力；轴头改进止推压板。

1.2.2　改进轴承座结构与工艺

固定轴承盖，在轴承端盖处加装调整垫片，调整伞齿轮轴的轴向间隙，确保轴承受力处于最佳工况。

1.2.3　增设大伞齿轮双键连接

在原大伞齿轮内孔与伞齿轮轴外缘平键的对侧，加工相同尺寸、精度的方键槽，改单键传动为双键传动，保证传递较大的扭矩与工作平稳性。

2　故障原因分析

2.1　变速箱——角传动箱传动距离过长，造成抖动。

2.2　角传动箱设计不合理，承载能力低。

3　故障原因分类

设计不合理。

4　防范措施

4.1　对其他角传动箱进行改进。

4.2　改进后的角传动箱及时检查调整。

XJ350 修井机气路三通阀故障分析

1 故障概况及经过

（1）一台 XJ350 修井机在搬家过程中，进入行驶状态后，气路换向阀经手动转换到气路中自动换向阀(三通阀)，行驶系统不能正常使用，无法进行搬家操作。

（2）从现象来看可能是气路故障。气路中的自动换向阀在气压力的作用下自动换向阀柱塞移动，接通驾驶室操作系统气路中换挡阀，最后接通五联阀实现挂挡操作。

（3）检查气路系统压力，在正常范围；卸开从手动换向阀流向自动换向阀的气管线，接表检查，气压正常；卸开自动换向阀(三通阀)流向行走挂挡阀的管线，发现有漏气现象，感觉气压不足，接表检查发现气压 200kPa，气压过低，无法打开换挡阀，因此无法驾驶。

（4）拆解自动换向阀(三通阀)，发现柱塞卡死，无法完全打开。

（5）清洗自动换向阀(三通阀)内部，原位安装、试机，故障排除。

2 故障原因及失效机理分析

2.1 XJ350 修井机气路三通阀的故障原因

由于修井机长时间在野外作业，气路系统中携带水汽，自动换向阀(三通阀)柱塞在冷凝水的腐蚀下，表面形成锈点，尤其配件制造精密，易形成卡死现象。

2.2 失效机理分析

（1）长时间的野外施工。

（2）大修特性决定自动换向阀(三通阀)在修井状态下长达 1 个月以上，柱塞不能经常性的来回活动，易出现锈蚀现象。

3 故障原因分类

正常损耗。

4 故障教训

车辆长时间停放、停用的情况下，应经常让车辆运转一下，使保持总成、配件的工作状态。

5 故障防范措施

加强配件的保养与维护；通过培训，不断提高维护人员的技能水平，加强维护修理人员对设备经常性的检查、保养。

6135AK－6 型发动机喷油器故障

1　故障概况及经过

2001 年 10 月 3 号晚上，某井作业施工过程中，当班班长发现发动机无力、冒黑烟、发动机温度高等现象；查看机油时，发现油底机油面高出机油上限 2cm，机油稀薄，当即向队上领导汇报了这一情况。队长马上安排班长做好防喷工作，并通知大班司机上井检查。

2　故障原因及失效机理分析

大班司机到井后，对发动机出现的故障进行了综合分析，并针对高压油泵进行了断缸试验，当断开了 3 缸和 6 缸高压管线时，发现发动机声音无明显变化，当即就确定了 3 缸和 6 缸的喷油器出现了柴油不雾化、滴油现象，从而使喷进燃烧室的柴油不燃烧进入油底。确定故障原因后，大班司机当即就卸下喷油器放到工作台上试压、拆检，发现喷油器工作压力达不到标准，造成滴油、不雾化的现象。经过对喷油器喷嘴偶件进行研磨。试压后装入发动机，启动后发动机工作正常。

3　故障原因分类

柴油中含有杂质、灰尘，加剧喷嘴偶件的过快磨损。

4　故障教训

此次故障导致发动机油底机油变质、一套喷油器损坏，造成了不必要的浪费和误工。

5　防范措施

5.1　加强对柴油的过滤净化，从柴油入库、发放等环节入手，严格做到“五定三过滤”，保证柴油源头清洁。

5.2　加强对发动机的保养，按期进行一、二级保养，保障柴油滤清器的清洁，防止走短路现象的发生。

CV5－340 变速箱不能挂挡的故障

1 故障概况及经过

1.1 某水泥车上机使用的 CV5－340 变速箱，在工作中经常遇到变速箱挂挡不畅、脱挡的故障。CV5－340 变速箱主要由输出轴、中间轴、副轴、变速机构及上下箱体等零部件组成。输出轴上装有两个斜齿圆柱齿轮分别和中间轴及副轴的被动啮合，中间轴和输出轴设有三对啮合齿轮副，输出轴有三个速度输出。变速箱的箱体对开式铸铁件，变速箱换挡采用拨叉钢球定位。

1.2 故障车回场后修理人员对其进行拆检后，发现 I 挡拨叉轴端的限位锁紧螺栓脱落，造成拨叉轴窜动，致使挂挡器无法正常挂挡。将该螺栓重新紧固安装后，挂挡恢复正常。

2 故障原因及失效机理分析

该故障主要是由于限位螺栓长时间使用后容易松动、脱落，造成拨叉轴横向窜动能达到 5mm，致使挂档器位置发生改变，由于限位板固定的限制，致使挂档器无法正常挂挡。

3 故障原因分类

设计故障。

4 故障教训

锁紧螺栓松动后，带来挂挡不畅、无法挂挡，容易造成变速箱齿轮、挂挡器损坏。

5 防范措施

5.1 对限位螺栓进行加装防松动保险片

5.2 对拨叉轴进行改进，在拨叉轴的外端油封部位开一个 2mm 的卡簧槽，加装卡簧限制拨叉轴外窜，以防止同样故障发生。

T815 型载重汽车中速发摆故障分析

1 故障概况及经过

1.1 T815 型载重汽车简介

1.1.1 总体简介

T815－2 型载重汽车是具有贯通车架的汽车底盘，最大总重 28500kg，装有 10 缸风冷柴油发动机 T3A－929－34。前桥需要时可驱动，独立摆动半轴，扭力杆悬挂，并装有筒式液压减震器。

1.1.2 转向系统

为单指销蜗杆式转向机，液压助力。空车时前轮前束为 2mm ±1mm，空车前轮外倾角为 3°30′±40′。

1.2 故障概况及经过

汽车行驶 1～2 年后会出现中速方向发摆的现象，检查转向的相关部件无异常。

2 故障原因及失效机理分析

2.1 中速发摆的原因

经仔细拆解检查测量发现，由于承托碗内的钢球（ϕ34.925）发生磨损，使左右转向节组件轴向出现过大的间隙，从而造成车辆中速发摆。

2.2 失效机理分析

2.2.1 车辆保养方面

润滑油加注不到位，使部件之间干磨，造成早期损坏；装配时没有按规定间隙调整好。

2.2.2 配件加工质量的问题。

2.2.3 重型车辆自身载重质量大且转向系统运动频繁，油田野外施工场地条件恶劣。

3 车辆故障的排除

将左右转向组件拆解将承托碗取出，然后将合适的承托碗调整垫垫好后装复试车，故障排除。

4 故障防范措施

加强保养的质量，提高职工的责任心及技术素质；对于车辆在恶劣环境下工作的情况，缩短保养周期；严把配件质量关。

3PC－270 型三缸柱塞泵油井热洗上水不良故障

1 故障概况及经过

400 型水泥车是配合油井热洗维护的主要设备，其工作原理主要是 3PC－270 柱塞泵通过泵柱塞往复运动，吸入低压液体，排除高压液体注入油井内来完成。在施工过程中使用的液体一般是 80℃的清水，由于 3PC－270 工况和液体温度的原因，时常造成设备上水不良，导致 3PC－270 泵吸入真空产生异响，不能正常工作。

2 故障原因及失效机理分析

2.1 3PC－270 泵上水凡尔关闭不严，当泵柱塞压缩液体时，由于上水凡尔和出水凡尔都是单向作用，本应关闭的进水凡尔关闭不严，致使液体通过进水凡尔漏失，不能产生高压或排量不足。

2.2 上水管汇由于长时间使用锈蚀导致穿孔，造成泵在吸入过程中吸入空气，造成气阻现象，导致泵功效降低。

2.3 用于连接液体的上水胶管老化损坏，致使在吸入工程中吸入空气，导致泵效降低。

2.4 吸入的液体温度过高，柱塞盘根、凡尔等橡胶件随吸入液体温度高低而变化，造成密封不严，高温液体易产生蒸汽而造成气阻，根据现场经验，吸入液体超过 85℃时，泵效大幅度降低直至不能工作。

3 故障原因分类

机械故障。

4 故障教训

4.1 导致不能完成任务。

4.2 现场排除故障比较困难。

4.3 造成人力物力的浪费。

5 防范措施

5.1 定期检查上水凡尔的密封状况，定期更换凡尔密封件。

5.2 定期检查上水管汇的锈蚀情况。

5.3 时常检查连接胶管，是否存有缺陷。

5.4 上述三种情况良好时，测试液体的温度，如高于 85℃，利用水泥车水柜循环适当降低温度。

TBD234 柴油机汽缸内进水故障分析

1 故障概况及经过

TBD234 柴油机是油田在用特种设备中应用最为广泛的柴油机，为诸多型号的特种设备提供动力，它具有结构紧凑、布局合理、高速、功率大和高可靠性等优点。但正是由于布局紧凑的原因，发生故障难以发现，不易排除。某厂一台高压压风机汽缸内进水，按照常规情况检查汽缸盖水堵，水堵完好，汽缸盖压力测试无裂纹；缸套完好无损；几经周折，终于查明原因是发动机进气道和分水管为一个整体，内部长期使用腐蚀，致使进气道和分水管相通所致。

2 故障原因及失效机理分析

2.1 TBD234 柴油机汽缸属于“V”结构，进气道、分水管分别位于发动机两侧，为铝合金铸件，同一整体内并排设置进气道和进水管。

2.2 由于发动机冷却液使用的是防冻液或软化水，长时间使用致使进气道和进水管“隔墙”因腐蚀相通，位置恰好在内部，无法用眼睛观察到。

2.3 水管内部冷却液是靠水泵为动力进行循环，内部压力一般为 1 ~ 2MPa，冷却液在压力的作用下进入进气道，再通过进气门进入汽缸。

3 故障原因分类

机械故障。

4 故障教训

由于此故障发现及时，虽经过拆装检查多个部件，最终排除了故障。假如此故障发现不及时，易造成较严重后果：

4.1 汽缸内进水较多，发动机已经启动，势必造成连杆、活塞、缸盖报废。

4.2 严重的情况可能损坏缸体。

5 防范措施

5.1 启动 TBD234 柴油机时，首先检查机油是否变质，如果汽缸进水，势必造成柴油机油底壳有水，造成机油变质。

5.2 转动曲轴至一个工作循环，如果汽缸存有积水，曲轴转到有水的汽缸压缩时阻力增大，需要进厂检修后再用。

70－670型防砂泵车卡特柴油机时规壳裂纹故障

1　故障概况及经过

某单位防砂泵车，工作主机装备的是卡特C18柴油机。在投产后2年内陆续发生时规壳裂纹故障，随运转时间不断加剧，在更换时规壳后又出现裂纹(见图1)。通过查找资料和同类发动机比对发现，卡特发动机自身没有取力装置设计，该润滑泵是由改装厂自行加装的，原设计中只承受燃油泵的部位，又加装了大功率柱塞泵动力端润滑泵，发动机原时规壳及内部的传动齿轮的负荷平衡被破坏，造成润滑泵传动机构频繁损坏，时规壳破裂严重。通过改变润滑泵的取力方式，重新寻找动力源，在柴油机左前方设计固定润滑泵的支架，利用风扇轮皮带驱动润滑泵。通过移走润滑泵，恢复时规壳的设计载荷分布，解决了柴油机时规壳屡次裂纹故障。见图2。

图1　有裂纹的时规壳

图2　改造后的润滑泵位置

2　事故原因及失效机理分析

润滑泵是通过连接套和燃油泵连接成一体，然后由正时齿轮驱动燃油泵上的齿轮，再由燃油泵通过连接套带动润滑泵。通过加装润滑泵使时规壳受力分布发生较大变化，加上时规壳为铝质材料，强度不足，在使用中造成损坏。

3　故障原因分类

改装设计问题。

4　故障教训

在原设备上加装取力装置，尤其是大功率的泵类装置，一定要进行强度和受力效核。

5　防范措施

技术人员设计、改造设备时要开展材料强度和受力分析。

YLC－700 型离合器冒烟故障分析

1　故障概况及经过

1.1　故障概况

2006 年 11 月，某压裂车离合器输出装置冒烟，壳体发红色，车组人员不断浇水冷却。由于生产用车紧张，没有及时对损坏的离合器输出装置进行修理，从其他车上拆下 1 台离合器输出装置继续使用，结果仅作业 2 次，便出现了同样的故障。YLC－700 型压裂车台上设备动力传送如图 1。

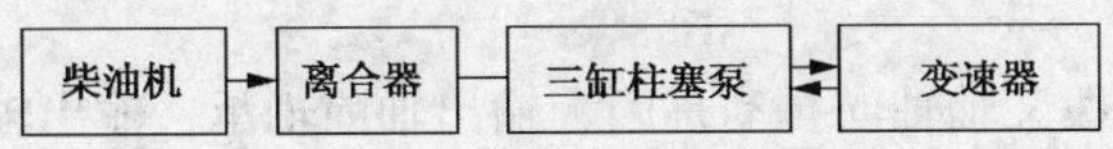

图 1　YLC－700 Ⅰ型压裂车台上设备动力传送示意

1.2　结构

离合器输出装置前端通过 4 个内六方螺栓和定位台阶固定在离合器外壳上，由壳体、油封压盖、前端油封、输出轴、卡簧、前端轴承、轴承隔离套、润滑油排出口丝堵、后端轴承、后端油封、输出法兰、平键和前后润滑脂加注嘴等组成，如图 2。

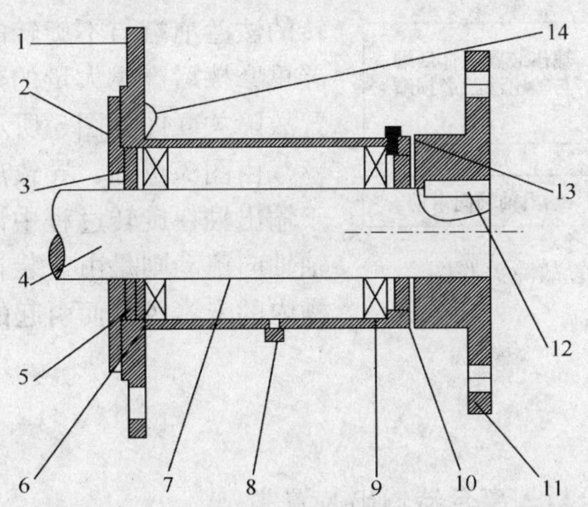

图 2　原 YLC－700 Ⅰ型压裂车离合器输出装置结构

1—壳体；2—油封压盖；3—前端油封；4—输出轴；5—卡簧；6—前端轴承；7—轴承隔离套；8—润滑油排出口丝堵；9—后端轴承；10—后端油封；11—输出法兰；12—平键；13—后加油嘴；14—前加油嘴

2 故障现象及失效机理分析

2.1 故障现象

YLC－700 型压裂车是油田压裂、酸化、防沙、固井、洗井的主要施工设备，其台上设备动力传送是由大功率柴油机提供动力，经过进口离合器和万向传动装置传送到变速器，再由变速器降速增扭后，回传到三缸柱塞泵，由柱塞泵吸收机械能输出现场施工所需的液压能做功。离合器输出装置出现了以下问题：

2.1.1 离合器拨叉轴轴向抖动。

2.1.2 输出轴前轴承解体。

2.1.3 输出轴前、后油封损坏。

2.1.4 输出装置壳体后端磨损变色。

2.1.5 安装在输出装置壳体内孔卡簧槽内的卡簧脱落。

2.2 原因分析

分析发现，离合器拨叉轴轴向抖动是因为输出轴前轴承，输出轴在旋转时前端失去了支承，产生摆动，同拨叉连接在一起的分离轴承左右摆动；输出轴前轴承是由于轴承润滑不良，过热变形，退火而强度下降，在离合器输出轴旋转、轴向窜动作用下，滚动体和保持架变形损坏，部分滚动体脱落；输出轴前、后油封损坏是由于输出装置壳体过热；输出装置壳体后端严重磨损变色是由于输出轴运转过程中轴向窜动，旋转的法兰前端与不旋转的输出装置壳体后端发生严重摩擦后产生大量的热量所致。离合器输出装置故障关联图如图 3 所示。

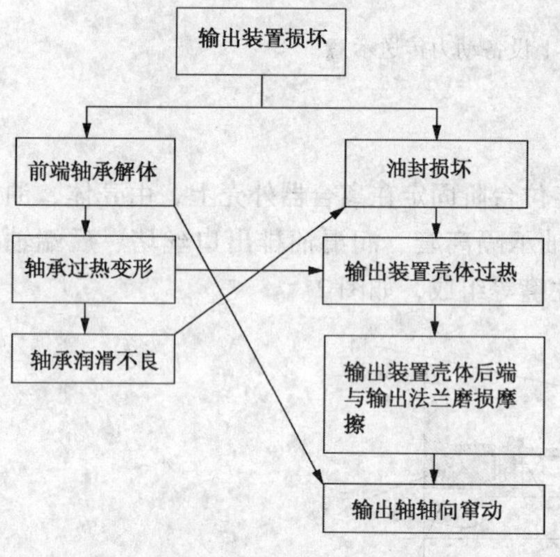

图 3 离合器输出装置故障关联图

由图 3 可知，导致离合器输出装置损坏是由于输出轴在旋转过程中出现了轴向窜动，而输出轴轴向窜动则是由安装在输出装置壳体内孔卡簧槽内的卡簧脱落而引起的。

3 故障原因分类

根据上述故障案例分析，离合器输出装置主要故障分类有以下几点：

3.1 离合器拨叉轴轴向抖动。

3.2 输出轴前轴承解体。

3.3 轴承润滑不良。

3.4 输出轴前、后油封损坏。

3.5　输出装置壳体过热。

3.6　输出轴运转过程中轴向窜动。

4　故障教训

众所周知，离合器是保证在发动机的曲轴与传动装置间能根据汽车行驶的需要传递或截断发动机动力输出；使汽车平稳起步；便于换挡和防止传动系过载。而输出装置在动力传递上起着重要的作用，如果在生产工作中，不注重保养与维护，就极易导致故障的发生。以上述故障为例，就是在紧张的生产用车中，没有及时对损坏的输出装置进行修理，导致同样的故障再次发生，应引以为戒。

5　防范措施

对原有的结构进行改进，即修复离合器输出装置时需要更换前端油封和卡簧，由于是非标产品采购困难，且卡簧的强度不足以承受输出轴来自后端万向传动装置的轴向冲击载荷。为此，对原离合器输出装置结构进行了改进。

5.1　设计加工内藏油封箱的轴承压盖。

5.2　将输出装置壳体前端面原固定油封压盖的3个周向分布的螺孔加深扩孔出新螺栓。

5.3　在新设计的轴承压盖内安装2个标准油封，替代原来的1个油封。

5.4　加工1个油封压板，由嵌在轴承压盖内的卡簧进行轴向固定。改进后的离合器输出装置结构如图4所示。

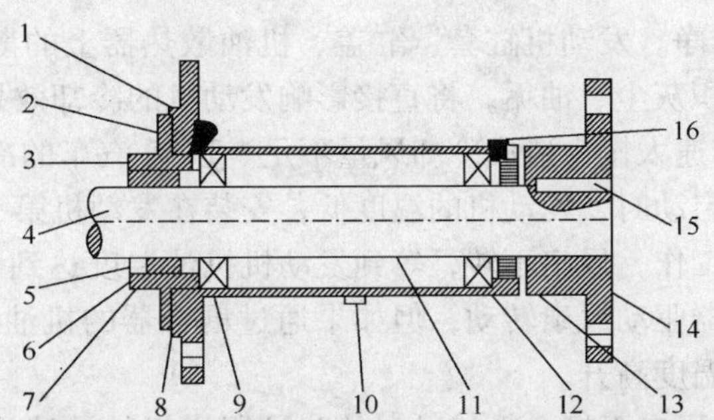

图4　改进后的YLC－700Ⅰ型压裂车离合器输出装置结构

1—前加油嘴；2—壳体；3—轴承压盖；4—输出轴；5—压板卡簧；6—油封压板；7—前端油封；8—密封调整垫；9—前端轴承；10—润滑油排出口丝堵；11—轴承隔离套；12—后端轴承；13—后端油封；14—输出法兰；15—平键；16—后加油嘴

新设计的轴承压盖替代原来的限位卡簧(图2中的卡簧5)，可以限制离合器输出轴轴向窜动；能够承受来自离合器后端的万向传动装置的轴向冲击载荷；输出轴后端的法兰与输出装置后端始终保持一定的距离，避免了旋转摩擦，壳体不会过热；在轴承压盖内安装2个标准油封，解决了原油封采购困难的问题；装置内润滑脂不泄漏，能保证轴承良好润滑。

T815 发动机温度过高典型故障分析

1 故障概况及经过

T815 汽车是原产于捷克斯洛伐克太脱拉公司的重型车辆，后来由我国四川长征重型汽车制造厂引进生产，由于该车具有功率大、启动性强、经济性好、环境适应性强、越野性能高、车型广等优点，成为我国矿山、石油等行业的主要使用车型之一。但是，由于该种车型发动机的冷却系统采用的是风冷式强制冷却，在使用维护过程中，如果操作不当，很容易出现发动机温度过高的现象，从而导致汽车动力性能下降，甚至发生拉缸、烧瓦、抱轴等机械事故。

2 事故原因及失效机理分析

经过长时间的分析、调查，我们总结了 T815 汽车发动机温度过高的原因主要有以下几个方面：

2.1 冷却系统故障

2.1.1 散热片不洁净。发动机缸套、缸盖、机油散热器上的散热片是发动机散热的主要部位，散热片上如堆积灰尘、油垢，将直接影响发动机的冷却效果。

2.1.2 冷却风扇转速太慢，造成冷却风量不足。T815 汽车的冷却风扇是通过液力耦合器驱动的，在发动机刚启动时，发动机的温度低，安装在发动机第一缸排气管处的节温器此时关闭，液力耦合器不工作，风扇不转，等到发动机机油温度达到 120℃时，节温器阀门开始逐渐打开，液力耦合器驱动风扇转动，但如果通过耦合器的机油量达不到，风扇转速低，冷却风量不足，发动机温度高升。

2.1.3 冷却风扇进风口不畅。冷却风扇的防护栅栏板如被油污堵塞，或风扇静叶片上堆积灰尘，均会影响空气的导流强度，从而降低冷却风扇的进风量及工作效率。

2.1.4 风道密封不严，造成冷却风散失。T815 发动机机体采用 V 形排列，在安装喷油泵的上部，用十几个 M6 的小螺丝固定着两个导风罩，可以隔绝外部沙尘对喷油泵、缸套散热片等部位的污染，形成冷却系的风道，加强冷却风对发动机的冷却强度。但是，在维护保养过程中，按照原位装复风罩的很少，从而使冷却风散失，降低了冷却强度。

2.1.5 进风和出风口发生短路现象。发动机排出的热风如再被吸入进风口，这就造成进出风口的短路现象，会直接影响发动机的冷却效果。因此发动机装配时进风和排风路线要合理。

2.2 发动机燃烧室进气量不够

2.2.1 空气滤清器堵塞。由于工程机械的工作环境恶劣，空气滤清器易被尘土堵塞，造成发动机进气量不足，燃烧恶化，使排气温度升高，功率下降。

2.2.2　进气管漏气。进气管漏气会降低进气量，排气管密封失效可造成废气泄漏。

2.3　燃油系统故障

2.3.1　喷油器故障。一般表现为喷油嘴滴漏或燃油雾化不良，使发动机燃烧恶化，造成发动机过热。

2.3.2　喷油泵供油提前角错误。喷油泵供油的迟早，会影响柴油机的工作性能，使燃烧所放出的热量不能充分利用来作功。

2.3.3　喷油泵喷油量偏大，发动机热负荷就会偏高。

2.4　润滑系统故障

2.4.1　机油油位太高或太低。发动机油底壳中加注的机油油位过高，或者是燃油系统向曲轴箱中泄漏燃油使机油油位过高的话，机油散热缓慢，油温升高；油位太低，机油的循环负荷较大，油温也随着升高。

2.4.2　机油散热器堵塞或机油滤清器脏，使机油冷却效果降低，机油温度升高。

2.4.3　机油泵泵油能力不足或机油集滤器堵塞，导致摩擦部位冷却机油量不足，机油温度升高。

2.4.4　此外，操作手的驾驶操作也能造成汽车发动机的温度过热。比如使汽车长时间的超负荷运转、长时间的低速运行或长时间的怠速运转，都会使发动机机油冷却量下降而使发动机过热。

3　故障原因分类

发动机温度过高的故障主要是磨损性的故障。

4　故障教训

4.1　汽缸壁温度过高会破坏缸壁的润滑油膜，降低润滑性能，加速机件磨损。

4.2　汽缸中的活塞、活塞环由于高温而膨胀破坏了配合间隙，造成摩擦阻力增加，严重时可能发生咬死现象。

4.3　早燃和爆燃可能性增大，破坏了发动机正常工作；同时，也促使零件承受额外的冲击负荷而造成早期损坏。

5　防范措施

5.1　要定期清洁散热片，使其始终处于清洁状态。

5.2　应及时检查节温器的工作状况，并适当进行调整。

5.3　在维护保养时，要将风道罩子固定牢靠，保持风道的密封性。

5.4　要定期清洁冷却风扇及护栅栏上的污垢。

5.5　应按要求定期清洗或更换空气滤清器和及时更换密封垫圈，紧固法兰盘螺栓。

5.6　根据发动机技术参数规定，及时调整喷油器喷射压力、喷油泵提前角、供油量。如有偏喷现象，应更换喷油嘴。

5.7　定期清洗机油冷却器和机油滤清器。

5.8　避免发动机超负荷运转、长时间的低速运行或长时间的怠速运转。

水泥车 D/TBD234 柴油发动机曲轴磨损故障分析

1　故障概况及经过

1.1　某型水泥车 T815 于 2010 年 7 月 2 日 22 时在井上施工时，台上 D/TBD234 柴油发动机忽然熄火，以后再也不能启动，不得不停止作业拖回单位待处理。

1.2　经拆机检查发现，曲轴主轴径三、四道大瓦合金严重脱落，曲轴轴径拉伤伤痕深度约 1.5mm，导致主轴无法修复报废的机械事故。

2　机械故障原因分析

2.1　由于该发动机在前部和中部各设计了两处放油孔，当发动机安装在车架平台上后，平台下空间较小，致使保养人员无法从发动机(中部)油底放油，保养人员只有从发动机油底前部放油。由于该处放油空高出油底 10～15mm，导致每次油底有部分机油无法放出，又加入了新机油造成了混合使用。长期以来使机油含杂质较多，润滑功能及冷却功能降低，造成了发动机的高温是此次机械事故的主要原因。即设计缺陷是造成此次故障的原因之一。

2.2　由于机油含较多的杂质和磨损物，致使曲轴及轴瓦的磨损加快，使较多的杂质随机油进入发动机润滑油道，日积月累，造成发动机机油压力低、油道堵塞的设备故障现象发生。操作、管理人员没有对使用的油品进行定期抽检，没有及时发现润滑油存在的问题也是造成此次故障的原因之一。

2.3　驾驶员责任心不强，设备运转期间没能严格按照设备操作规程观察发动机水温和机油压力的变化，是造成此次机械事故的又一主要原因。

3　改进措施

3.1　引进电动抽油装置，确保设备换油彻底和干净，保证发动机润滑油的质量。

3.2　针对发动机放油位置空间小的现象，采取在油底放油孔中部打孔套丝安装管线和阀门的办法，解决该发动机放油不彻底的实际问题，延长发动机的使用寿命。

3.3　加强对设备操作人员的技术培训，提高设备操作人员的技术水平，努力提升设备操作者维护保养、故障诊断、故障排除和设备维修等方面的技能。

4　故障教训

不能盲从，积极利用各种检测手段，结合实际情况综合判断问题。

5　防范措施

有针对性地制定监测分析手段，从技术改进和监测分析两方面入手。

离合器分离不彻底的故障分析

1 故障概况及经过

某单位一台 QY－8PY5141/JN150 型吊车在更换变速器以后，出现了离合器分离不彻底的故障。经过多次维修更换配件故障依旧。离合器结构图和示意图见图 1、图 2。

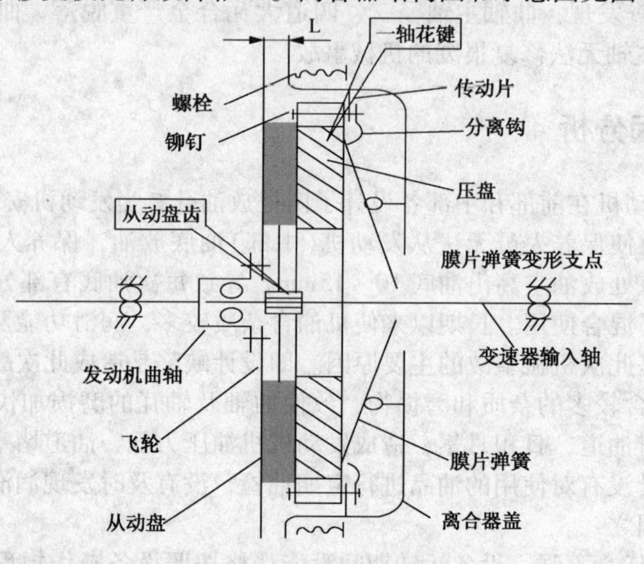

图 1　离合器结构图

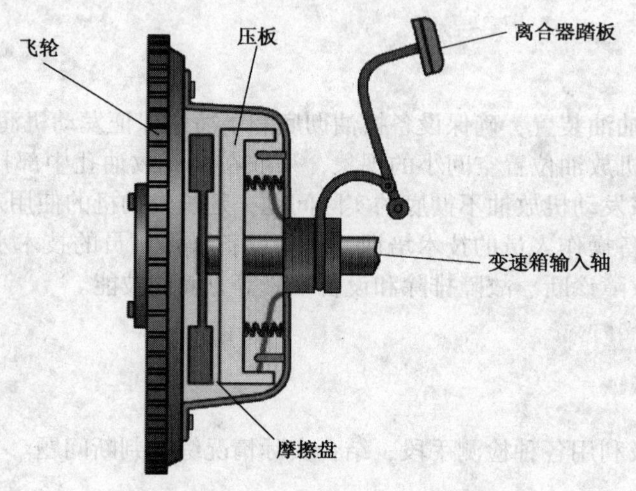

图 2　离合器示意图

2　故障原因及失效机理分析

2.1　分离不彻底故障原因

2.1.1　经过拆解检测离合器压盘分离杠杆在同一平面，且压盘摩擦面平整，同时测量弹簧弹力符合标准，分离杠杆孔与销间隙为0.03～0.08mm之间。

2.1.2　检测发动机飞轮端面摆差不大于0.10mm，中心轴承不松旷，润滑良好。

2.1.3　检查变速器第一轴时发现轴承盖顶端有被摩擦的痕迹。于是，将离合器从动盘（QY－8PY5141/JN150型吊车离合器是双片式）两片离合器从动盘都套在变速器第一轴上，发现变速器第一轴上的花键部分几乎全部被占满，离合器从动盘没有了轴向移动的空间。

2.2　失效机理分析

2.2.1　变速器造成的更换后的变速器飞轮壳及变速器一轴的技术数据与原车相差太大，造成离合器从动盘没有了轴向移动的空间。

2.2.2　配件加工质量的问题

离合器从动盘齿毂过长，使变速器第一轴上的花键部分全部被从动盘齿毂占满，离合器从动盘没有了轴向移动的空间。

3　车辆故障的排除

将离合器从动盘花键毂车去12mm后，然后装复离合器，经试车故障消失。

4　故障防范措施

提高自身技术素质，对出现的故障要做到全面认真检查、分析；熟悉自己单位所有车型的技术资料，这样，处理故障才会得心应手。

挖掘机履带脱轨的故障分析

1 故障概况及经过

1.1 某单位一台 PC200－6 型挖掘机近期在施工过程中，几次出现了履带销、履带节没断而履带脱轨的故障，影响了正常的施工作业，使得当天工作不能正常完成。

1.2 根据判断和以往经验，我们将整条履带由原来的 40 节履带节截取 1 节，成为 39 节后重新安装，打紧履带后经试车故障消失。

2 故障原因及失效机理分析

2.1 履带脱轨的故障原因

2.1.1 履带比较松弛，达不到正常履带松紧度要求。

2.1.2 经过拆解检查履带涨紧缸油封密封良好，润滑脂依旧可以正常打入张紧缸。

2.1.3 润滑脂打入张紧缸后，活塞行程已到最大极限位置，履带依然松弛。

2.2 失效机理分析

2.2.1 履带节磨损过甚造成整条履带长度增加

由于长期使用后，履带节间相互配合间隙变大造成整条履带长度增加。

2.2.2 施工操作中的问题

由于履带整体变长，使得整条履带松弛不能紧绷，在转弯时稍不注意就会发生履带脱轨故障。

3 故障原因分类

设备零部件老化，磨损严重。

4 故障教训

在履带松弛的状况下应及时检查、维修更换损坏零部件，不使设备带病工作。

5 故障防范措施

5.1 操作手应经常的检查履带的松紧度，不合要求的要及时整改解决，防止在施工工作中出现脱轨故障。

5.2　对达不到张紧要求的履带，要及时检查分析原因，对可能要出现的故障做到及时防范，做到心中有数避免履带脱轨的故障发生。

5.3　日常点检时注意检查履带节、履带销的磨损及完好情况，如有断损、开裂及履带销窜动等隐患要及时处理。

汽车制动跑偏的影响分析及解决措施

1 故障概况及经过

某井架车在行驶过程中因紧急制动跑偏而差点导致车祸。经了解、分析汽车制动跑偏的主要因素，迅速地找出故障原因，给予排除以确保行车安全。首先分析汽车制动跑偏的主要原因，然后重点分析前轴总成对汽车制动跑偏的因素和在生产过程中的解决措施。

2 事故原因及失效机理分析

影响汽车制动跑偏的因素比较多，比如：汽车车架变形，将造成车辆轮荷分布不均；两侧轮胎气压不相等；前后轴移位；减振器失效；悬挂系统设计有问题或悬挂受伤、变形、移位等诸多因素。

一般情况下，前轴总成有以下几方面对汽车制动跑偏影响很大：①左、右制动器产生的制动力不相等；②轮毂轴承预紧力偏小；③前轮定位参数不准确；④转向系相关零部件间隙比较大，刚性不好。以下就对这四点逐一分析，并提出整改措施。

2.1 左、右制动器产生的制动力不相等

汽车行驶过程中是靠制动器与地面产生的一个与行驶方向相反的外力来实现停车或减速的，这个与行驶方向相反的力称为制动力。制动力主要取决于制动器内制动摩擦片与制动鼓的摩擦力。如果汽车在制动过程中，前轴左、右制动器产生的制动力大小不等或同一时间内制动力增长速度不一致，必然造成制动跑偏。

这种现象在道路试验过程中主要表现为紧急制动时，一侧车轮已经抱死，另一侧车轮只是减速而不能抱死。汽车偏驶向车轮抱死一侧，从制动轮与地面的拖痕来看，可见到一边拖痕很深而另一边拖痕很浅，甚至没有拖痕。

造成这一结果的主要原因是：①某一制动气室膜片破裂、制动分泵密封圈损坏等质量问题；②某一制动气室推杆变形或卡死或制动分泵活塞发咬，不灵活；③某一制动凸轮轴动作不灵活，间隙调整臂损坏；④制动蹄支承销与制动蹄发咬，不灵活；⑤某一制动摩擦片有油污等。

2.2 轮毂轴承预紧力不够

轮毂轴承预紧力不够，则造成在汽车制动过程中，轮毂的支承刚性不够，容易造成跑偏打摆现象。经过现场调整，轮毂轴承预紧力由 16 ~ 30N 变更为 30 ~ 50N(用弹簧秤检测)。

2.3 前轮定位参数不准确

前轮的外倾角、主销后倾角、主销内倾角和前束值不正确也将对车辆行驶的安全性和经

济性产生直接的影响，破坏了汽车行驶的稳定性，在制动时也将造成制动跑偏。

2.4　转向系零件的间隙比较大(刚性不好)

转向系的好坏也将影响到汽车的直线行驶，如果各连接件间隙过大，将引起汽车在制动中摆头跑偏，不能保持正常的运动轨迹。前轴总成转向系间隙比较大，刚性不好，主要包括：①转向横拉杆紧固不牢固；②主销与衬套配合间隙大。

2.4.1　转向横拉杆紧固不牢固

转向横拉杆紧固不牢固，连接刚性降低，也会对制动跑偏产生一定的影响。最严重的是横直拉杆球头销松推，将造成汽车在制动时严重跑偏。造成这样主要有两方面原因：①转向横拉杆的球头销与转向横拉杆臂配合的锥面孔配合不好，不能使两锥面完全贴实；②在装配过程中，紧固转向横拉杆球头销的螺母没有拧紧，不能确保转向横直拉杆的球头销与转向横拉杆臂配合的锥面是否贴实。

2.4.2　主销与衬套配合间隙大

主销与转向节衬套配合间隙过大，将引起汽车在制动中摆头跑偏，不能保持正常的运动轨迹。解决措施就是严格控制主销和衬套的公差尺寸，提高产品质量。

3　防范措施

3.1　对于2.1中的①、②主要措施为加强对配件检验力度，保证合格的气室，要求一根前轴上必须装同一厂家的制动气室。

对于2.1中的③、④，主要措施是在装配过程中，制动凸轮轴、制动蹄片支承销上面喷涂防卡滞剂，防止配合件相互粘合。并且100%检验是否转动灵活。

对于2.1中的⑤，若一边的制动蹄摩擦片上有油物，则这边汽车在制动过程中，制动力将会下降，从而导致两侧制动器产生的制动力不相等。严格要求工人在装配过程中，不允许将任何油污落在制动蹄上，避免在制动蹄摩擦片材料粘抹油。

3.2　前束的测量和调整，使用专用仪器测量，保证了测量数值的准确性。

3.3　对于2.4.1中问题，主要是用好的配件，提高转向横拉杆的球头销锥面与转向横拉杆臂锥面的精度。

3.4　对于2.4.2，在装配过程中，紧固转向横拉杆球头销的螺母要求100%检验拧紧力矩，满足工艺要求。

汽车制动蹄滚轮及制动鼓制动蹄衬片磨损原因故障分析

1　故障概况及经过

某特车队所有车辆在刹车制动过程中，都会出现制动衬片磨损严重，更换频繁的问题。如果不及时更换，严重影响车辆制动时的制动效能，操纵性和方向稳定性大大降低，降低车辆的安全性。

2　事故原因及失效机理分析

目前，所有国产汽车及部分外国汽车的气压制动系统中，都采用凸轮促动的车轮制动器，而且大多设计成领从蹄式。制动时，制动调整臂在制动气室的推杆作用下，带动凸轮轴转动，使得两制动蹄压靠到制动鼓上而制动。

由于车辆经过长期使用，造成制动鼓磨损严重，加上道路状态的复杂性，制动鼓与制动蹄衬片的消耗极大。为了恢复汽车制动时的各项制动性能，必须对车辆的制动鼓制动蹄衬片进行更换，更换后车辆在制动时制动效能、操纵性和方向稳定性都得到根本提高，但材料的浪费也极大。

针对以上不足，设计改造了制动蹄滚轮，这样既保证车辆在制动时各车轮符合各项技术要求，又可以延长制动鼓制动蹄衬片零部件的使用寿命，减少材料浪费。

3　故障处理措施

3.1　加大滚轮外径尺寸

车轮制动器采用了S形制动凸轮，制动时，制动凸轮转过一个角度，制动蹄上的滚轮沿凸轮表面运动，带制动蹄压向制动鼓产生摩擦而实现制动。随着制动鼓直径增大，制动蹄衬片厚度减薄，制动时要使衬片接触制动鼓，就需要S形凸轮作较大转角，制动效能随之下降。因此加大滚轮外径尺寸，使制动效能得到恢复。

3.2　改一体式滚轮为滚轮与滚轴插入结合

普通一体式滚轮是滚轮主体与滚轴是一体。在车辆制动时，滚轮与S形制动凸轮单面磨损会日益严重，从而造成制动效能下降。而采用滚轮与滚轴插入结合方式，避免滚轮与S形制动凸轮单面磨损现象，因此延长了滚轮和制动蹄衬片的使用寿命，使得制动效能得到恢复。

3.3 改造后的制动蹄滚轮符合的技术要求

3.3.1 由于凸轮轮廓的中心对称性及两蹄结构和安装的轴对称性，凸轮转动所引起的两蹄上相应点的位移必然相等。因此，同一车轮的滚轮的外径尺寸必须一致。

3.3.2 加工滚轮的材料为45#钢以上，以防止磨损变形降低制动性能。

3.3.3 滚轮的加大尺寸可以根据制动鼓制动蹄衬片(制动鼓磨损在安全使用范围尺寸内；制动蹄衬片厚度、磨损量也未超过生产厂或符合技术要求的规定，磨损量或未磨损到距铆钉头0.80mm)磨损的情况进行加工，尺寸过大，制动鼓将无法安装上去。

3.3.4 安装后车辆各车轮制动鼓与制动蹄衬片之间的间隙，按生产厂规定或技术要求调整。

4 防范措施

以往车辆制动性不符合技术要求，制动鼓磨损较严重，虽然制动鼓磨损都在安全使用范围尺寸内，未超报废尺寸，制动鼓摩擦表面也都符合技术要求；制动蹄衬片厚度、磨损量也未超过生产厂或符合技术要求的规定磨损量或磨损到距铆钉头0.80mm。也需要更换制动鼓、制动蹄衬片，来恢复车辆的制动性能，若同轴上的左右制动鼓的直径差值大于1mm，就同时更换，使制动抗热衰退性良好；更换一侧制动蹄衬片时，同轴另一侧制动蹄衬片也要同时更换，以保证同轴两制动器摩擦衬片的材料相同，摩擦系数的相等。

将制动蹄滚轮改造后，无需更换制动鼓、制动蹄衬片，延长制动鼓、制动蹄衬片的使用寿命，减少了材料的浪费，因此制动蹄滚轮改造后，车辆的制动性能完全符合技术要求，提高车辆制动的安全性，降低材料的消耗。

5 故障教训

通过将制动蹄滚轮改造后，无需更换制动鼓、制动蹄衬片，延长制动鼓、制动蹄衬片的使用寿命，减少了材料的浪费，因此制动蹄滚轮改造后，车辆的制动性能完全符合技术要求，提高车辆制动的安全性，降低材料的消耗，成功解决了单位车辆维修中存在的共性问题。上述故障分析及解决措施，方法简单、价格低廉、效果显著，有很高的使用价值及其良好的经济效益，有一定的推广前景。

6135AK－8b 柴油机正时故障

1　故障概况及经过

1.1　故障概况

2011 年 10 月 2 日晚，某单位正在生产运行的 TJL15 通井机（自编号 305）发动机排气管突然放炮，伴随有火花排出，随即发动机动力不足，声音异常。及时停车检查后，判定发动机正时故障。

1.2 故障排除

1.2.1　故障检查

拆检发现油泵传动齿轮轴轴承损坏，各正时齿轮严重磨损，齿轮顶部磨出尖角。

1.2.2　正时修理

更换全部正时齿轮及附件，试车运行正常。

2　故障原因分析

2.1　近几年该型发动机运转情况

该机型投产六、七年来，发动机正时故障频繁出现，与该机设计有一定关系。

2.2　该机正时设计不足

2.2.1　该机正时传动改为挠性钢片连接后，较以往的胶木片连接（6135AK－6）缺少缓冲性，机构保护能力不足。

2.2.2　该机正时机构兼带空压机运转，增加了工作负荷。

2.2.3　该机构传动距离长，同心度不足。

2.2.4　发动机长时间高负荷作业，润滑油结胶变质等造成润滑件工作环境恶劣。

2.2.5　其他原因如个别喷油器压力过高、更换配件质量不过关等造成意外损坏。

3　故障原因分类

主要为机构设计缺陷，次要为更换配件质量低。

4　故障教训

耽误生产进度，增加修理成本。

5 防范措施

5.1 尽量不选购此类机型或将其正时传动改为保护性连接。

5.2 选用合格配件，按时调整换油。

压裂泵车大泵烧蚀

1 故障概况及经过

1.1 设备概况

故障设备型号为 SJX5311TYL105，2000 型压裂泵车，生产厂家为江汉石油管理局第四机械厂(下称四机厂)，2009 年 5 月投产，该批次设备同型泵车 8 台。

1.2 故障经过

设备调试、验收结束后，工作情况一直良好。直至 2010 年 6 月，该机组参加压裂施工，施工井设计施工时间为 83min。在该井施工至 70min 左右，混砂操作工发现其中一台压裂泵车动力端冒烟，立即通知带队干部前往查看，带队干部在现场看到大泵涡轮箱外壳发黑，大泵润滑油压力表显示压力低等情况后，立即通知仪表控制车停泵检查故障原因。

2 故障原因及失效机理分析

2.1 失效机理分析

该车回厂后用测温枪测得大泵涡轮箱温度为 67℃。次日，打开大泵涡轮箱检查，大泵涡轮箱内曲轴瓦烧蚀，缸套拉伤，曲轴拉伤，大泵损伤情况比较严重。

首先，由损伤情况确认大泵动力端润滑失效后继续高负荷运转，导致局部高温烧蚀。询问现场施工操作人员确认施工开始及施工中巡查，未发现异常情况。检查供油管线及接头，连接紧固，无泄漏。打开滤清器，只有少量漆皮、油泥，对供油压力影响不会太大。最后，拆润滑油泵，泵取力轴端花键有约 5mm 左右磨圆，该花键轴部分长 70mm 左右，按长度推算磨圆部分不会影响整个传动部分。解体润滑油泵，发现轴承、泵体、齿轮均完好。检查液力变矩器取力口，发现花键槽正常。调查至此陷入僵局，唯一有损伤的部位就只有润滑油泵花键轴顶端，小组对润滑油泵再度检查，准备安装回取力口时，发现过渡法兰连接盘为改装厂后配零件，为了避免与变矩器壳体干涉，加厚法兰盘，致使花键啮合长度过短，对整个花键啮合长度测量符合磨损情况。

2.2 故障原因确认

因改装厂设计不合理，花键啮合过短，致使啮合部位受力过于集中，疲劳变形，泵轴打滑，润滑失效，最终导致涡轮箱重要部件烧蚀。

3 故障分类

设计缺陷。

4 故障教训

设备订购过程中，要认真审核设计图纸，并安排有较强专业技术经验的技术人员全程监造。

5 防范措施

5.1 检查全部同型设备。

5.2 要求四机厂更换法兰连接盘，并对大泵涡轮箱造成的损失进行索赔。

履带式通井机的转向失灵问题

1 通井机的转向失灵问题

通井机在使用过程中经常出现转向失灵问题，对通井机上下平板拖车造成很大困难，并且容易造成在上下平板时翻车的严重事故。

2 履带式通井机转向失灵

履带式通井机都是使用推土机的底盘改造的，但是通井机的工作状态和推土机不同，通井机在正常工作时，停留在原地，底盘部分不工作，只有发动机、行走变速箱的主轴、滚筒变速箱、滚筒部分工作，所以容易造成底盘锈蚀等其他问题，从而造成转向失灵。

3 转向离合器存在问题

履带式通井机的转向是由左右两个离合器的分离来实现的，由于锈蚀和磨损、调整不当等原因容易造成转向离合器失效。

3.1 转向离合器的工作原理

发动机的动力通过主离合器、变速箱和中央传动传给转向离合器的短半轴，再由内毂、摩擦片、外齿片、外毂、驱动盘合件等一直输出至驱动轮，使通井机沿直线方向运动。

当向后拉动左面操向杆时，在增力器及其杠杆的作用下，使松放圈合件向右移动并克服弹簧的涨力使压盘右移，此时摩擦片与外齿片间出现间隙，动力只能传到摩擦片，而外齿片则停止转动，左侧驱动轮也随之停止转动。此时右侧驱动轮继续运动，结果通井机向左转弯，反之则通井机向右转弯。当要求通井机急转弯或迅速停止时，拉动操向杆，分离转向离合器后还要立即踏下踏板，通过杠杆作用使制动带紧紧抱住外毂，外毂立即停止转动。

3.2 操向杆的总自由行程的调整

操向杆的总自由行程为135～165mm，由于转向离合器的磨损而使行程逐渐减小，当此行程减小到75mm时，应进行调整。

3.3 转向离合器的常见故障(见表1)

3.4 制动器的故障及排除(见表2)

随着制动带的磨损，将会引起制动带与转向离合器外毂间的间隙增大，反应到脚踏板上的行程加长。收紧制动带的方法是转动叉杆上的调整螺母，应调整到分开转向离合器和踏下制动踏板 150 ~ 190mm 时，通井机能灵活地转弯。

表 1　转向离合器故障及排除方法

序号	故　障	引起故障的原因	排除方法
1	操向杆向后拉通井机不转弯	1. 操向杆的顶杆和增力器推杆间的间隙太大 2. 操向杆的自由行程过大	1. 调整 2. 调整
2	拉操向杆很费力	1. 转向离合器操纵机构调整不当 2. 增力器内机油不足 3. 增力器内机油被煤油过分冲稀(冬季) 4. 增力器内污染	1. 重新调整 2. 添加机油 3. 检查机油黏度，必要是加入黏度较大的机油 4. 检查和清洗
3	未拉操向杆时通井机跑偏	1. 操向杆没有自由行程 2. 一侧转向离合器摩擦片渍油 3. 操向杆与橡胶缓冲垫之间有杂物 4. 右侧制动器的制动锁锁住(除跑偏外，发动机负荷突然增大)	1. 重新调整 2. 用煤油冲洗转向离合器 3. 清洗 4. 松开制动锁

表 2　制动器的故障及排除

序号	故　障	引起故障的原因	排除方法
1	制动带过热	1. 制动带调的过紧 2. 制动带下部螺钉未调好(不踩制动踏板，制动带也会触及外毂)	1. 调整 2. 重新调整
2	制动器不起作用	1. 制动器调整不当 2. 制动带摩擦片浸油	1. 重新调整 2. 清洗摩擦片

调整方法如下：

① 取下后桥箱顶面的制动带检视孔盖(即转向离合器室上检视孔盖)。

② 转动调整螺母，当顺时针方向旋转时，则制动带收紧，踏板行程减小，反之则增大。制动踏板的行程应调整到 150 ~ 190mm。

③ 利用后桥箱下面的制动带调整螺钉来调整制动带和转向离合器外毂间的间隙。调整时，应首先松开锁紧螺母并将调整螺钉拧到极点，然后再退出 1 ~ 1.5 圈，最后用锁紧螺母固定。调整螺钉是从下面支持制动带，并保证制动带摩擦片和制动载(转向离含器的外毂)间有正确的间隙。

④ 装上后桥箱的检视孔盖。

平台修井机直流控制系统直流电机碳刷故障

1 故障概况及经过

1.1 可控硅直流控制系统采用德国西门子 SIMOREGDCMaster6RA70 系列全数字直流调速装置，用西门子 S7－200 型 PLC 可编程器进行控制各种开关联锁及操作。

1.2 修井机使用过程中各项显示均正常，其时施工工序需要拔滤，预计负荷 30t，而电机转矩出力不足，拔至 20t 左右电机转不动。修井机额定负荷 158t，直流电机出力低于 20%。

1.3 分析原因，司钻台正常，查看可控硅房，操作面板 PMU 无故障指示，元器件均正常。怀疑 6RA70 参数漂移，调节参数 P171，增大转矩方向电流限幅，效果无显著提高。调节 P701，增大模拟量输入的主给定值，电机转矩有一定提高，但还达不到使用要求。由此说明，问题不在 6RA70 直流调速器。

1.4 继续检查直流电机，发现碳刷部分磨损，与电机铜套（转子）接触不良，更换碳刷后修井机使用正常，转矩出力强劲。

2 故障原因及失效机理分析

直流电机碳刷的作用是给转子传导能量，将励磁电流送入转子线圈，通过换向器给转子绕组供电，使其产生磁场与定子绕组磁场相互作用，带动转子转动。若碳刷失效或虚接，导致励磁电流降低，磁场力减弱，因而直流电机达不到输出功率。

3 故障原因分类

3.1 维护保养问题

平时保养不力，使用前没有清除锈蚀点。

3.2 操作问题

司钻没有完善预运转，直接提高速，致使磨损加大。

3.3 制造质量问题

直流电机密封不严，海况潮湿，加速锈蚀。

4 故障教训

修井机停用时间较长，直流电机铜套(转子)产生锈蚀，导致以上故障发生，严重时会碳刷冒火星，损坏电机，甚至井口遇明火产生危险，应以此为戒。

5 防范措施

5.1 加强巡回检查，加大保养力度。

5.2 严格按制度定期元转设备。

5.3 多学业务知识，熟悉设备使用程序。

XJ450 型修井机井架拉弯故障分析

1　故障概况及经过

1.1　某修井队使用的 XJ450 型修井机在起钻过程中，由于封井器没有打开，造成井架严重拉弯变形，井架报废。

1.2　某修井队在起钻施工时，司钻先到液控房，打开半封控制手柄，然后上到钻台启动修井机。井口 2 名操作工卸掉井口油管上的旋塞，挂上吊环，司钻开始用三档车起钻。当起出至距钻台面高度约 6 ~ 7m 时，忽然听到一声巨响，赶紧摘掉离合器，抬头观察，发现井架已严重变形弯曲(见图 1)。

图 1　井架变形情况

1.3　进一步检查发现上下井架连接处斜梁从焊缝处撕裂，横梁严重弯曲，修井机车身倾斜，井架拉筋耳板固定处撕裂，井架举升缸弯曲，井架后右及前右侧绷绳地锚严重拉偏移位。

1.4　拆检防喷器进行外观检查，发现防喷器半封闸板损坏变形。

1.5　对起出的油管进行检查，发现井内起出的油管第 1 根公扣自上至下第 2 ~ 5 扣已明显损伤，第 2 根母接头至 0.8m 间本体严重弯曲，弯曲度约 20°左右，油管因被压缩变形量约 15mm。

2　事故原因及失效机理分析

根据对操作人员的调查和设备损坏情况的分析，造成本次事故的主要原因为以下几条。

2.1　井口操作工在起钻作业前未按程序对关闭的防喷器进行解锁，导致防喷器半封闸板在锁紧状态下无法正常打开，是这起事故的直接原因。

2.2　司钻违反操作规程，操作野蛮，起钻速度过快，是这起事故的另一直接原因。

2.3　井下仅有 ϕ73mm 加厚油管 105 根，负荷较轻，司钻启动修井机后，挂上三挡高油门全速起钻，未观察指重表，在防喷器未打开的情况下油管接箍瞬间快速冲击半封防喷器闸板，产生巨大冲击力量，反作用在井架上，使井架瞬间受到过大压应力。由于上下两节井架中间结合部位为最薄弱处，也是弯曲应力集中处，在巨大弯曲应力作用下产生塑性弯曲变形。

2.4　该型修井机三挡最大提升速度可达 1.4m/s，由于油管被压缩变形 15mm，根据井下管柱重量，依据动量原理可计算出油管对防喷器的瞬间冲击力可达到130t。这一情况可从弯曲的油管得到充分的证实(由于冲击速度快、井下管柱质量大，惯性较大，因而造成上部管柱被挤压弯曲)。

2.5　值班干部责任心不强，履职不严，对起钻作业存在的危害因素未进行告知，在起钻作业的关键工序和开始起钻的关键时刻未盯在作业现场，未起到重点工序的监督把关作用。

3　故障原因分类

责任事故。

4　故障教训

4.1　领导干部的责任心必须要加强，要严格履行风险告知和风险检查。

4.2　操作人员的平稳操作和岗位职责落实不到位会造成严重的后果。

4.3　设备的配套措施要到位，从硬件上解决可能存在的风险。

5　防范措施

5.1　加强对领导干部及操作人员的培训，严格执行各种规章制度。

5.2　强化落实“五步工作法”和“岗前一分钟”等风险排除制度。

5.3　在修井队伍中全面配置封井器联动装置，从装配套上彻底根除风险点，杜绝事故的发生。

TJ12/50B、TJ12/65B 型轮式通井机发动机高温故障案例分析

1 故障概况及经过

1.1 故障概况及经过

2001 年 6 月 18 日，某 TJ12/50B 型轮式通井机在文 92 - 21 井进行起管柱作业时，由于发动机散热器温度过高，造成冷却液大量流失。致使停工，不但降低了生产时效，而且增加了井喷失控的风险。

TJ12/50B 型轮式通井机在初期使用时常出现发动机冷却液温度过高(100℃以上)，冷却液溢出，造成发动机功率下降、拉缸或发生机械设备事故等。

1.2 故障排查及处理过程

1.2.1 观察水箱与变速器散热器的散热格栅是否有堵塞现象，若有需用清洗机进行清洗。

1.2.2 在确保水箱内无过高压力和高温时打开水箱盖，将发动机转速加至 2000r/min 运转 3 ~ 5s 后恢复怠速，重复此操作 3 ~ 5 次，在此过程中观察三个方面的情况。第一，在高转速时观察水箱下水室管是否有被吸扁的现象，若有则更换下水室管线。第二，从水箱加水口观察循环水量的变化情况，若在怠速与高转速变化时水量变化不明显，说明水泵排水量不足需更换水泵。第三，发动机转速由高速降至怠速时水箱加水口是否有冷却液溢出，若有冷却液溢出，说明水箱内部有堵塞，循环水量不足引起的发动机高温。

1.2.3 看发动机排气管烟色、听发动机声音，盘车检查发动机喷油泵的喷油时间，若有偏差需调整喷油时间。

2 故障原因分析

2.1 装机发动机的功率不足。TJ12/50B 型额定钩载 50t，发动机功率仅 162kW，属于小马拉大车，长时间重载施工时，发动机温度快速升高，造成水箱冷却液溢出。

2.2 水箱容量小，散热量不足。

2.3 散热风向造成散热器外部格栅容易被堵塞(图 1)。该机型散热风向为从发动机机体吸热后吹向散热器，容易将曲轴油封渗漏的润滑油，水泵润滑溢出的润滑脂、冷却系统渗漏的冷却液、燃油系统出现的渗漏等，吹向散热器格栅，空气中的灰尘及各种杂质也会粘连在散热器格栅上，时间稍长散热器格栅就会被堵塞。

2.4 水箱散热管内壁堵塞。水垢附着于水箱散热管内壁，造成水流不畅，散热不快。

2.5 驾驶室与水箱之间的距离过小(图 2)。水箱与驾驶室之间距离太近，一方面造成

出风不畅，另一方面吹出的风又反射到发动机机体上，散热效果自然会下降。

图1　散热器外部格栅

图2　架驶室与水箱之间距离过小

3　故障原因分类

3.1　设计原因是此故障的主要原因，装机功率不足、水箱散热量不够、水箱与驾驶室之间的距离过小、风扇风向等设计不合理。

3.2　维护保养的问题：水箱散热格栅未及时清洗，长期使用不达标的冷却液，定期清洗水箱，及时更换进出水管，保持发动机清洁。

4　故障教训

4.1　充分做好设备的选型论证和现场试验工作，及时与制造商沟通，完善设备技术性能。

4.2　严格落实设备巡回检查制度和定期维护保养制度，保持设备零部件时刻处于完好状态。

5　防范措施

5.1　更换相匹配动力的发动机，加大额定功率。

5.2　改变驾驶室结构，加大散热空间。

5.3　为有效避免事故的发生，在该机型发动机上安装保护系统，当冷却液温度达到100℃左右时，系统报警后自动延迟熄火。

5.4　每年拆检式清洗散热器格栅不少于2次，简单的清洗应每月进行1次。

5.5　使用合格的冷却液，当发动机因散热器管内壁堵塞引起高温初期，应及时冲洗或更换水箱。

艾里逊 CL－T9000 型变速器缺失挡位故障分析

1　故障概况及经过

一台艾里逊 CL－T9000 型变速器运转中，在实现加挡操作完成后，输出转速没有随着挡位的提升而增高。

2　故障原因及失效机理分析

2.1　挂挡执行机构故障排查

CL－T9000 型变速器是通过各级电磁线圈联动，实现挡位的变换。其挡位变换及各级电磁线圈的联动关系如表1。

表1　换挡电磁线圈工作表

换挡器位置	接电的电磁线圈	接合的离合器
闭锁	B，C，D，F	分流－直接，中、高－中挡
N	A*，F，I*	分流－直接
1	F，H	分流－直接，低挡
2	G*，H	分流－超速，低挡
3	C，F	分流－直接，中挡
4	D，F	分流－直接，高－中挡
5	C，G*	分流－超速，中挡
6	D，G*	分流－超速，高－中挡
7	E，F	分流－直接，高挡
8	E，G	分流－超速，高挡

注：＊空挡联锁型号不用。

针对该变速器故障现象，技术人员对该变速器做了如下常规检查。

（1）油质检查：清澈，黏度良好，无渣滓，无强力气味，可判断变速器摩擦片完好，也没经历高温作业。

（2）油温检查：让变速器运转一段时候，测量变速器油温正常。

（3）油压检查：主油道压力正常，各档油压均正常，可判断内部压力系统无泄漏现象。

通过上述检查可判断变速器基本的技术状况正常。

再逐档运转测试，1 挡、2 挡、3 挡、4 挡、5 挡、6 挡、7 挡、8 挡均能正常挂入，但仔细观察发现1 挡、3 挡、4 挡、7 挡输出转速正常，2 挡、5 挡、6 挡、8 挡输出转速低于额定转速，并且2 挡转速近似1 挡转速，5 挡转速近似3 挡转速，6 挡转速近似4 挡转速，8 挡转速近似7挡转速。

初步分析，部分挡位不能正常输出动力，可能是变速器挡位主控系统发生故障所致。主控阀柱塞的联动是由各级电磁线圈通断来实现，在检查主控阀前，首先要检查主阀体的电磁线圈。拆卸变速器主控制板，逐个检查电磁线圈，发现控制分流－超速离合器的电磁线圈G的执行器卡死。拆洗并调整好超速电磁线圈执行器柱塞，重新测试变速器挂挡，故障依旧存在。

2.2 挂挡电控系统故障排查

通过查找资料并对外咨询，再对故障进行仔细分析，排除了挂挡执行机构故障的可能。要让挂档执行机构动作，首先，电磁线圈要能正常工作，如果电控部分出问题，机械部分肯定不正常工作，因此要排除电信号故障的可能。

检查发现下列问题：

（1）逐个测量电磁线圈A、B、C、D、E、F和G有无断路或短路，测量结果良好，外搭铁良好。

（2）测量线路，测得主阀体电磁线圈G接线端电压低。

（3）主阀体电磁线圈盖接线入口处，封闭式线束保护层破损。

针对上述检查发现的问题，对封闭式线束破损处进行粘贴防漏处理，清除各端接线头氧化层。再次测试变速器运转状况，各档位挂挡清晰，转速变化明显，故障排除。

该故障正是因电磁线圈接入线束保护层破损，湿气由此渗入，导致电磁线圈G的执行器长期受潮锈蚀，柱塞运动阻力增大卡死，电磁线圈液压油道无法正常导通，主控阀柱塞不能发生位移，致使分流－超速离合器不能结合；同时，长期受潮湿影响，电磁线圈导线连接处的接线头氧化，电信号阻抗增大，工作电压低，电磁线圈G不能正常工作，电磁线圈液压油道不能正常导通。正常情况下，当挂2挡时，电磁线圈G、H工作，分流－超速和低挡离合器同时工作；挂5挡时，电磁线圈G、C工作，分流－超速和中挡离合器同时工作；挂6挡时，电磁线圈G、D工作，分流－超速和高－中挡离合器同时工作；挂8挡时，电磁线圈G、E工作，分流－超速和高挡离合器同时工作。从换挡电磁线圈工作表可清除地看到，不论挂哪一个挡位，都由两个电磁线圈同时工作。本次故障是因为电磁线圈G没有正常工作，分流－超速离合器没有接入，所以挂入了2挡、5挡、6挡、8挡位，而实际输出不是相应挡位的转速。

3 故障原因分类

制造质量问题。

4 故障教训

4.1 日常检查、保养不到位。

4.2 对设备中的电气元件的保护不到位。

5 防范措施

5.1 在每次的维护保养中，一定做到不漏查、不漏修，认真做好每次作业前检查和作业后的检验工作。

5.2 设备操作人员对日常维护工作，要做到认真仔细，保持设备的外观清洁，各个部件之间关联处无破损，保证电气设备密闭干燥，掌握设备日常运转状况。

压裂车柱塞泵输入端轴承故障分析

1　故障概况及经过

SJX5190TYL70 型酸化压裂车台上动力传递流程为：发动机——液力变速器——传动轴——链条箱——柱塞泵。一台新酸化压裂车一般在经过两年的使用后，其柱塞泵输入端的轴承（圆锥滚子轴承 32315）就会出现漏油现象。进口 32315 轴承的密封形式是胶套密封，一旦发生漏油就无法进行检修，必须更换整个轴承，由于是进口配件，采购周期长，价格昂贵，每年发生在此项上的修理费用约在 20 万元左右，给企业带来了不小的损失。

2　故障原因及失效机理分析

进口 32315 轴承失效机理是由于轴承受到径向载荷的周期性冲击，且该冲击载荷超过了轴承的径向额定动载荷，导致轴承滚子、密封胶套磨损，出现漏油而失效。通过分析酸化压裂车台上设备的动力传递过程和零部件的安装特点，其故障原因有：

2.1　万向传动轴抖动

万向传动轴在长期使用过程中，受到载荷的冲击会出现传动节松旷、传动轴失衡等原因造成万向传动轴在运转期间出现抖动，由于万向传动轴与链条箱相连接，万向传动轴发生抖动势必造成链条传动不平稳而出现载荷的周期性变动，从而导致了轴承径向动载荷发生变化而失效。

2.2　链条箱支承杆松旷

链条箱一端与设备台面采用支承杆连接，支承杆与台面相连端的孔内有胶皮衬套；与链条箱相连端的孔内有铜衬套，且内部有润滑孔，可注入润滑脂进行润滑；由于链条箱在运转期间会产生小幅度的径向跳动，支承杆就起到了缓冲载荷的作用。支承杆胶皮衬套磨损或铜衬套润滑不良磨损均会导致支承杆连接端间隙变大，使链条箱在运转期间抖动加剧，产生冲击载荷，最终导致轴承的实效。

2.3　缺乏润滑油

主要是因操作人员保养不到位造成的，操作人员未认真执行巡检规程，未按照保养规程进行设备的维护保养，导致万向传动轴、支承杆或轴承缺乏润滑脂而磨损加剧，最终造成零部件损坏。

2.4　装配方法不合理

维修人员在装配轴承时，未仔细测量或清洁安装孔内径，导致轴承安装无法达到过盈配合而出现旷动，或因使用安装方法不正确导致轴承失效，例如加热配合，进口 31325 轴承不能采用加热配合进行安装。

3 故障原因分类

以上所列举的四种原因可进行分类如下。

原因 1、2 可归类于设计问题。主要是由于 700 型酸化压裂车此类型台上动力传递模式在经过长期使用后发现，链条传动部分故障发生率高，传动效率较低，属设计不合理导致的。

原因 3 可归类于维护保养问题，原因 4 可归类于检修质量问题。

4 故障教训

4.1 柱塞泵输入端轴承寿命变短是由于径向动载荷冲击所造成的。

4.2 巡回检查不到位，未能及时发现故障将会导致设备故障隐患的深入，造成更大的损失。

4.3 润滑油是设备的血液，一刻都不能缺。

4.4 结构设计、产品质量、装配工艺、维护保养等，每个环节都极其重要，环环相扣，一环出错，将会造成极大的影响。

5 防范措施

5.1 精维修。维修要精细，不是单纯的换上新轴承就了事，而是要找出原因，传动轴不平衡就校核传动轴，支承杆松旷就应该更换支承杆。将导致故障的原因排除，修复设备。

5.2 抓培训。将培训作为一项长期的工作来抓，对操作人员进行严格培训，考核合格后方可上岗操作。

5.3 细检查。势必要求操作人员严格按照使用维护规范做好每次出车前、运转中、回场后的“三检”工作，做到检查时，不缺点、不错位。

5.4 严制度。制定严谨的激励制度，用制度激励人，将责任落实到人，设备维护的好就可以给予奖励，设备维护的差就应受到相应的处罚。

捞油车作业时突然失去动力故障分析

1　故障概况及经过

1.1　故障概况

某 THS5190TCY20 型捞油车，在 2011 年 1 月 5 日野外作业捞油时发动机工作正常，上车作业滚筒突然失去动力，无法进行生产作业。

1.2　故障处理

操作人员首先检查了滚筒离合器，仪表显示，离合器工作气压正常。拨动离合开关 1、2 挡，滚筒离合器气压快放阀均工作正常。检查时发现滚筒护罩内的驱动链条也停止了转动。

2　故障原因及失效机理分析

2.1　修理人员根据故障的概况，判断可能是底盘动力输出传动系统出现了问题。遂对汽车变速箱、分动箱、正倒挡减速箱、传动轴等了进行检查。检查后发现该车汽车变速箱无动力输出(传动轴静止不转)。初步诊断主车离合器出现了故障，上驾驶室踩下离合器踏板，感觉踏板较重，但无异响。随后又检查了离合器助力汽缸，发现无气压。作业时汽车变速杆挂在 4 挡上作业，这时将变速杆由低挡区向高挡区来回拨动，变速箱盖上的双 H 换向阀无排气声。踩下发动机熄火器开关，发动机不熄火；踩下气喇叭开关，喇叭不响。查看驾驶室仪表台，两块气压表、气压显示均在 0.85MPa。据此可以推断是气路中的四回路安全保护阀内，辅助用气回路堵塞造成的。即拆下解体保护阀，发现辅助回路阀芯锈蚀，因天气较冷有积水产生而结冰，遂对阀芯清理组装，重新试车故障排除。

2.2　该车型装配的是富勒 RT11509C 主辅箱。双副轴组合式变速器，动力从主箱输入轴输入，然后分流于主箱的两根副轴，再汇集于主箱主轴，即副箱轴入轴，再分流于副箱的两根副轴动力，通过高、低挡同步器，最终由副箱输出轴动力。因此，当变速杆由低挡区向高挡区来回移动时，双 H 换向阀都会有排气声，如果没有排气声，说明压缩空气无法通过双 H 阀到达副箱的高、低挡换挡汽缸，也就无法操纵副箱的高、低挡同步器。主箱虽然变速杆挂在 4 挡位上，但副箱高、低挡同步器因失去气压控制，导致同步器滑入到空挡位置，动力无法通过副箱传递给传动轴，所以上车滚筒绞车也就失去了动力源。

2.3　斯太尔气路由空压机将压缩空气排出，通过调压阀调压进入到空气干燥器内，清除气路中的水分。再将分离后的压缩空气导入四回路保护阀内，从而使全车气路分成即相关联又相独立的四个回路(前桥制动回路、后桥制动回路、停车制动回路，辅助用气回路)。上车操作室的控制台气源是由前桥制动回路提供。而驾驶室气压表也只显示前桥和后桥制动回路的气压，凡是与制动无关的用气系统均接至辅助用气回路，该车因四回路内有积水锈蚀结冰堵塞，说明汽车空气干燥罐已失效，需更换干燥罐。经回场更换干燥罐后，故障未再发生，彻底排除。

3　故障原因分类

维护保养不到位。江苏地区空气潮湿，汽车干燥罐长时间使用，干燥剂失效后未及时更换。

4　故障教训

要加强设备维护保养，防止设备零部件失效。

5　防范措施

5.1　定期排放汽车贮气筒内的油水及污物。

5.2　汽车干燥罐长时间使用，需要定期更换，以防干燥剂失效。

修井机滚筒链条箱异响故障分析

1 故障概况及经过

1.1 故障概况

某 ES5253TXJ40 吨修井机，投入正常使用。但从 2011 年 4 月开始，这两台设备先后出现滚筒链条箱内链条刮碰箱体，发出异常声音的故障。

1.2 故障处理

经修理人员现场解体检查发现，是箱体内低速挡链条刮碰链条箱内侧的固定螺栓。

2 故障原因及失效机理分析

2.1 由于厂家设计该修井机传动系统时，在链条箱里装配了高、低速两副链条，使得链条箱内的内侧面间隙很小，而链条箱内侧的两圈固定螺栓较长。在新机使用一段时间后，链条必然有一定程度的松旷，此后链条在换挡转换及高速运转时，由于链条抖动较大，致使靠近链条箱内侧的低速链条的每节链条较长一侧的活头与链条箱内侧面的固定螺栓尾部相摩擦，导致刺耳声音发出。

2.2 判断出了故障原因，修理工于是将低速链条反装，即链条活头一侧向外，试运转后，刮碰声音消失，修井机恢复工作。一星期之后，修理人员又来到作业现场复查，发现低速链条活头上的开口销磨断了不少。反复查找原因，最后发现是安装在小链轮轴上的高、低速转换拨叉上的立筋在摩擦开口销，修理工拆下拨叉，用手砂轮把立筋磨去一点，重新装配，更换、补齐活头处的开口销，清理油底壳被磨断的碎销，按油窗指示更换新润滑油，后故障未再发生。

3 故障原因分类

厂家设计原因。该修井机的链条箱宽度太小，使得靠近链条箱内侧的低速链条的每节链条较长一侧的活头与链条箱内侧面的固定螺栓尾部相摩擦。

4 故障教训

设备发生故障应及时停机，查找原因，防止损失加大。

5 防范措施

5.1 将低速链条反装，即链条活头一侧向外，增大低速链条与链条箱内侧面的固定螺栓尾部间隙，同时将小链轮轴上的高、低速转换拨叉上的立筋用砂轮磨去一点。

5.2 将这两台修井机的故障情况及时反馈给厂家相关人员，一是建议链条箱宽度加大20mm，二是把链条箱内侧的固定螺栓由六方螺栓改为沉头螺栓，从而避免类似故障的再次发生。

CAT3412 发动机缸体被击穿报废事故

1　故障概况及经过

某 ZJ20 型钻修机，已累计工作运转 9900h，动力采用的是 CAT3412 发动机；在某井上施工中，小班司机按照冬季操作规程，检查完油、水、电后，正常启动发动机怠速预热跑温，大约 5min 后，突然听到发动机发出剧烈的异常响声，并发现发动机一侧有大量机油喷出，发动机缸体已被打出了一个洞(第 7 缸中下部、靠机油尺处)，立即紧急熄火停机。缸体被打破，如图 1 所示。

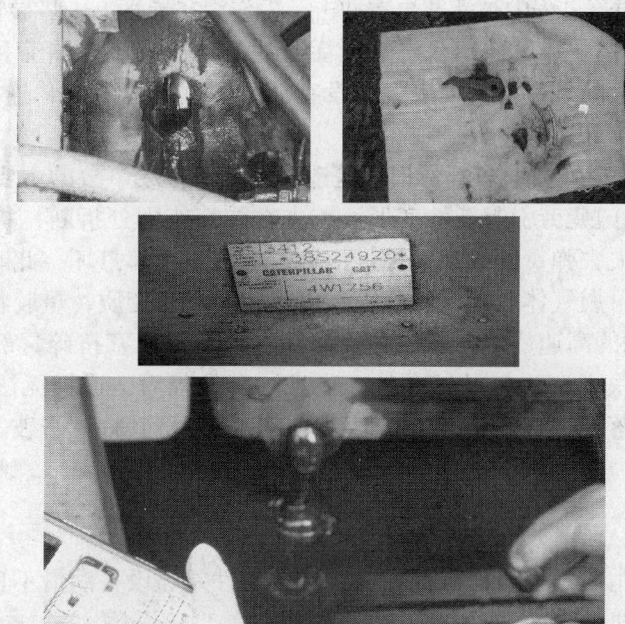

图 1　缸体被打破

联系供货商，将事故发动机送修，经逐项解体分析发现：

(1) 机油杂质多，变稠。

(2) 拆下第 7、8 缸的连杆瓦未见异常。

(3) 拆下第 8 缸连杆时，小头端只剩靠向一边的活塞销，未见活塞。

(4) 卸下油底壳发现，内有大量活塞残渣及其他异物：

(5) 拆开气门室未见第 8 缸排气门，只见残缺的第 8 缸排气门导管、气门弹簧 1 只、上弹簧座圈内残留约 10mm 长的气门杆头。

(6) 将单、双排缸的首尾，分别盘车至上止点，用百分表检测曲轴的弯曲度，其值(≤6μm)，均在允许范围内。

(7) 第 8 缸连杆弯曲变形。

(8) 偶数缸盖(第 8 缸气门座孔损坏)报废。

2 事故原因及失效机理分析

2.1 由发动机供货商、集成厂家、使用单位三家技术人员到场，对其现状进行共同分析、判断，一致认为，发动机报废，没有修复价值。

2.2 经过对失效部件的检查和分析，依据8#排气门导管断裂和旋阀器受损表象，初步判断失效过程为：

2.2.1 发动机机油黏度大，在气温较低时更加黏稠。发动机润滑不良，轴瓦异常磨损，轴瓦剥离物污染机油。剥落的颗粒随机油运行，可以进入导管内的润滑油油道，造成第8缸排气门回位滞后被上行活塞冲击。活塞冲击该排气门底部部分区域，强大的冲击偏心力作用在导管的底部和顶部，造成气门导管下缘首先脆性撕裂。破裂的导管导向和润滑作用减弱，更容易造成气门回位不畅。再次被冲击时，气门杆锁片凹槽应力集中发生脆断，并冲击导管上缘，使导管上缘受损。气门掉落过程中被活塞再次冲击，力作用在导管上，将导管击出安装位置。

2.2.2 第8缸断掉的排气门落入汽缸受活塞冲击，造成该缸油嘴和其他气门受损。恶性循环造成活塞和缸套断裂，落入油底壳。没有活塞和缸套的限制，连杆在低位倒向一侧，继续运动将缸体外侧击穿。

2.3 本机缸体被击穿破损、多部件损坏是造成发动机报废事故的主要原因：

2.3.1 由于排气门疲劳引起塑性变形，首先在弹簧座圈处折断，将此缸排气门导管挤坏，排气门无导向和失去弹簧的约束，掉进汽缸，将活塞项部打坏，此时，正置该缸点火作功，瞬间的高温高压可燃气体，窜入油底壳，引起机油炭化变质，呈胶状。

2.3.2 随着曲柄的高速旋转，断掉的气门杆将缸套及活塞挤碎，部分掉进油底壳，残留在连杆上的活塞碎块卡在连杆及缸套处，一旦缸套破碎后，连杆无法正常做上下往复运动，至致活塞全部脱落，裸露的活塞销，歪倒向一侧，故将其缸体击破。

3 故障原因分类

该事故的原因是由于发动机润滑油黏度大、流动性差、设备润滑不良导致排气门折断而引起打破汽缸体，属机械事故。

4 故障教训

4.1 设备管理和操作人员新，现场经验少，缺乏必要的油水润滑知识。

4.2 井上作业现场油水化验设备和更换油设备欠缺、过于简陋，容易产生油品的二次污染。

5 防范措施

5.1 加强设备油水管理，实行主要关键设备油水重点监控。

5.2 针对本次事故出现的问题，加强对所有类似设备操作和管理人员的培训教育。

5.3 引进油水润滑车，便于作业设备井上油水化验监测和更换油品。

XT－12通井机最终减速(传动)装置异响故障

1 故障概况及经过

某XT－12型通井机，在施工作业转场时，发现最终减速(传动)装置发生异响，由于井位边远，设备无法及时转回检修，故继续坚持施工作业。作业完毕后转回修理厂解体检查，发现最终减速(传动)装置内润滑油变质、缺失，内部零件锈蚀严重，圆锥滚子轴承弹架及滚柱散落，轴承壳、半轴磨损严重，无法继续使用。见图1。

图1 减速(传动)装置内部损坏情况

2 事故原因及失效机理分析

2.1 造成该起故障的主要原因，是由于最终减速(传动)装置内润滑油变质、缺失，导致轴承长期处于无润滑状态，过度磨损后轴承弹架损坏，滚柱脱落，轴承壳、半轴等部件的磨损报废。

2.2 设计问题：该装置设计有润滑油检查油尺，但检查油尺设计在车架后桥紧靠大梁的位置，再加上履带板的遮挡，平时如果不拆除履带板及链轨，根本无法检查。在现场只有通过加油口及放油塞这两个部位来检查，检查结果不准确。

2.3 维护保养问题：设备回场检查时，由于难以检查该装置，故往往忽略对该装置的检查。

2.4 操作问题：由于该设备在边远井施工，无法及时转回修理厂检修，坚持带“病”作业，致使故障进一步加剧。

3 故障教训

3.1 通过该起故障，使我们充分认识到日常检查及回场检查的重要性，只要平时加强日常、回场检查工作，就可以及早发现该部位润滑油的缺失并及时补充，完全可以避免该故障的发生。

3.2 带“病”作业致使故障进一步加剧。

4 防范措施

4.1 技术改进：在最终减速(传动)装置齿轮罩上方便操作的地方，根据润滑油位情况，重新开设一个油位检视孔(见图2)，这样，方便管理人员定期检查该部位的润滑情况。

图2 油位检视孔

4.2 加强维护、保养工作，尤其是回场检查，要严格按巡回检查点进行检查，不放过每个部位。

4.3 出现问题的设备，及时返回修理厂检修，不带“病”工作，避免故障加剧。

拖车拖出新故障

1 故障概况及经过

某作业队一台罐车在井场施工，BF1015 发动机出现故障，现场不具备修复条件，决定拖回修理厂进行修理。解除各刹车分泵制动后，经过 1.5h 将车辆拖回修理厂，排除发动机故障后启动试车，发动机运转正常。挂挡后变速箱异响，解体变速箱发现输出轴定位轴承及输出轴 3、4 档滚柱轴承损坏，并造成部分齿轮因磨料磨损而损坏。

2 事故原因及失效机理分析

该车为北奔 2629 车型，其变速箱型号为 5S111GP，润滑方式分为组合式，一种为齿轮飞溅润滑，一种为输入轴带动液力泵强制润滑。该变速箱损坏是因为，在拖车过程中未解除传动轴与变速箱的连接，车轮带动传动轴运转，传动轴带动变速箱输出轴运转，由于故障车距离修理厂较远发动机出现故障，无法带动在输入轴上的液力泵正常运转，变速箱长时间得不到压力润滑，同时由于输出轴处于悬浮旋转状态，变速箱内无齿轮旋转，也就没有飞溅润滑，导致变速箱输出轴的所有轴承(包括各选档齿轮的滚柱轴承)完全得不到有效润滑，致使其损坏。由于修理人员未解除传动轴与变速箱的连接，导致变速箱内部旋转件得不到有效润滑，变速箱部分部件损坏，车辆出现新故障，加大了维修工作量和维修周期，提高了维修成本。

3 故障原因分类

操作问题。

4 故障教训

对同类变速箱润滑方式的车型车辆，若发动机故障，无法运转，需拖车拖回的，需先解除传动轴与变速箱的连接，避免由于维修操作问题，造成变速箱故障。

5 防范措施

5.1 维修施工前做好设备故障分析，对需拖运设备在拖运过程中可能存在风险进行的评估，并做好防范措施。

5.2 加强修理人员对北奔 2629 等车型车辆工作原理及机械结构的学习培训。

5.3 加强员工的安全意识和质量意识，确保维修施工质量。

360K 液氮泵车双联齿轮泵损坏事故分析

1 故障概况及经过

1.1 某360K液氮泵车，加拿大海德瑞公司生产，2008年9月引进，2008年10月投入使用。

1.2 2011年6月，该车岗位责任人发现该车车台齿轮箱通气孔冒油及其箱体冒烟，齿轮箱驱动的双联齿轮泵有异常响声，并对该车实行了紧急停车。

1.3 经过对该车液压系统检查，液压油及滤芯内含有大量金属颗粒，双联齿轮泵经解体发现其轴承散架、轮齿齿面磨损严重、齿轮轴变形等，对此进行更换处理后，最终恢复了正常使用。

双联齿轮泵装配位置、齿轮轴见图1。

图1 双联齿轮泵装配位置、齿轮轴

2 故障原因及失效机理分析

2.1 出厂设计工作压力偏高是导致该泵损坏的主要原因，该泵损坏又导致油封失效，从而向齿轮箱窜油。该双联齿轮泵为美国泊姆克公司生产，其型号为 P5100B067JNNC20－6M，额定压力为2500psi(1psi＝6895Pa)。该双联齿轮泵分别给冷却液驱动离心泵、增压泵的马达输出动力，出厂设计的工作压力分别为2500psi、1200psi，前者设计的压力偏高，因此给其调低，并结合使用情况降低到1500psi，满足了工作需要。

油压显示见图2。

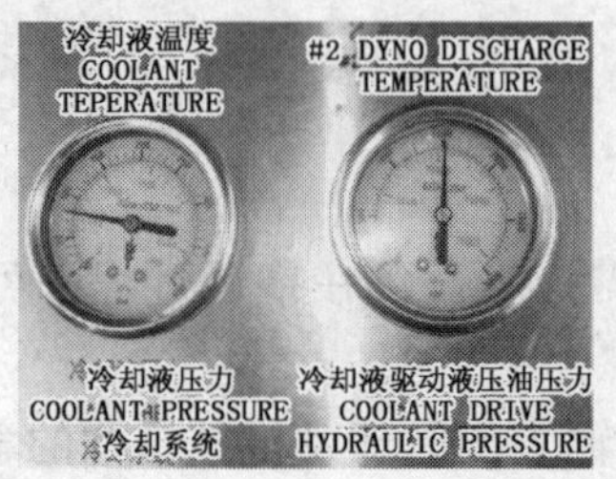

图2 油压显示

2.2　在实际使用时，仅仅调低工作压力是不够的，将会导致液压油温度的异常升高，很容易达到80℃以上，给液压系统带来新的隐患和不稳定因素。因此还需要将液压油与冷却液、车台发动机尾气与冷却液等热交换进行调节，使其液压油温保持在45～60℃，保持最佳的使用性能。

3　故障原因分类

设计问题。

4　故障教训

4.1　设计不合理，在保修期内该车也因冷却液驱动液压油压力不足而更换一台双联齿轮泵，但外方人员将旧泵带回，我方人员无法了解具体情况。第一次故障没有及时查明原因，为后面的故障埋下隐患。

4.2　经济损失：更换双联齿轮泵、液压油及滤芯等费用达数万元。

5　防范措施

对所引进的设备技术要及时消化，对存在的问题及时发现处理，从而避免更大的损失。

2000型压裂车大泵润滑油压力波动故障分析

1 故障概况及经过

2008年11月底，正在某气田进行压裂施工作业的1台新2000型压裂车，突然出现大泵动力端润滑油压力异常现象。

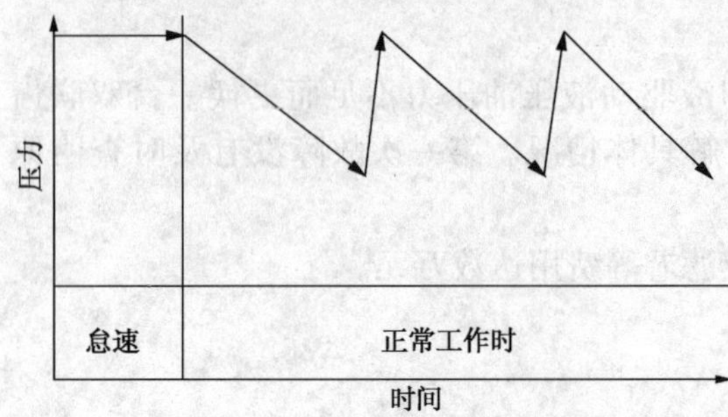

图1 压力随时间变化示意图

1.1 检查发现：压裂车车台发动机在怠速运转时油压稳定，当发动机提到额定转速时，大泵动力端润滑油压力出现异常，油压从最大值1.2MPa缓慢降低至0.3MPa，后迅速升高至1.2MPa，如此反复循环。见图1。因为所显示油压最低值尚大于说明书规定的大泵油压最低值，故该车施工中未停机。

1.2 故障处理：施工结束后，迅速将该车大泵润滑油全部放出，并拆解润滑油泵吸油滤清器，拆解齿轮油滤清器滤芯时发现，滤芯内侧吸附着大量油箱内壁脱落的油漆皮，彻底清理油漆皮后重新安装，经试车，油压稳定正常。

2 故障原因及失效机理分析

油漆皮堵塞了滤清器滤芯，导致大泵动力端油泵供油不畅。发动机怠速运转时，油泵转速低，堵塞的油滤器过油量尚能满足油泵泵送量，转速升高后，堵塞的油滤器则无法满足油泵的泵送量。

3 故障原因分类

制造工艺质量问题。

4 故障教训

加强设备监造。操作工及时发现问题并及时排除故障，未形成事故和损失。若未及时发现并及时处理，将会造成整个大泵的损坏，形成责任事故。

5 防范措施

操作人员时刻检查设备的运转状况，及时发现异常情况，根据情况判断做出停机处理。

DLS－CPSIC 型隔爆箱故障分析

1　故障概况及经过

DLS－CPSIC 型设备录井过程中，仪器瞬间断电，检查发现隔爆箱内(图 1)正压防爆系统供电的开关(稳压)电源模块烧坏，使系统错误判断井场为危险状态，使正压防爆功能不能开启，导致强制切断电源，仪器设备无法供电。

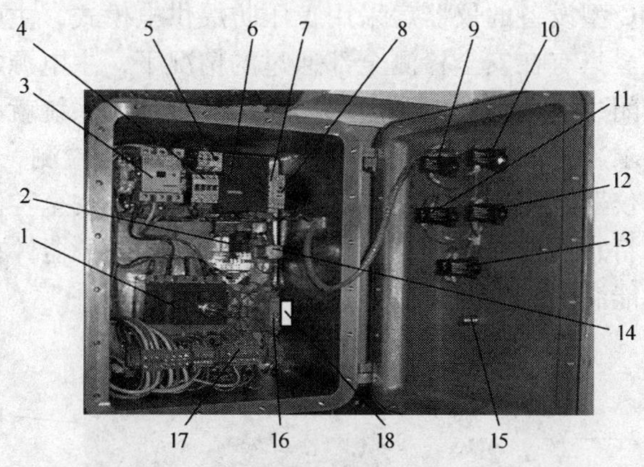

图 1　隔爆箱内部结构

1—空气开关；2—报警设置板；3—交流接触器 2(主电源)；4—交流接触器 1；5—热继电器；6—开关(稳压)电源；7—时间继电器 1；8—时间糎电器 2；9—风机指示灯；10—电源指示灯；11—启动按钮；12—风机停止按钮；13—系统开关；14—继电器；15—空气开关操作杆；16—隔离栅；17—接线端子；18—电压继电器

2　故障原因及失效机理分析

2.1　故障原因

经检查分析，认为主要原因是外部供电系统：工业网电电源不稳引起的。次要原因是，损坏的稳压电源模块及设备设施的特殊性；图 2 说明，它们都是直接接入电网，并对供电电压要求具有一定的指标。如隔爆的开关(稳压)供电开关模块，它必须要接入仪器使用电源的最前端，从而控制仪器房正压防爆的有效性，确保仪器房出现紧急情况时从外部切断电源。开关(稳压)供电电源模块本身指标(220V ±20V)的抗压能力，原理设计只是针对现场发电机设备的使用，却无法抵御这种来自工业网电供电大幅度的波动，从而导致模块烧毁。而电动脱气器中使用的三相电机，本身功率就不大(0. 75kW)，抗干扰能力相对较弱，再加上电压不稳定，三相电波动的不均衡性，导致电机烧毁。

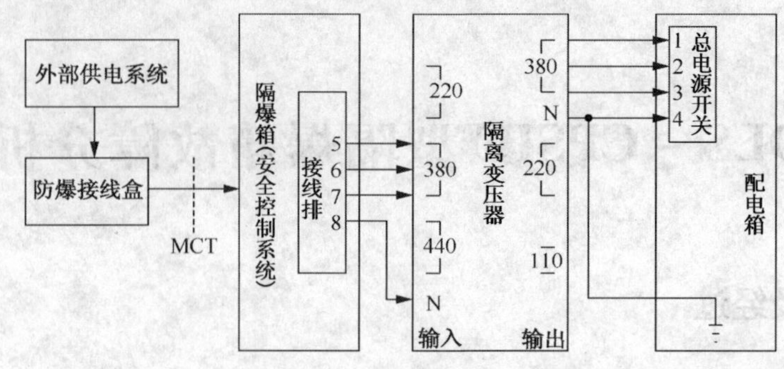

图2 供电系统流程图

2.2 失效机理

2.2.1 DLS－CPSIC 型设备的仪器房采用正压防爆供电模式，主电源的通断在隔爆箱里受安全控制系统的控制。只有在安全检测全部通过的情况下，主电源才能导通，并且一旦发现异常，系统将自动关闭主电源。主电源启动之前，安全控制系统就必须开始工作，而此时仪器还没有达到防爆要求，所以安全控制的各项指标通过系统检测，主电源开始自动启动，仪器房设备正常供电；仪器房正压防爆功能实现。图1说明：安全控制系统大部分元件本身不具备防爆功能，所以将它们放在隔爆箱(图3)，即使这些电子器件在工作中产生火花也不会波及到隔爆箱外，就能满足仪器房整体防爆的要求。

图3 隔爆箱面板图

1—风机指示灯；2—电源指示灯；3—风机停止按钮；4—启动按钮；5—系统关开；6—主开关

2.2.2 在安全控制系统中，隔爆箱内开关(稳压)电源是在控制气体检测部分的工作电源(24UDC)；开关(稳压)电源的功能：将输入的220V±20V的交流电源稳定为24VDC输出，作为安全控制系统的工作电源。如图4所示，开关电源启动后，电源指示灯(Power)亮(图3)。

注：主开关是一个三相加一地80A的空气开关，外部供电系统经防爆接线盒输入到主开关。它是仪器所有电源的总开关，并对总电源进行短路保护。

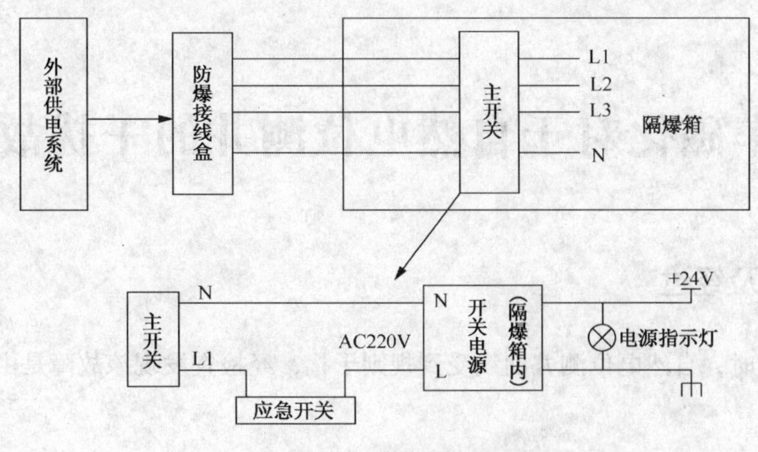

图4 开关电源供电流程图

3 故障原因分类

3.1 施工质量问题

施工井队使用的外部供电没有经过进行二次稳频稳压处理，是不稳定的外部供电系统；先期没能按合同要求为录井设备提供合格的供电电源，设备发生故障后，未能及时安装稳压设备；

3.2 设备设计问题

电源设计上没能充分考虑到使用工业电网的特殊情况(电压波动大，超出设计范围)，防爆稳压模块不能受到电源稳压器及 UPS 电源的保护，需要在电路电源设计上进行更新与改良，是故障发生的次要原因。

4 故障教训

施工方出于节约成本和地理方面的特殊优势，由井场自发电(发电机供电)改为工业网电供电，使用初期，施工井队的电器设备及录井仪器设备自身的稳压性、耐压性可以支持，但设备运转存在着潜在的风险。没有做针对性的风险评估，没有考虑到天气因素，低估了井深的增加使用电量暴增所带来的供电电压巨大波动，造成施工中运转电器的烧坏，给生产施工带来了一定的影响，同时也带来了一定经济损失。其次，处理方法要紧贴现实与现况，要及时从根本上解决问题。

5 防范措施

生产施工单位要总结经验、吸取教训，完善应急预案，加强设备安全防护管理及安全防护设备设施的利用；目前所有综合录井设备的施工，对于外部供电使用工业网电或不能提供稳定供电的施工钻井队，进行录井施工前落实施工井队是否有稳压设备；如果没有，为了录井设备的安全运转，就需要完善配备，加强防护设施的使用。

测井绞车磁化对于自然电位测井的干扰故障分析

1　故障概况及经过

在测井施工时，自然电位测井曲线受到规则干扰，经检查发现该故障是由于由于测井绞车磁化引起的。

2　故障原因及失效机理分析

2.1　在自然电位测井过程中，发现有许多与地层自然电位无关的因素影响自然电位测井曲线形态，这些因素统称为自然电位测井曲线的干扰。绞车磁化引起自然电位测井曲线干扰的原因之一，测井电缆绕在滚筒上相当于一个大线圈，当绞车滚筒刹车盘被磁化后，就相当于在滚筒旁放了个磁铁，当绞车滚筒转动时电缆切割磁力线，在电缆中产生感应电动势，感应电动势通过自然电位测井通道对其产生干扰。

在测井过程中，随着电缆在井中上提，缠绕在滚筒上电缆圈的周长由小变大，自然电位测井曲线上干扰波变化的周期也由小变大(见图1)。通过自然电位测井曲线的干扰现象特点总结为：①干扰和滚筒的转动有关；②干扰和缠绕在滚筒上电缆圈的周长有关。我们利用验磁器对测井绞车的磁化部位进行排查，绞车滚筒是无磁钢做的，验磁器检查未发现磁化现象，而查到绞车滚筒刹车盘时，验磁器显示出强烈的磁化现象，因而判断，自然电位测井曲线的周期性的干扰来自刹车盘的磁化。

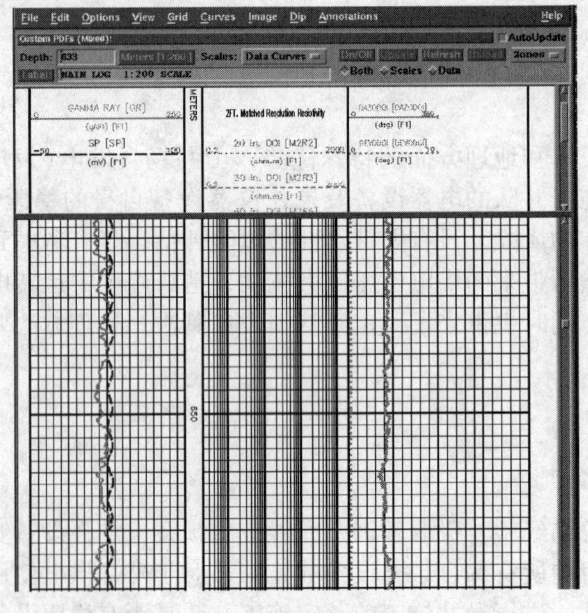

图1　磁化对于自然电位测井的干扰

为了验证上述观点，我们还对该现象在地面进行模拟。具体模拟方法如下：将电缆的七芯通过电缆铠皮与 N 电极连接在一起，以恒定的速度转动滚筒，地面系统采取时间驱动，显示屏上测出的自然电位测井曲线呈规则的正弦波(见图2)。

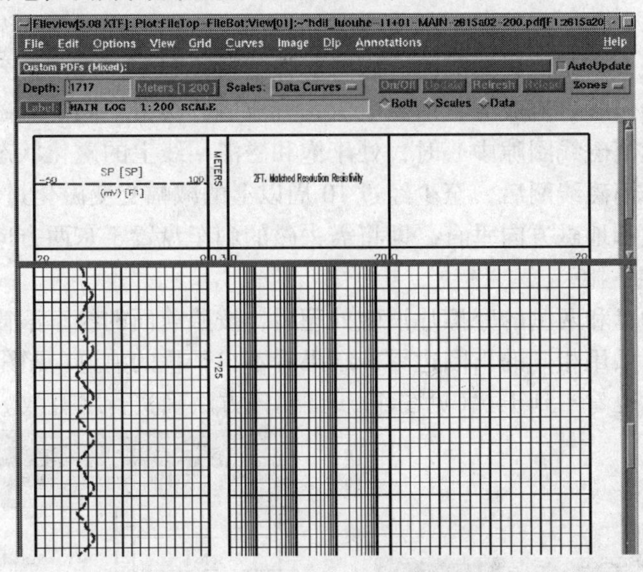

图2　消磁前干扰的地面模拟

2.2　绞车磁化的原因分析

绞车滚筒是以无磁钢为原材料制作而成的，但绞车仍旧会被磁化。这是因为许多附件并非无磁钢做成的，其中刹车制动盘和摩擦片极易被磁化。通过实践我们发现有以下几种情况会导致测井绞车附件的磁化。

2.2.1　停车习惯。现在各单位在管理上要求每当测井车回到单位要按规定位置、规定朝向停放车辆。良好的停车习惯使得滚筒长期处于同一方向的地球磁场的影响。久而久之，就会导致非无磁钢附件的磁化。

2.2.2　滚筒制动盘的两侧装有摩擦片，刹车时摩擦片压向制动盘发生摩擦制动，迫使滚筒减速直至停下来。这个过程中，摩擦片压盘和制动盘发热，产生了粉末。在实验过程中，发现铁块磨成粉末状后带有磁性，当粉末吸附在刹车盘上或其他铁质物体上，便使其带有了磁性。测井绞车上有些附件属于铁磁质，当有外磁场时，则其内自发的磁化方向和外场相近的磁畴将因外场的作用而扩大。外磁场场强继续增强到一定值时，磁畴界壁就以相当快的速度跳跃移动，直到自发磁场方向和外场方向相同，磁化达到饱和，材料呈现磁性，离开磁场时就会带有磁性，而且铁的矫顽力随温度升高而下降，当铁块磨成粉末时会产生大量热，使粉末温度很高，其矫顽力很小，很容易被地磁场磁化。随后其温度降低，其磁性被保留下来，就具有了磁性，它就能吸引其他铁磁质。

2.2.3　消磁方法

依据磁化原理，可以通过以下三种方法对铁磁质进行消磁，如电磁振荡法消磁主要是依据铁磁质磁化原理及材料磁化特性曲线和磁滞回线理论确定的消磁方法。另外两种方法是振动和加热，促进磁畴的运动，使之呈杂乱无章的顺序排列而达到去磁的目的。

电磁振荡消磁法优于振动和加热消磁法，更具有实用性和可操作性。我们采用电磁振荡法消磁(零消磁)：在消磁线圈中通以一个振荡频率较高、幅度较大的等幅交流电流。将消磁线圈放在刹车盘磁化的部位，当刹车盘转动时，首先受到一个逐渐增幅的交变磁场作用，不管原来的剩磁是多大，在磁性体到达消磁线圈时，其磁感应强度都沿最大磁滞回线变化。离开中心后，磁性体开始受逐渐减幅的交变磁场作用，磁感应强度沿逐渐缩小的磁滞回线变化。最后，磁性体完全离开消磁线圈时，磁感应强度减小到零。为了达到良好的消磁，对消磁电流要求：①不能包含直流成分，消磁电流含直流成分会留下固定剩磁；②幅度必须足够大，确保磁性体到达消磁线圈隙中心时，处于饱和磁滞回线上的磁化状态；③频率必须足够高，确保磁性体离开消磁线圈后，至少经过 10 周以上的减幅交变磁化过程。同时还要注意，消磁线圈的设置必须和地磁方向垂直，即将需去磁的刹车盘置于东西方向。

2.2.4　消磁效果

通过对滚筒制动盘和两侧的摩擦片消磁处理后，按照前面的绞车滚筒刹车盘磁化地面模拟方法进行了验证，采用相同的出图边界，结果看不出干扰的痕迹(见图 3)。实际测井的自然电位测井曲线上，也看不到干扰(见图 4)。证明该方法确实行之有效。

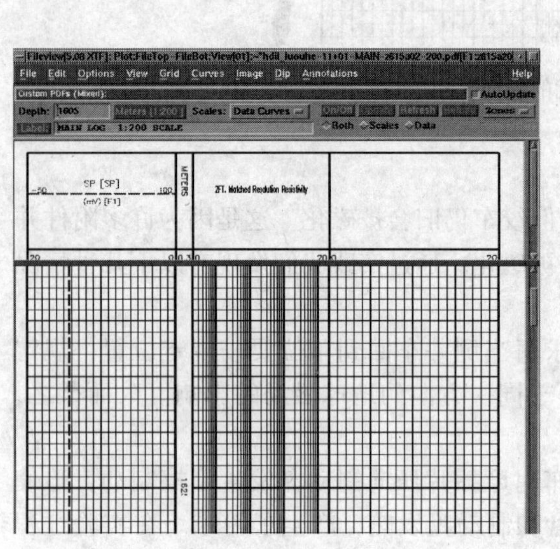

图 3　消磁后干扰的地面模拟

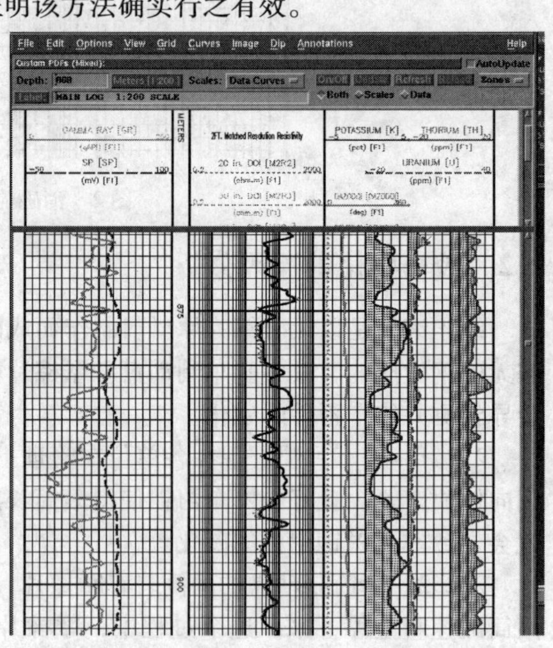

图 4　消磁处理后的测井曲线

3　故障原因分类

制造质量、维护保养问题。

4　故障教训

由于干扰现象会使自然电位测井曲线失真，不能反映地层的真实情况，至少降低了自然电位测井曲线的使用效果，甚至导致错误解释，因此，对自然电位测井曲线的干扰要正确判别并消除。

5 防范措施

5.1 为了避免测井绞车的磁化，建议经常改变测井绞车的的停车方向；

5.2 定期对于滚筒制动盘和两侧的摩擦片进行消磁处理；

5.3 对于磁化较为严重的部位，可以采取延长消磁的时间以及加大消磁电流的方法。

固井水泥车传动轴断裂、油管爆裂事故

1　故障概况及经过

某油层固井施工现场，由 2 辆 5227TSN 型固井水泥车施工，其中苏 KU×××0 固井水泥车进行注水泥作业，在注入常规水泥浆 6.5m^3时，前车取力器传动轴突然断裂，混浆系统失去动力，固井施工被迫中断。随后该队立即启动固井施工应急预案，更换备用车苏 KU×××8 固井水泥车继续作业，在准备注水泥浆进行混浆作业时，液压马达液压油管突然爆裂，液压系统失去动力，无法施工。后由钻井队洗出注入的水泥浆，建立循环等待修复损坏设备，直至 19:00 车辆修复后，施工中断 11h。

2　事故原因及失效机理分析

两辆固井水泥车均为 2006 年 3 月购置，该车混浆系统的离心泵由液压系统驱动，液压系统分别从底盘分动箱、底盘变速箱以及车台传动箱的上取力器驱动。固井作业时，底盘发动机工作，底盘分动箱通过传动轴驱动 1 台双联泵，用于驱动喷油泵（马达）和搅拌，底盘变速箱通过传动轴驱动 1 台双联泵用于驱动循环泵马达和下灰油缸，一旦传动轴损坏断裂，混浆系统就无法工作，固井施工中断。两辆车的底盘均为北方奔驰底盘，根据《北方奔驰汽车保修手册》中“传动轴：每周一次在万向节十字轴承加注润滑脂，伸缩套上涂二硫化钼润滑脂”规定，苏 KU×××0 固井水泥车的设备操作人员未按规定及时加油润滑油脂，导致传动轴润滑不够，承受负荷较大，温度过高断裂。断裂部位万向节表面发蓝，有明显干磨、烧蚀现象。

苏 KU×××8 固井水泥车的设备操作人员未按公司制定的《固井作业设备检查表》中固井设备检查项目第 15 项“各部连接装置是否正常”的规定检查，未发现苏 KU×××8 固井水泥车液压油管固定索带因长时间停车野外、高温日晒而引起的老化断裂，导致液压油管脱落与底盘传动轴过度摩擦爆裂。

设备操作人员日常保养不到位，施工前未按《固井作业设备检查表》的要求对设备认真进行预、复检检查是此次设备事故发生的主要原因。

3　故障原因分类

维护保养问题。

4　故障教训

该起事故导致固井施工不连续，中断 11h，若不是钻井队循环出注入的水泥浆，建立循环等待设备恢复施工，将会发生严重的工程质量事故，造成较大的经济损失。

5 防范措施

加强员工的责任意识，认真学习维护保养规定和《固井作业设备检查表》，按要求进行设备维护保养和检查，改变索带材质或定时检查更换，装备部门加强监督检查，防患于未然。

固井水泥车传动轴两次断裂事故

1　故障概况及经过

某公司于2008年12月30日购置5340TSN双机双泵固井水泥车1辆，2009年1月11日在新疆工区投入使用，先后参加了五个井次的固井施工任务，累计工作16h，注入水泥量350m^3。2009年3月6日，该车参加TK141H井技套固井施工作业，经检查试车正常后进行注水泥浆作业。在正常作业55min注入水泥浆72m^3时，前车取力器传动轴万向节突然断裂，导致后车清水泵、循环泵、灌注泵失去动力，固井施工中断，变速箱上部被飞出的十字轴万向节砸了一个小坑。车辆由制造厂家新疆维修站检修，由于厂方暂无十字轴，新疆维修站在当地购买北京212十字轴更换后修复。

2009年5月11日，该车在AT5-2井13⅜″技术套管施工中正常注水泥作业110min（注入水泥浆132m^3）时，前车取力器传动轴万向节又突然断裂，导致后车清水泵、循环泵、灌注泵失去动力，混浆槽出现干灰，密度仪、各路管汇及增压、循环泵堵塞；传动箱感应器外接电线外皮烧化，电线裸露；变速箱上部原来损坏部位的凹陷扩大。按照应急操作规程，通过供水管路对密度仪进行反洗。由于水泥浆堵塞严重，无法建立循环，迫使加压冲洗，在密度仪顶通过程中清水泵外壳出现破裂，清水泵损坏无法使用，施工中断。后经与厂方沟通同意返厂修复，后返厂修复后正常使用。

2　事故原因及失效机理分析

根据两次设备损坏情况，分析如下。

传动轴设计参数如表1。

表1　传动轴参数

额定扭距	2500N·m	传动轴长度	760mm
允许角度	≤25°	角度	7°

而实际传动轴安装尺寸：

长度：第1次560mm；第2次595mm，角度为8.95°。

传动轴断裂时的扭距计算如下：

灌注循环泵Mission6×5，$N_1=67kW$

供水喷射泵Mission4×3，$N_2=55kW$

$N=67\times2+55\times2=244kW$

$n=1200\times1.48=1766r/min$（断裂时工作转速）

$Me=9549\times N/n=9549\times244\div1766=1319N\cdot m<2500N\cdot m$

结论：传动轴扭距和夹角均满足要求。

原因分析：第一次断裂时传动轴实际长度560mm，第二次传动轴实际长度595mm，与设计尺寸760mm相差极大，该传动轴的伸缩量为±40mm，所以伸缩量已到极限，传动轴的长度是两次传动轴万向节断裂的主要原因。

虽然传动轴扭距和夹角能满足要求，但实际角度8.95°与设计要求的7°仍有不小差距，对传动轴的使用有影响，是两次传动轴万向节断裂的次要原因。

3 故障原因分类

制造质量问题。

4 故障教训

该两起传动轴万向节断裂事故，导致固井施工不连续，对固井工程质量造成一定影响。

5 防范措施

外部加强与制造厂家沟通，要求增加传动轴长度，减小夹角，符合设计要求；内部加强设备监造工作，保证设备本质安全，对设备细检查勤保养，定期演练设备突发事故(件)应急预案，防患与未然。

机油滤清器质量问题引起机油压力低故障

1　故障概况及经过

XT12B 型履带式通井机是各油田作业队的主要设备之一，它与固定井架配合使用，能够完成起、下管柱，抽汲提捞等作业。它装配了 6135AK－6 型柴油机，由于该柴油机具有优良的动力性、经济性和使用寿命长、操作保养方便等优点，在各油田得到广泛应用。然而该种柴油机经过修理或保养，易引发机油压力低故障。因此，分析该种发动机机油压力低故障很有必要，对使用该种通井机的和人员都有一定的借鉴作用。

1.1　故障发生经过

某通井机的柴油机由于机油离心转子轴向间隙过大，转子滤清器工作时发出较大的噪音。为了提高机油过滤效果和降低噪音，修理人员更换了新的机油滤清器总成。启动柴油机后，机油压力达到 0.5MPa，加速运转后机油压力突然下降为零。由于在此情况下如果继续运转就可能发生柴油机烧瓦事故，因此维护人员立即停机并查找故障原因。

查找故障原因时遵循“先简后繁，先易后难，先表后里，按系分段”的原则。修理人员首先检查油底壳机油油位，机油的黏度，机油是否进水乳化，机油管线无破裂，既无外漏也无内漏，检查结果均未发现任何问题。然后调节机油压力调节阀，清洗了机油滤清器，启动柴油机后机油压力还是和以前一样压力为零。后来又在通井机底盘下打开柴油机油底壳更换了机油泵总成，可启动柴油机后机油压力和换机油泵前一样没有任何改观。

由于是更换了新机油滤清器总成后才出现的故障。修理人员根据工作经验想到可能是安装时出了问题。于是从机体上拆下新安装的机油滤清器总成，检查发现机油滤清器与机体接合面之间密封用的纸垫刺坏。纸垫刺坏后，机油泵泵出的机油几乎全部从这里流回了油底壳。

只有查明密封垫片刺坏的原因，才能彻底排除柴油机机油压力低的故障，修理人员又将新、旧机油滤清器进行了比对，结果发现旧机油滤清器总成的鼻梁处较宽而且平整，而新机油滤清器进油孔与回油口之间的鼻梁处很窄，且鼻梁不平整一边高一边低，使得密封纸垫有效密封宽度变窄。在加速运转时，机油压力增大刺坏了密封垫片，使得进油孔和回油口直接串通。机油泵泵出的机油大部分从这里流回油底壳，流入主油道的机油较少，形成不了机油压力。机油滤清器进油孔与回油口位置关系如图 1 所示。

1.2　故障处理过程

查明故障原因后，将新、旧两只滤清器进行了重新组合，把新精滤器转子和转子轴拆下来安装到旧机油滤清器壳体上，组成一个机油滤清器总成。换用密封垫片重新安装好机油滤清器总成后，起动柴油机机油压力维持在 0.25～0.5MPa 之间，机油压力低故障顺利排除。

图 1　机油滤清器进油孔与回油口位置关系

2　事故原因分析

本起柴油机机油压力低故障的原因有二：一是机油滤清器总成不符合设计要求，产品质量存在严重缺陷；二是修理人员的业务水平不高，故障隐患的识别能力不强。修理人员在装配机油滤清器总成前，没有对机油滤清器总成的质量进行认真检查，也未能识别出机油滤清器鼻梁处存在的缺陷对机油压力的影响。

3　故障原因分类

制造质量问题。

4　故障教训

本起故障告诫设备修理人员，要想把设备维护好，不仅要掌握基本的维护技能，还要熟练掌握柴油机各系统的工作原理，更要打破迷信新配件质量的习惯思维。

在排除故障时一定要遵循“由表及里，先易后难”的原则，否则不仅不能排除故障，还会多做无用功，甚至因盲目拆卸引起新的故障。在本起故障中，先更换机油泵后拆检机油滤清器总成，不但未能排除故障，还多吃了好多苦头。由于通井机底部空间受限，油底壳不能全部抽出来，拆装机油泵非常困难，而且安装油底壳垫片时，只能把垫片撕开一个口子才能安装上去。在后来的使用中，这个地方还向外渗机油。

5　防范措施

6135 柴油机配件的商家虽然较多，但配件质量却良莠不齐，这就需要设备维护人员在日常工作中练就一双“火眼金睛”，把好配件质量关。只有把好配件质量关，才能把好修理质量关。

修理人员要努力提高业务水平，努力减少因自身失误而导致设备出现新的故障。

柴油机机油压力异常

XT12B 型履带式通井机是各油田作业队的主要设备之一，它与固定井架配合使用，能够完成起、下管柱，抽汲提捞等作业。它装配了 6135AK－6 型柴油机。由于该柴油机具有优良的动力性、经济性和使用寿命长、操作保养方便等优点，在各油田得到广泛应用。然而该种柴油机经过修理或保养后，易引发机油压力低故障。因此分析该种发动机机油压力低故障很有必要，对使用该种通井机的和人员都有一定的借鉴作用。

实例一：

1　故障概况及经过

有一台通井机的发动机大修后，在常温下冷机启动，机油压力能达到 0.3MPa，随着柴油机水温升高，机油压力逐步下降。当柴油机水温达到工作温度，在标定转速运转时机油压力仅 0.2MPa，怠速运转时机油压力只有 0.05MPa。

故障出现后对柴油机润滑系统进行了检查。首先检查油底壳机油油位是否正常，机油是否稀释，机油是否进水乳化，机油管线是否破裂，检查结果均未发现任何问题。然后调节机油压力调节阀，试图把机油压力调高，可无论怎样调整，机油压力还是保持原样。接着又清洗了机油滤清器，机油粗滤网不脏，离心转子滤芯内油污也不多。启动柴油机机油压力还是和清洗滤清器前一样，没有变化。由于种种原因，暂停了查找机油压力低故障原因。通井机在这种状态下继续使用了好长一段时间，某天，机油滤清器出口到机油冷却器进口的机油胶管突然破裂机油喷溅出来，机油压力表指示为零。为了查明机油管破裂的原因，更换了新胶管，添加了机油，启动柴油机观察机油压力的变化。起动后在怠速状态下机油压力表的指针就指到最大值 0.6MPa。无论怎样调整机油压力，机油压力总是高于标准值。于是停机检查机油压力调压阀，拆下调压阀后发现调压阀弹簧带出一小团棉纱来。把棉纱从调压阀上清除干净，装复调压阀后启动柴油机。拧转调压阀螺杆调整机油压力，机油压力变化明显，调压阀恢复调压功能。将机油压力调至标准值后，柴油机机油压力恢复正常。

2　故障原因分析

维护人员在修理柴油机时，把棉纱留在了机油泵出口到机油滤清器进口之间的油道内。当棉纱卡在调压阀门密封处，机油从阀门与阀座的缝隙流出，经回油孔流回油底壳。由于分流后进入主油道的机油减少，柴油机机油压力降低。当棉纱离开调压阀门与阀座密封面时，调压弹簧在较大的预紧力下(由于油压低，调压螺钉已拧入最深处)，阀门与阀座完全关闭，切断了回油通道。机油泵泵出的机油除了经离心转子喷嘴流回油底壳外，其余机油全部进入主油道，因此机油压力突然变高，导致机油管线破裂。

3 故障原因分类

检修质量问题。

4 故障教训

维护人员在修理和维护柴油机时要高度负责，对每一道工序都要严格把关，不能因自己一时的工作失误，造成意想不到的机油压力低故障。

在排除故障时一定要遵循“由表及里，先易后难”的原则，否则不仅不能排除故障，还会多做无用功，甚至因盲目拆卸引起新的故障。

5 防范措施

修理和保养设备时要严格遵守操作规程，清洗机体和油道时不得使用棉纱，而应该使用毛巾和毛刷，以防堵塞油道。清洗完毕后，还需要用压缩空气吹扫干净，确保油道内无杂物，提高修理质量。

在修理和保养设备时，不仅要有过硬的技术，更要有认真负责的工作态度，尽量减少失误，避免柴油机因维护保养的问题产生新的故障。

实例二：

1 故障概况及经过

一台 XT12B 通井机，发动机在三级保养后出现机油压力低故障。故障出现后对发动机润滑系统进行了检查。当检查到气门摇臂润滑情况时，发现了第三缸进气门摇臂靠近气门的一端向外喷机油。停机后发现摇臂上有一直径 3mm 的油孔，该油孔与摇臂衬套油孔相通，机油从该油孔大量泄漏，导致机油压力降低。

换用 6135AK－6 配套的摇臂，按标准的数值调整好气门间隙，启动发动机机油压力恢复到正常值，机油压力低故障排除。

2 故障原因

故障原因是维护人员用错气门摇臂，错把 12V135 的气门摇臂装在了 6135AK－6 发动机上。12V135 发动机的摇臂带有直径 3mm 的油孔，而 6135AK－6 发动机的摇臂上没有油孔。大量机油从油孔处泄漏，导致发动机机油压力低，如图 1 所示。

3 故障原因分类

检修质量问题。

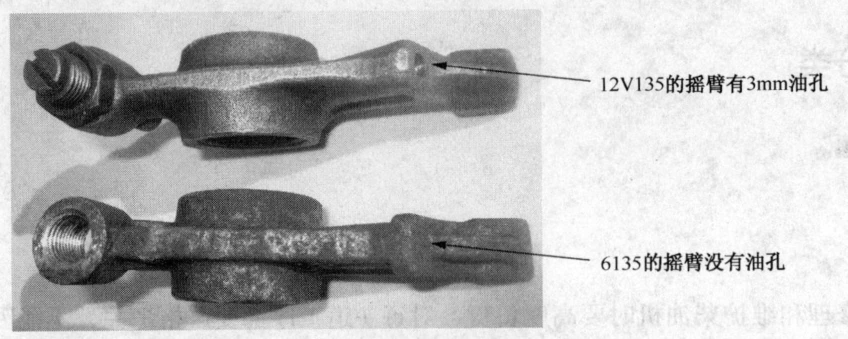

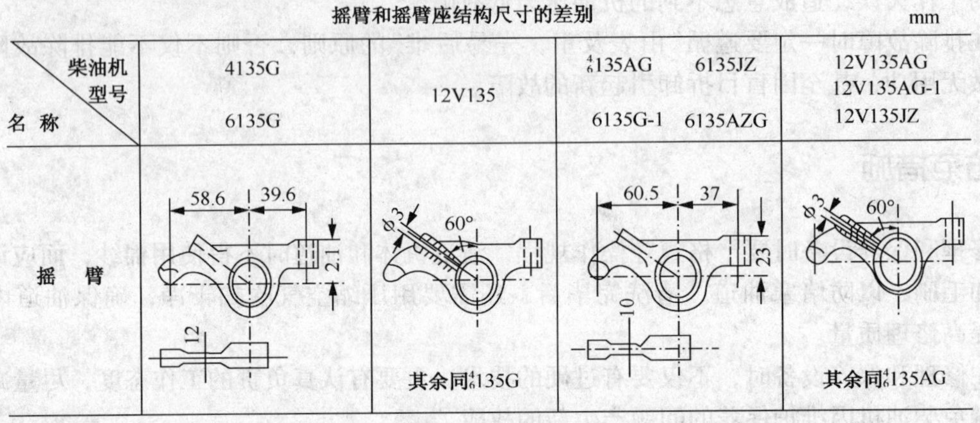

摇臂和摇臂座结构尺寸的差别　　mm

柴油机型号 / 名称	4135G 6135G	12V135	4/6135AG　6135JZ 6135G-1　6135AZG	12V135AG 12V135AG-1 12V135JZ
摇臂	58.6　39.6 21 12	φ3　60° 其余同4/6135G	60.5　37 23 10	φ3　60° 其余同4/6135AG

图 1　12V135 发动机的摇臂与 6135AK－6 发动机的摇臂对比图

4　故障教训

维修人员在选用配件时要认真负责，不能马虎凑合，一定要弄清机器型号、生产厂家、零件特征等。

5　防范措施

135 系列柴油机品种多，生产厂家多，零配件外观差异不大。有条件的要翻阅零件图册，查找到准确的零件号，按零件号购买配件。新配件购买来后还要对比新旧配件在外部形状、尺寸大小等方面是否有差异，确认无误后才能装机使用。没有零件图册的要带着旧配件去购买新配件，便于对比新、旧配件的差异。如有不合格的零配件要坚持不装机使用，避免装机后在使用过程中产生新的故障。

注采设备篇

制、注氮装置高温停机故障分析

1　故障概况及经过

1.1　制氮设备的基本概况

某HY－1200/35－C车载移动集装箱式膜分离制氮、注氮装置（以下简称制、注氮装置），制、注氮装置主要参数为氮气排量1200Nm^3/h，额定注入压力35MPa。制、注氮装置主要由包括空气压缩机组、空气处理系统、冷干机、膜分离制氮系统、氮气压缩机组、控制系统、连接管线等，分别装在制氮撬、增压撬中，空气压缩机、氮气压缩机均由柴油机驱动。此外还配有药剂撬，用于化学药剂注入与计量。

制氮撬用于制氮，由空气压缩机产生压缩的空气经空气处理系统、冷干机处理净化后进入膜分离制氮系统产生氮气，再经增压撬中的氮气压缩机进行增压，与药剂撬注入的药剂在泡沫发生器中混合产生氮气泡沫，再向施工井注入。装置于2008年投产使用，主要用于稠油开采中的注气调剖、氮气辅助蒸汽吞吐、氮气泡沫堵窜及氮气泡沫压水等施工，其后随着工艺需求不断增加，采油厂于2009年又尝试将设备用于稀油井氮气泡沫冲砂、氮气泡沫返排等工艺施工。

1.2　故障的基本概况

制氮空气压缩机自投运以来，在夏季使用时，出现空压机发动机冷却液温度高，经常发生自动保护停机故障，无法正常进行油井制注氮工艺现场施工。

故障出现后，对C18柴油发动机冷却系统进行逐一排查，首先是怀疑冷却器散热翅片脏，对其进行吹扫和清洗，同时检查发动机风扇皮带松紧度，开机后不久发动机依然因冷却液温度高停机；其次是检查、更换冷却液，并增设外部风机对发动机进行辅助冷却，高温自动停机故障依然存在；三是请卡特柴油发动机代理商来现场指导，代理商提出检查冷却水泵、节温器，现场拆卸后检查均未发现异常，说明冷却系统各部件都工作正常。

2　事故原因及失效机理分析

制注氮设备所配套的空气压缩机组是由装置成套厂直接从美国引进的原装成撬设备，机组配有柴油发动机冷却器、空气压缩机润滑油冷却器、柴油发动机中冷器及排出压缩空气冷却器，空气压缩机组结构图如图1所示，发动机冷却流程图如图2所示。

柴油发动机冷却器、空气压缩机润滑油冷却器、柴油发动机中冷器并排置于发动机风扇与排出压缩空气冷却器之间，排出压缩空气冷却器置于最前端下部，这四个冷却器均通过安装在发动机上的风扇抽吸其前面及周边的冷空气进行冷却。实际制注氮施工应用中发动机冷却液温度偏高，在环境温度高的夏季，卡特C18发动机在10:30～16:30期间空气压缩机组

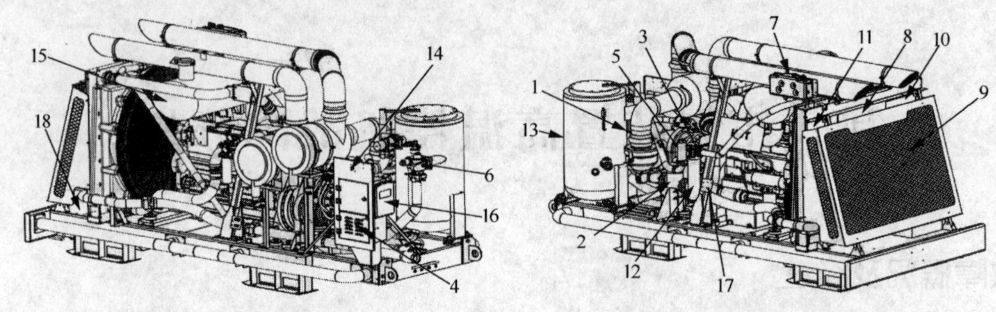

图1　空气压缩机组结构图

1—泄压阀；2—气液分离器；3—恒温旁通阀；4—调节阀；5—润滑油断油阀；
6—排气止回阀；7—发动机冷却液储存箱；8—空压机润滑油冷却器；9—后冷却器；
10—发动机中冷器；11—发动机冷却器；12—压缩机润滑油过滤器；13—油气储罐；
14—急停车；15—发动机消声器；16—说明书外罩；17—电池开关；18—排出压缩空气冷却器

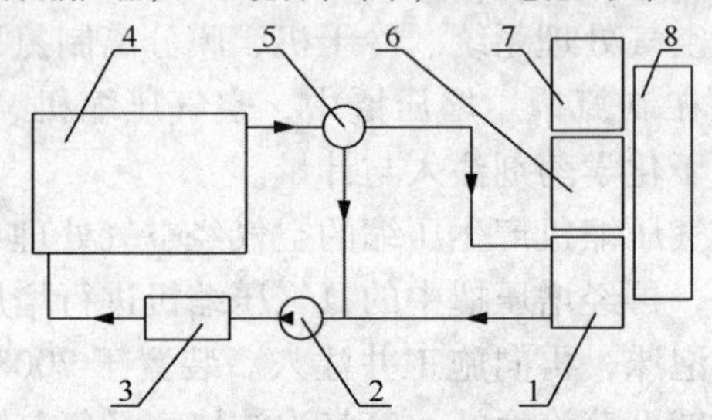

图2　空压机机组冷却系统流程

1—发动机冷却器；2—发动机冷却水泵；3—机油冷却器；4—C18 柴油发动机；
5—节温器；6—空压机润滑油冷却器；7—发动机中冷器；8—排出压缩空气冷却器

运行30min左右因工作温度高而保护停机，影响采油厂注氮井的工艺施工。为此，对发动机冷却系统进行排查，一是清洗冷却器散热翅片；二检查发动机风扇皮带松紧度；三是检查、更换冷却液，并增设外部冷却风机进行辅助冷却；四是检查冷却水泵、节温器均未发现异常，说明冷却系统各部件都工作正常。同时在对油田兄弟单位制注氮设备使用情况调研的基础上，通过分析比较，认为空压机C18发动机冷却系统能力不足，在夏季高温环境中不能满足散热要求，一是设计配套不合理，该柴油发动机冷却器与常规用同型发动机冷却器要小，冷却散热能力先天不足；二是置于其前的排出压缩空气冷却器及侧边的空气压缩机润滑油冷却器、柴油发动机中冷器对其散热冷却不利，影响其冷却散热能。

3　故障原因分类

故障原因在于成套厂设计不合理，对设备的应用环境考虑不足，选型不合理，制造也存在一定问题，设备的使用条件与采油厂的夏季外部施工环境不相适应，设备不能很好地满足夏季施工要求，设备散热能力不足，造成设备温度过高而保护停机。

4　故障教训

设备的使用方在技术要求中必须明确指出工作环境，制造方必须充分考虑设备的应用环境条件，对制、注氮装置中所配置设备设施的相关参数进行必要的设计计算，并做到正确、合理地选型，以确保装置中全部设备都能满足设备使用方的工作环境。

5 防范措施

为使现有制、注氮设备适应夏季高气温的实际工作环境，确保空压机发动机的正常冷却，提高制、注氮装置适应采油厂油井作业冲砂工艺对制注氮的需求，必须采取相应措施，对空气压缩机组C18发动机冷却系统进行改进完善，提高其冷却散热能力，即在不动原C18发动机冷却有水箱结构的基础上，串联一个新的撬装式水散热器，使发动机产生的高温水先通过新的散热器进行散热，降温后的水再进入发动机自带水箱散热器二次散热，使水温进一步降低，满足发动机在高温气候条件下的需求。

具体方案如图3所示，该方案未对发动机原有水箱结构进行改动，新增的外置式冷却散热器9只是通过相应阀门和管线联入原有系统。增设制氮设备外部冷却循环系统，当原发动机冷却系统不能满足散热要求时，只需关闭阀19，打开阀16、17及阀11、13(阀10关闭)，即可实现原有散热器与外置冷却散热器的串联，使发动机产生的高温水先通过外置散热器进行散热，降温后的水再进入发动机自带水箱散热器二次散热，使水温进一步降低，满足发动机在高温气候条件下的需求。在冬、春季环境温度较低的情况下，C18发动机原有水箱能够满足散热需要时，只需打开阀19，同时关闭阀16、17即可将外置冷却散热器甩开。

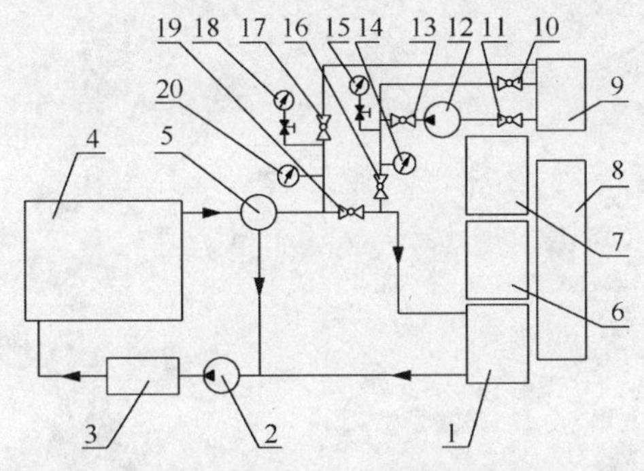

图3 空压机机组改造后冷却系统流程

1—发动机冷却器；2—发动机冷却水泵；3—机油冷却器；4—C18柴油发动机；
5—节温器；6—空压机润滑油冷却器；7—发动机中冷器；8—排出压缩空气冷却器；
9—发动机外置水箱；10、11、13、16、17、19—球阀；12—外置水泵；
14、20—温度表；15、18—压力表

外置冷却散热器具备以下功能：

(1) 散热器风扇电机的温控自动开停。在外置冷却散热器的上水室部位接有一温控传感器，感应高温上水室的温度变化，当从发动机过来的高温水温度高于设定值时，通过控制系统接通散热器风扇的电机，给散热器进行强制散热，降低水的温度；当水的温度低于设定值后，自动切断电源，停止该串联散热器的强制散热工作，让发动机自带散热器单独强制散热。

(2) 当外置冷却散热器水泵12在使用过程中因故障停机时，打开阀10，使冷却液通过旁通管路和发动机自带水箱串联继续进行工作。水泵进、出水端设置有阀门11和13，主要用于水泵出现故障时便于对其拆卸维修，即只要关闭阀门11和13后即可在不排放冷却液的情况下对水泵实施拆卸维修。

(3) 管路水温、水压的可视化监控。根据生产需要，在外置冷却散热器水箱的高温进水口和低温出水口两端各加盘式的水温表 20、14 和压力表 18、15，用于随时观察和监控水箱的进出口水温和压力的变化。

通过改造，空压机 C18 发动机增设的外部冷却循环系统投入运行后，空压机 C18 发动机温度较原来下降近 7 ~ 10℃，降温效果显著，满足了 C18 发动机冷却散热要求，保证了制氮设备夏季的连续正常运行。

MEDAL 膜分离制氮系统空气过滤装置的故障分析

1　故障概况及经过

MEDAL 膜分离制氮系统是引进的 ICT 高压注氮系统的一部分，ICT 系统用于稠油调剖的专用先进设备，MEDAL 膜分离制氮系统是利用膜组的氮氧分离机理来收集提取氮气的装置。其需要的原料必须是不含任何杂质的纯净空气[主要技术参数：空气中悬浮颗粒直径 < 0.01μm；气溶油含量 < 0.5ppm（$1ppm = 10^{-6}$）；进膜空气压力为 140 ~ 220psi；进膜温度 33 ~ 45℃]。但在近两年的使用过程中发现，一、二级过滤器不到保养周期就发生过滤器压差指示器超限，不得不提前更换滤芯，而且末级过滤装置——二级过滤器的手动排放阀出口伴有油气混合液体流出，并且膜组进口和出口压差超高。这一现象表明膜组的中空纤维出现堵塞，严重时会导致膜组提前报废，造成重大的经济损失。

2　故障原因及失效机理分析

2.1　原因分析

空气中的杂质非常复杂，例如浮在空气中的尘埃固体颗粒，油气污染的气溶胶、油溶胶、聚结的水、油等，如遇到沙尘暴天气，空气中固体颗粒就会大幅增加，过滤设备中的除油净化器，主要是清除空气中含有的油溶胶、杂质、水分等，干燥器主要除去空气中水分；一级过滤及二级过滤主要除去更细小的悬浮固体颗粒和油雾，由于膜组中每根中空纤维直径只有 40 ~ 50μm，内孔直径则约为 15 ~ 20μm，为确保大流量的空气通过，空气质量必须符合上述要求。二级过滤器的手动排放阀伴有油气混合物流出时，说明空气过滤系统过滤效果不理想，会成部分膜组的中空纤维堵塞，致使膜组进口、出口压差超高。上述情况表明过滤系统对空气净化不彻底，必须增加新的净化装置。

2.2　失效机理分析

经过分析，认为主要是过滤系统的分级不够造成的，油气分离器对螺杆泵的油气混合体初步分离后，气体中仍含有一定量的油、水和 0.1μm 以上的固体颗粒，后面的一、二级过滤器不能满足性能要求。对此提出了如下改造方案：在保证进气压力不低于 140psi 的前提下，在冷却器后加一个油、水残留物预处理装置——离心除水器，它的作用就是以分离方法去除气源中大部分的油和冷凝液，同时兼顾去除较大固体颗粒的作用，减轻了过滤器的负担，延长了其使用寿命。碳床过滤器的作用就是去除气源中最后的重烃蒸气，去掉干燥器，改为加热器，是为了充分保证碳床过滤器的效果，四级过滤器（末端过滤器）的作用是除去经过碳床后空气中残留的碳粉。通过系统改进后运行，四级过滤器的冷液排放阀没有发现油气混合的液体流出现象，膜组的进、出压差稳定在 5 ~ 15psi（0.3 ~ 1bar）之间；利用 A -

4000 油雾检测计检测，进膜前空气系统中的气体气液油含量在 0.2 ~ 0.3ppm 之间，完全满足了性能要求，对延长膜组的使用寿命和更换周期提供了保障。

3 故障教训

此次故障虽然没有造成损失，但使我们充分认识到过滤系统对后续膜组的影响。

4 防范措施

坚持定期维护保养，并形成制度；加强对过滤器压差指示器和冷液排放阀排除的油气混合液体成分的观察，找出运行规律。

高压湿蒸汽发生器对流段爆管故障

1 故障概况及经过

1.1 某 YZG9 - 21 - P 型活动注汽锅炉在某油区进行单井注汽施工，注汽压力 17MPa，温度 365℃，干度 71%，设计注汽量为 20t。该锅炉投产 5 年，累计运行时间 19800h，累计注汽量 168000t，未经过大修，运行工况一直较好，对流段炉翅片管束钢材为 20G，外径 73mm、壁厚 11mm，光管管束钢材为 15CrMnG，烟温一直在 250℃左右，该锅炉每年都委托特检所进行炉管检测，均为合格，并在有效期内。

1.2 故障发生经过、影响范围、处理过程及恢复情况：

1.2.1 该锅炉运行中，夜班值班人员发现烟温由 250℃降为 230℃，烟囱隐隐有白气冒出，遂即对锅炉进行详细检查发现：注汽压力由 17MPa 降为 15MPa，烟温快速下降至 200℃并有继续下降趋势，对流段下部侧板处有水滴出。判断为对流段炉管漏水，立即停炉，炉膛降温后进入炉膛进行进一步检查未发现异常情况，启泵试压发现对流段第二排第 3 根翅片管中部有水刺出。

1.2.2 确定漏点后将对流段两侧板打开，割掉漏水的翅片管弯头，将该管抽出，发现漏点为一裂缝，管内壁光滑无结垢及氧腐蚀现象，更换上新的翅片管，重新焊好弯头，试压后启炉运行，运行 5 天后又出现该问题，漏点为第二排第四根翅片管中部，判断为该锅炉对流段炉管老化，重新制作更换对流段后运转正常。

2 事故原因及失效机理分析

该锅炉已投产 5 年，累计运转 19800h，已达到大修年限，炉管出现疲劳现象，由于对流段下部烟气流速最快，对炉管的冲刷相对较强，且温度较高，而下部光管钢材为 15CrMnG，比翅片管 20G 具有更好的强度和韧性，因此故障首先发生在下部翅片管位置。

3 故障原因分类

由于对活动注汽锅炉炉管的使用时间尚无标准，目前常用的炉管检测方法仅限于对管壁的测厚这一手段，无法检测出炉管的疲劳程度。因此造成虽然厚度达标但强度已不达标这一现象，是本次故障的主要原因，应属检测手段问题。

4 故障教训

应注意检测手段的盲点，结合实际情况综合判断问题。

5 防范措施

5.1 制定炉管的使用报废标准。

5.2 对于使用时间过长的锅炉应缩短检测周期，加强监控力度。

活动锅炉搬家后再生不合格

1 故障概况及经过

1.1 某2#活动锅炉在搬家注汽生产后，水处理拖车中的B组水处理设备内树脂多次再生不合格。

1.2 反复检查各电路控制、程序运行、进盐流程、再生各步骤均无异常，各气动阀开关灵活好用，经多次打开树脂罐人孔检查后，发现原因是B组树脂罐内布盐器设计不合理，水处理拖车在停放时未停水平，造成盐水偏流，部分树脂进盐量不足。

2 故障原因及失效机理分析

2.1 布盐器设计不合理。布盐器由一根直径0.5m、长度为1.1m的不锈钢管做主管，盐水由主管中间的上方管线进入布盐器，主管水平两侧各有6根长短不一的直径0.5m不锈钢管组成，呈圆形均匀分布在树脂罐上部，一端接到进盐主管，一端封闭，长管下侧打12个0.05m的出水孔，短管安装在主管的末端，设计上因需保持末端进盐量共开0.05m出水孔20个。这种设计考虑保证末端进盐流量，但开口多对进盐压力影响较大，再生盐水因压力低进入树脂罐后无法和罐内清水充分混和，使局部进盐量不足，是造成再生不合格的主要原因。

2.2 由于活动锅炉主要在新井或井场条件不好的偏远井生产，摆放场地不平，使水处理拖车略有倾斜，车中的树脂罐也随着倾斜，因进盐压力低，无法在树脂罐内充分混合，使低端进盐过量，而高端进盐量不足。

3 故障原因分类

设计、安装质量问题。

4 故障教训

4.1 设计部门对布盐器设计时未考虑活动锅炉频繁搬家移动，场地使用条件等生产中受到的限制(如果设备安装调试好后，不再移动，原设计可满足生产需要)。

4.2 水处理拖车安装就位时未将拖车底座调整到水平。以前生产时场地较好，倾斜度小未发生此类问题。

5 防范措施

5.1 锅炉搬家前，管理人员先到准备进入的井场看现场，选择相对平整的区域摆放水处理拖车。

5.2 水处理拖车安装就位后，用车辆前后支架尽量使拖车底座保持水平。

5.3 改变树脂罐内布盐器盐水出口数量，把末端的 20 个 0.05m 出水孔封堵 10 个，提高布盐器出水压力。

5.4 改变布盐器出水孔的排水方向，把出水孔方向调为向斜上方，让盐水排出布盐器后，先和树脂罐内清水混合再均匀进入树脂床，确保进入树脂床的盐水浓度满足再生要求。

双驴头抽油机游梁后臂断裂故障分析

1 故障概况及经过

某 ST3 - 6 - 209 井作业期间，抽油机在停运状态下驴头突然掉落，砸坏了抽油机减速箱（见图 1），造成直接经济损失 8.5 万元。

图 1

ST3 - 6 - 209 井安装使用的是双驴头抽油机，型号 CYJS12 - 5 - 48HB，2001 年 8 月 1 日投产。事故发生时，恰好现场作业施工人员正在交班，因此没有造成人员伤亡。作业交井后通过更换减速箱、游梁等损坏部件，使抽油机重新恢复运转。

2 事故原因及失效机理分析

事故发生后，责任单位高度重视，及时组织事故鉴定，查找事故原因。经过认真分析，最终判定抽油机游梁后臂驴头销孔处设计制造薄弱是造成事故的主要原因。

因为双驴头抽油机采用“变参数四杆机构”，游梁后臂为变径圆弧体结构，长度较短，抽油机运转时游梁后臂驴头销孔受力最大，是抽油机的薄弱部位。发生事故的抽油机就是先在这个部位出现裂缝，因为没有及时发现，最终发生游梁断落。

3 故障原因分类

3.1 游梁制造质量问题

抽油机制造厂家在制造时没有针对该部位采取强化措施，其安全承载能力偏低。目前胜利油田使用的双驴头抽油机由胜利油田改制企业制造，生产初期使用单位就发现并提出了游梁后臂制造薄弱的隐患问题，生产厂家重新进行了设计，于 2002 年 3 月完成了质量改进。通过增加游梁厚度、内衬加强板等措施，提高游梁后臂驴头销孔的承载强度。2002 年 3 月以后出厂的双驴头抽油机全部是游梁加固改进型，之前出厂的是非改进型。发生事故的抽油机就是改进前出厂的抽油机。

3.2 检修质量问题

一是在抽油机停机保养时没有该部位进行专项检查，二是在日常巡检时没有认真观察。如果检查到位，能够在故障早期及时发现游梁裂纹，然后采取措施避免事故发生。

4 故障教训

4.1 没有针对非改进型双驴头抽油机游梁制定有效的防范措施。

4.2 没有认真贯彻执行抽油机保养和巡回检查制度。

5 防范措施

5.1 组织召开事故现场会，通报了事故原因和处理决定。重点强调了抽油机设备日常维护和巡检工作的重要性，要求各单位认真贯彻落实设备管理规定，切实抓好设备日常管理，对设备隐患问题做到早发现、早治理，杜绝可能发生的设备事故。

5.2 组织开展双驴头抽油机专项检查，重点检查后驴头销，通过检查发现并整改了已出现游梁裂纹的双驴头抽油机9台。

5.3 为防止抽油机日常检查不到位，建立了双驴头抽油机隐患防范机制，由采油厂组织每年对所有双驴头抽油机检查一次。

抽油机曲柄销子断脱造成游梁掉落故障分析

1 故障概况及经过

某37－2423#井，抽油机南侧曲柄销在运转过程中发生突然断裂，抽油机游梁侧翻掉落在基础北侧，毛辫子铅坠将取样闸门砸坏，由于巡井发现及时，现场处理得当，没有造成大面积污染。

2 事故原因分析

该井抽油机为型号为CYJ10－3－53HB，装有2块平衡块，悬点最大载荷32.14kN，未超过抽油机最大载荷，经过现场勘察落实，断裂原因是该曲柄销为2007年9月21日更换的新曲柄销，通过仔细勘查断裂面，该曲柄销周围1/2断裂面出现旧伤，说明该销子在安装前存在质量问题。

3 事故原因分类

销子质量制造问题。

4 故障教训

4.1 安装前，要对曲柄销子的表面进行检查，有无损伤。
4.2 加强设备的基础管理工作，使设备在日常的运转中合理、平稳运行。

5 防范措施

5.1 加强抽油机旋转部位的日常保养和维护，定期停机进行检查。
5.2 安装抽油机曲柄销断脱防控装置。
5.3 加强巡井工作。

CYJ14－4.8－73HB 型抽油机连杆断裂

1　故障概况及经过

1.1　设备概况

抽油机型号为 CYJ14－4.8－73HB，投产日期为 1997 年 4 月，已服役 10 余年，2009 年 7 月修复后，转入某井生产，冲程 4.66m，冲次 3.49min^{-1}，最大载荷 94.3kN，最小载荷 41.4kN，光杆功率 6.45kW。

1.2　故障经过

某日清晨 5:40，某计量站岗位工人例行巡回检查，发现该井抽油机游梁倾斜，北侧抽油机连杆上部断裂(图 1)。事故发生后，相关人员到现场对故障原因进行了排查，经询问岗位工人，日常运行中，该抽油机连杆销子有异响；经初步目测，连杆断裂面约 1/3 为旧伤，约 2/3 为新断痕组织；进一步对整机仔细检查，曲柄剪刀差明显超大。随即对该抽油机进行了更换，造成停井 6h。

图 1　连杆断裂部位示意

2　事故原因及失效机理分析

日常运行中，该抽油机连杆销子异响，但未进行相关检查和采取有效措施，未详细检查连杆及曲柄剪刀差情况。剪刀差会造成连杆在生产过程中一前一后运行，当剪刀差超过尾轴承与曲柄销轴承两处调心轴承的代偿能力时，连杆就会受到一个扭转力矩，反复扭转作用下，连杆上最脆弱的部位就遭到了彻底破坏，也就是连杆上接头下端受焊接热影响较大的部位发生了断裂。

3 故障原因分类

3.1 检修质量问题

现场上无简便可靠的曲柄剪刀差检测方法，维修人员技术检测手段不全，将修复的不合格抽油机安装到了井上使用，埋下了设备安全隐患。

3.2 维护保养问题

岗位工人日常巡检过程中检查不细，未及时发现运行中的异常情况，未采取补救措施，导致了事故的最后发生。

4 故障教训

事故导致停井 6h，两根连杆、两副曲柄销轴承和一个尾轴承报废，直接经济损失 1 万元，间接经济损失 1 万元。

抽油机日常运行过程中，任何部位发生异响，都是有诱因的。岗位工人发现后，要及时排查和处理。不能查清原因的，要及时上报，相关人员须组织专家进行排查，并根据严重程度合理安排整改。

5 防范措施

5.1 验收环节

两侧连杆扭曲或长度不一致，连杆在运行过程中，承受的拉、压应力存在周期性的交变冲击，会引起连杆薄弱部位断裂。另外连杆上下接头处焊接不好，热影响区力学性能差，焊接有咬边，也会引起连杆在该处断裂。验收新抽油机时，要求生产厂家提供全套的检测资料，包括曲柄剪刀差数值、两侧连杆长短误差值及平直度、两连杆连杆大小头焊缝区探伤情况。

5.2 安装环节

游梁与底座中线不重合，两者纵向轴线存在夹角，连杆在运行过程中，不仅要承受拉、压应力，还要附加一个额外的扭转应力，易引起连杆薄弱部位断裂。安装时，要严格按照装机尺寸装机，当对中偏差过大时，需调整底座位置，严禁过度调整中轴承位置。

5.3 维修环节

加强抽油机维修工人技术培训，完善维修过程中的技术监测，配备 6 级芯轴，对剪刀差、连杆平直度及连杆大小头焊缝区的目测做全面的检查，杜绝隐患抽油机出厂使用。

5.4 使用环节

生产现场出现连杆销子异响问题时，要做三项检查。一是检查游梁与底座中线是否重合，目测两侧的曲柄平衡块与连杆的距离是否相等，两者在一个冲次内是否有明显的远近变化，目测轴承座在中座底板上的安装位置是否明显偏斜。二是目测两侧连杆有无扭曲，用直尺检查其长度是否相等。三是用近似值法快速检测与判断曲柄剪刀差是否合格。

抽油机曲柄销轴断裂的故障分析

1　故障概况及经过

1.1　故障设备概况

某 CYJ11－3－48HB 型抽油机，于 1989 年 7 月投产使用，连续运转已达 16 年零 2 个月，在 2000 年 6 月 25 日仅组织更换了曲柄销轴承。

1.2　故障发生经过

2005 年 9 月 22 日，该机在运转过程中发生曲柄销断裂事故，造成停机。经调查了解：某计量站当值工人，于 22 日早上 5:30 巡井至该机，并对设备进行了认真巡查，并未发现任何异常及听到任何异响；回站后大约在 7:30 左右，听到该机方向传来异响，迅速在计量站配电柜切断了该抽油机的电源；后急忙赶至该井，发现：因反扣曲柄销的轴出现断裂、脱出，造成游梁单臂运转，并迅速向相关部门进行汇报。

1.3　故障的处理、恢复经过

设备主管人员对事故损失进行了鉴定：现场抽油机尾轴承座损坏、曲柄销断裂侧抽油机连杆、支架损坏报废。并根据事故损失情况制定了维修整改方案，组织维修抽油机，经过 4 个多小时的现场整改施工，该机重新恢复了正常运转。

2　事故原因及失效机理分析

2.1　事故现场

经现场鉴定：反扣曲柄销销轴断裂横截面发生在曲柄冲程孔内约 100mm 深处靠近轴丝扣部位，从销轴的断裂面来看，裂痕表面凹凸不平呈不规则状，并且有明显新旧痕迹，其裂纹逐渐扩大到整个断裂截面的 75% 左右时，剩下的 25% 的轴径不足以承受运行载荷，销轴突然断裂(图 1)，造成事故。

图 1　现场曲柄销断裂情况图

2.2　原因分析

针对此次事故的发生，该厂结合近两年发生的 5 次抽油机曲柄销销轴断裂事故进行了分析。

2.2.1　事故的共同点

抽油机曲柄销使用时间均超过 14 年，销轴断裂横截面状况基本相同。

2.2.2 事故原因分析

通过分析确定：抽油机曲柄销在长时间使用过程中，由于游梁式抽油机属于四连杆结构，抽油机处于非匀速运动，曲柄销销轴长时间受到交变应力的作用，造成销轴首先从缺陷部位开始出现裂痕，并逐步扩大，在现场运行过程中无明显的症兆，当裂纹逐渐扩大到一定程度时，发生整体断裂。因此曲柄销得不到及时更新是事故发生的主要原因。

3 故障原因分类

该事故是在检测手段有限的条件下，造成维护保养不当。

4 故障教训

针对近两年发生的抽油机曲柄销销轴断裂事故，我们从装备管理上剖析反思，通过分析事故原因，我们认识到，做好设备管理各个环节，确保设备本质安全的重要性，特别是在日常管理中，对老旧设备重视不够，精细管理还待提高。

4.1 按照 SY/T 5044—2003《游梁式抽油机》整机大修条件中一般技术要求：正常运转使用时间达到 6 年的抽油机，应对曲柄销进行必要的探伤检查。该机在长达 16 年现场使用过程中，未进行曲柄销检测，从而埋下了事故隐患。

4.2 日常工作中，配件验收只采取了外观和规格型号验收，没有进一步采取其他辅助检验方法，暴露出在供货商管理、抽油机配件质量控制上，管理制度上有漏洞，配件检验方式过简，需细化完善，避免因配件质量造成人为工作量。

4.3 抽油机在检修维护时，因缺少专用检测仪器，对关键部件制定的出厂质量验收标准无法检验、验收手段单一难以保证检修维护质量。

4.4 抽油机是连续 24h 野外露天运转，工况条件十分恶劣。同时还具有重、动负荷等特点，不确定因素较多。虽然每年制订了设备整改计划，但整改、投入力度不够。

5 防范措施

5.1 与具有相关资质的单位联合开发研制抽油机曲柄销免拆卸无损检测技术。在项目实施过程中，为了进一步验证曲柄销免拆卸无损检测技术的可靠性，将检测动态分析报告中存在缺陷、建议报废的曲柄销销轴拆下，送到有关检测机构用磁粉探伤仪进行检测，经过探伤结果对比，检测动态分析结果与磁粉探伤结果完全吻合。因此，自 2007 年开始，定期开展应用现场在用抽油机曲柄销免拆卸无损检测技术，为现场抽油机曲柄销安全使用提供科学依据，减少了更换抽油机曲柄销人力、物力的投入。该技术工作原理是：利用声波在不同的介质中传播的速度不同，在不同密度的物质中传播的速度也不同。根据此原理及工件的变化阶段中反应出来的波形就可以判定工件是否处于安全的工作状态。2 只曲柄销检测结果对比见图 2：1 号曲柄销波形分析报告中轴径水平距离 152.8mm 处波峰缺损度为 6.8%，可以正常使用；2 号曲柄销波形分析报告中轴径水平距离 160.7mm 处波峰缺损度为 55.4%，必须报废更换。

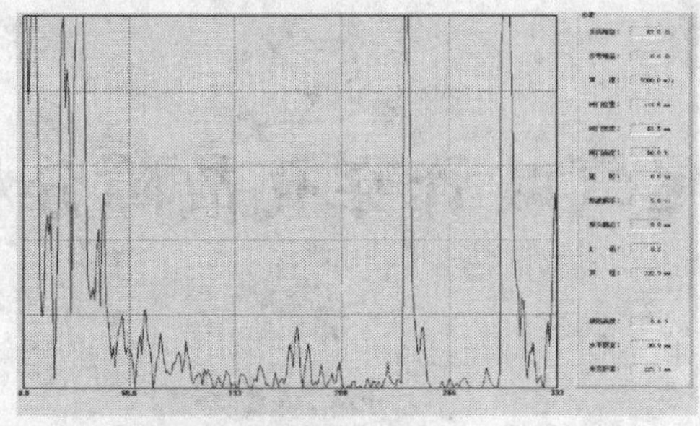

(a) 1号曲柄销波形分析报告

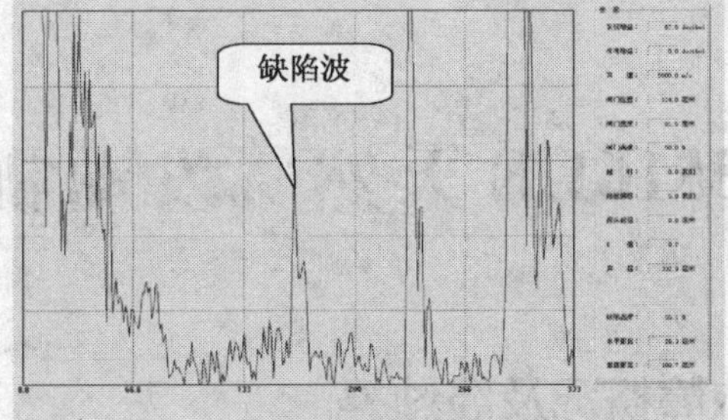

(b) 2号曲柄销波形分析报告

图2　曲柄销检测结果对比

5.2　完善管理制度，严把过程质量控制关。一是规范配件验收标准。协同物资部门，进一步开展抽油机配件的使用规格型号、质量等级要求、验收标准等规范工作，对所有购进的抽油机配件，供货厂家必须在配件上打上永久性标示，否则不许入库和使用，并签定质量保证协议，以利于后期产品质量责任追究；对批量进购的关键配件委托具有相关资质的机构进行抽样检测，根据检测结果或由供货厂家提供权威机构出具的检测报告以确定是否入库使用。二是完善抽油机检维护标准。在现有维修、检验手段和仪器的条件下，完善抽油机检修前检验、维修过程监督、出厂验收等工作流程、维修标准和验收标准，确保检修一台，设备隐患消除一台。

5.3　完善定期检验制度，进一步建全细化档案登记，严格按照 SY/T 5044—2003 定期开展在用抽油机曲柄销检测分析工作；对于使用时间超过 14 年的其他抽油机关键配件，在现有技术检测手段无法检测的条件下，进行强制报废更新。

G3516LE 天然气发动机尾气歧管穿孔故障分析

1　故障概况及经过

某 2RDSB－1/G3516LE 天然气压缩机组在运转过程中，从尾气中发现有冒白烟现象，转速急剧下降，继而自动停机。故障发生后，检查 16 个汽缸未发现问题。拆开涡轮发现排气总管、涡轮水套、排气歧管内有防冻液，进行打水试验，未发现漏点。因担心水压不够，不能发现泄漏点，把排气总管、两端涡轮水套全部拆下来进行试压，加工堵丝，加压后最终发现排气管末端有微小穿孔，排气管水套中的防冻液进入汽缸（如图 1 所示），机组无法运行，需要更换穿孔管。由于排气管国内没有配件储备，每次都从国外进货，待修时间长，给生产造成很大被动。排气管到货后，维保人员马上组织更换，更换过程中由于密封点很多，更换难度较大。技术人员对拆下的排气管进行切割，进行故障分析。

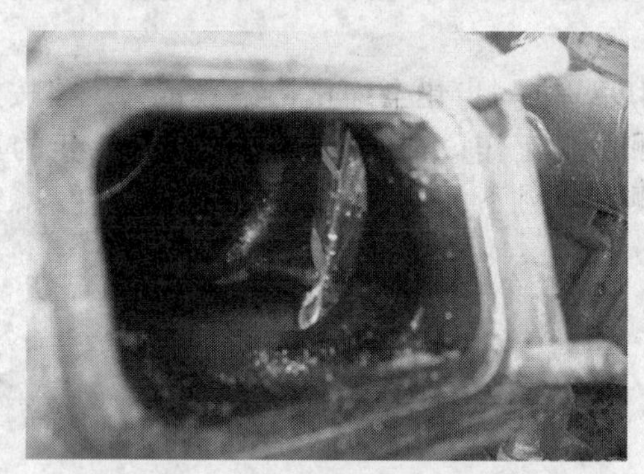

图 1　尾气歧管穿孔

2RDSB－1/G3516LE 天然气压缩机组主要技术参数如表 1 所示。

表 1　2RDSB－1/G3516LE 天然气压缩机组主要技术参数

序　号	机组型号	2RDSB－1/G3516LE	
1	制造厂	某某厂	某某公司
2	进气压力	0.15～0.25MPa	
3	排气压力	≤1.1MPa	
4	压缩级数	一级	
5	发动机功率	715kW	
6	标定转速	1000～1200r/min	
7	燃料	天然气	
8	燃烧形式	涡轮增压，火花塞点火	

2 事故原因及失效机理分析

2.1 事件共同特点

2.1.1 泄漏位置完全相同，都在尾气集管与涡轮连接处，也就是尾气集管的的盲肠位置，此处水不流动；

2.1.2 泄漏点都是呈砂眼状的点蚀状态，如图 2 所示：

2.1.3 该处内壁都存在严重的结垢现象(见图 3)，而机组的其他冷却管内壁却光滑亮洁。

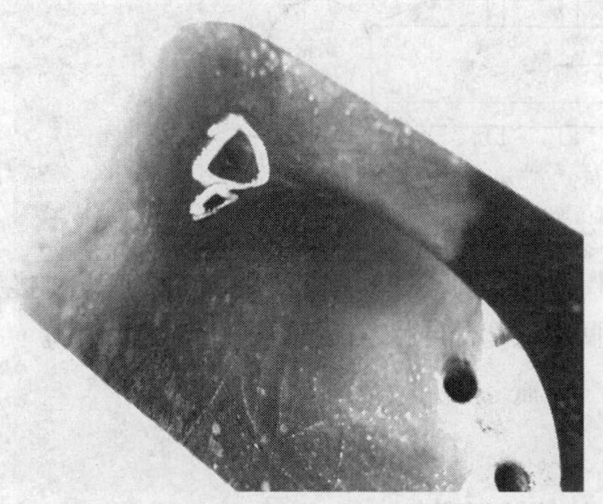

图 2 泄漏点呈点蚀状

图 3 内壁结垢严重

2.2 原因分析

从该排气管的结构上分析，冷却水在排气管尾部并没有形成一个完整的回路。冷却水在经过 15、16 缸水管和涡轮冷却水管后直接经排气管水套流向节温器，排气管尾部大约 300mm 的部分形成一个盲腔，如图 4 所示。

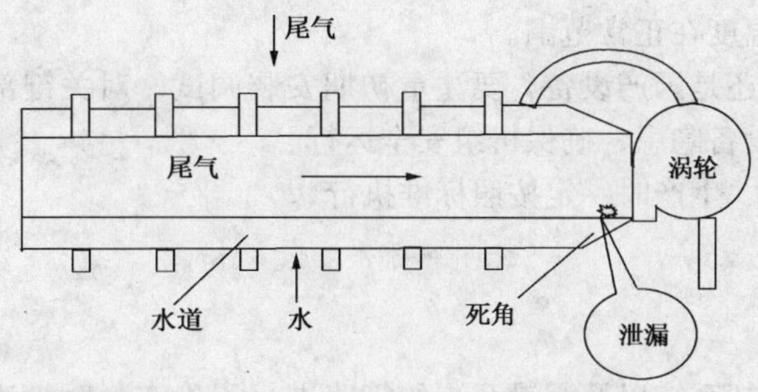

图 4 排气管结构示意图

由图 4 可以看出，在烟道和水道形成的夹角(死角)处形成一个盲区，冷却水在该处不能形成良好的循环，很可能会在此处形成气穴腐蚀，而在内燃机中，气穴腐蚀的危害是非常大的。

气穴腐蚀是由于气穴(气泡)的产生而引起的，气穴产生最严重的地方是离心泵的进出口处(冷却系统压力最低的地方)。这些气泡使水泵的泵水量下降，并在金属表面附近破裂时对金属表面产生冲击，造成疲劳剥落，此即所谓机械腐蚀。此外在气泡中还伴有空气中的氧，它们借助于气泡破裂时放出的热量，对金属进行腐蚀。这种化学腐蚀和机械腐蚀的共同作用，使金属表面逐渐产生麻点和穴孔。这种现象称为穴蚀。

死角处是较容易产生气泡的地方，因为冷却水无法流动，而且随着机组温度的变化聚集在此处的气泡会分解，从而造成腐蚀。

解决方案如下：增加盲肠处的循环功能，使该处的“死水”流动起来变为“活水”，如图5所示：

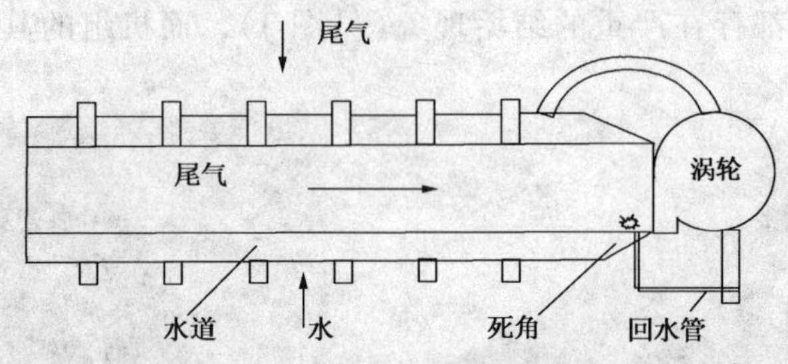

图5　排气管结垢解决方案

利用夹角处的丝堵，连接一管路到涡轮的回水管处，即可解决问题，材料仅需两个4″接头和0.5m ϕ4″管线即可。三台机组均在盲肠处增加了回水软管，自此，机组再未发生类似故障。

3　故障原因分类

发动机设计存在问题，设计人员忽略了此处的循环死角。

4　故障教训

4.1　强化设备巡回检查，及时发现故障征兆，早发现、早汇报，早处理，降低设备故障损害。

4.2　充分认识到发动机的冷却系统至关重要，加强设备维保，防止水路出现气阻和死循环，保证机组运行温度在正常范围。

4.3　不管是进口还是国产设备，要注重初期安装调试，对关键部件要分析了解，掌握其结构、原理，排除设备隐患，确保机组安全运行。

4.4　设备在设计、生产时一定按照标准执行。

5　防范措施

5.1　对机组的冷却系统以及润滑系统的管路进行了检查，对管道的弯道、盲端进行了温度测试，防止这些部位出现高温。

5.2　岗位人员要充分做好劳保穿戴，以免造成伤害。

5.3　在操作设备前一定要进行全面检查，排除各种隐患。

5.4　严格落实设备管理制度，定期进行隐患的排查与整改。

5.5　强化岗位职工的责任意识，杜绝设备存在的隐患。

游梁式抽油机底座断裂故障分析

1 故障概况及经过

1.1 故障概况

某 X5－18 井于 2010 年 9 月底安装 CYJY10－3－53HF 型抽油机投入运行。2011 年 5 月，该抽油机出现下层水泥基础尾部翻浆、下陷，抽油机运行时剧烈晃动。将抽油机及水泥基础吊开，夯实土基础并用砂砾石进行铺垫后重新安装恢复生产。两个月后，当班工人巡检发现该抽油机底座工字钢位于支架后座与减速箱方箱交界部位出现裂纹，由安装队在工字钢两侧裂纹部位用钢板贴补进行焊补修复，并重新垫平压实基础。2011 年 8 月，该抽油机底座同一部位再次开裂，裂纹横穿整个工字钢和贴补的钢板，已无法在现场焊补修复。

1.2 故障处理及恢复

现场采取了更换抽油机，并对土基础重新开挖施工，进行了再次夯实垫平，才彻底解决这一问题。经统计，仅 2011 年 1～9 月，该采油厂就对 16 台抽油机基础进行了更换或垫实，对 20 台抽油机底座进行了焊补修复。按更换一次基础需停井 4h，焊补一次底座需停井 2h 计算，累计停井 104h，给原油生产带来不小的影响。此外，还要花费大量的运输、人工费用。

2 故障原因及失效机理分析

2.1 土基础原因

经过调查，发现该井抽油机基础尾部位置以前是一条深约 1m 的农田排水沟，土基础施工时没有挖到硬土层而直接对其进行了填土掩埋，上层铺设了三合土后压实，再垫上水泥基础。抽油机运行一段时间后，此段土基础开始翻浆，水泥基础尾部下陷，造成抽油机底座工字钢弯曲，底座中部位置受到随抽油机上下冲程运行而产生的周期性拉伸应力作用而断裂。

2.2 预制水泥基础原因

该井抽油机基础采用预制拼装式活动水泥基础，共 4 块分为上下 2 层，现场安装时水泥基础平置于井场预先压实的土基础上，抽油机底座用型钢压杠通过挂钩与上层基础固定。

这种预制活动基础具有运输安装方便快捷、占井周期短、可重复利用等优点，但其设计存在三个方面的缺陷：

一是四块基础相互之间没有连接固定，尤其是在纵向上，一端下陷只会造成这一块基础及上一层基础倾斜，使基础接缝处成为应力集中点。

二是上层基础接缝与下层基础接缝之间距离只有400mm，从而使得下层单块基础受力不均直接影响到其上层基础。

三是抽油机往复运转过程中前块基础承载的压力远远大于后块基础，而目前上下层各两块基础尺寸相同，易造成基础前部下陷。

2.3 抽油机设计缺陷

目前大部分常规8型、10型抽油机支架采用“四条腿”结构，四条腿均安装在底座工字钢上，因上述抽油机运行时受力特征影响，使底座工字钢位于支架后腿与减速箱方箱交界部位产生交变应力集中点，此部位成为薄弱点，虽然生产厂家在这一部位焊有加强筋板，并不能达到彻底解决这一问题的效果。

2.4 使用环境、安装维护及其他原因

2.4.1 使用环境原因：由于油井位于水网低洼地带，雨季时间长、雨量丰富，井场周围被农田或水产养殖场所包围，排水不畅，井场长期被积水浸泡易造成土基础松软翻浆，水泥基础下陷。

2.4.2 安装维护原因：水泥基础安装不水平、压杠未上紧、底座未垫平、平衡度调整不及时等，也是底座断裂的原因。

2.4.3 其他原因：由于生产需要，部分油井泵挂深度加大，冲次加快，造成抽油机悬点载荷增加，“前重后轻”更为严重，使底座受交变拉伸应力而断裂。

3 故障原因分类

3.1 土基础施工质量不过关是导致此次故障最直接的原因。按照要求，在翻浆地区土基础的坑位应挖至硬土层以下，夯实并用砾石、碎石、三合土浇灌。而在该井土基础施工中，基础坑尾部没挖至硬土层，地基不实导致水泥基础尾部下陷，进而导致底座断裂。

3.2 预制水泥基础和抽油机的设计缺陷也是导致此次故障的重要原因。这些设计缺陷综合导致抽油机底座中间部位形成了应力集中点，此薄弱部位易断裂。

3.3 使用环境、安装维护及其他原因是导致此次故障的辅助因素。

4 故障教训

4.1 抽油机是油田机械采油过程中重要的生产设备，而坚实水平的基础是抽油机顺利安装和长期平稳工作的必要条件。如果抽油机基础失效，势必影响到抽油机的整体水平度，轻则造成抽油机运转不平稳及相关部件损坏，严重的甚至造成机翻井毁等大的生产事故。

4.2 井口及光杆：抽油机基础发生偏移，造成抽油机驴头与井口不对中，光杆偏磨井口，加速光杆及井口盘根磨损，拉弯甚至拉断光杆，降低光杆寿命，同时井口盘根密封不严，漏油频繁。

4.3 毛辫子：基础偏移可能造成毛辫子磨驴头侧板，降低毛辫子使用寿命。

4.4 驴头及驴头销：造成一侧驴头销旷动，驴头左右晃动，驴头侧板裂纹甚至断裂。

4.5 中、尾轴承：中、尾轴不水平，轴承受力不均而降低寿命。

4.6 连杆、曲柄销：两边连杆及曲柄销受力不均，易损坏甚至拉断。

4.7　减速箱：输出轴两端受力不均，易漏油及轴承损坏。

4.8　支架：受力不一致，支架螺栓拉断，支架变形。

5　防范措施

5.1　严把基础施工、抽油机安装质量关。

5.2　抽油机支架改型设计。

5.3　水泥基础改型设计。

5.4　加强对抽油机基础的日常维护。

5.5　加强抽油机维护保养，合理降低悬点载荷。

抽油机曲柄销典型故障分析

1　故障概况及经过

1.1　故障概况

某 CYJY10 - 3 - 53HB 型抽油机右端曲柄销(从井口方向看)有异响，后经检查发现曲柄销偏磨严重，冕型螺母松脱，定位螺丝和螺帽被剪断。

1.2　故障处理与恢复

拆卸曲柄销总成后可以看出曲柄销相邻两个冲程孔间隙已经磨损很严重，明显变小，曲柄销衬套磨损严重，曲柄销上有一道道较深的坑穴，曲柄销轴承滚珠间隙偏大，黄油中夹杂铁屑。将曲柄销轴承拆卸完毕后，将另一完好的冲程孔清理干净，装入新的曲柄销总成，抽油机试运转正常，故障排除。

2　故障原因及失效机理分析

2.1　曲柄销故障的原因

抽油机的曲柄销是用来连接曲柄和连杆的，以传递动力和运动。曲柄销不仅受到曲柄衬套的连接力，还承受着连杆的拉力。它的失效形式有断裂、脱扣、磨损。导致曲柄销故障的原因有很多种，有时候是由于一种原因引起的，有时候是多种原因共同引起的。

2.1.1　断裂原因

2.1.1.1　曲柄销、衬套和曲柄体之间的接触不好

抽油机曲柄销安装在曲柄体内的联接简图如图 1 所示。若曲柄销、衬套、曲柄体之间配合良好，其配合长度为 L，曲柄销在曲柄体内相当于悬臂梁结构，载荷作用点部位在Ⅰ - Ⅰ面上。若三者之间配合不好，产生松动，配合长度小于 L，载荷作用点部位向右移动，受力作用点部位可能在小端，甚至在Ⅱ - Ⅱ面上。这样就增大了小端截面的应力。同时，中部台阶处及螺纹根部存在应力集中，所以这些部位易断裂。

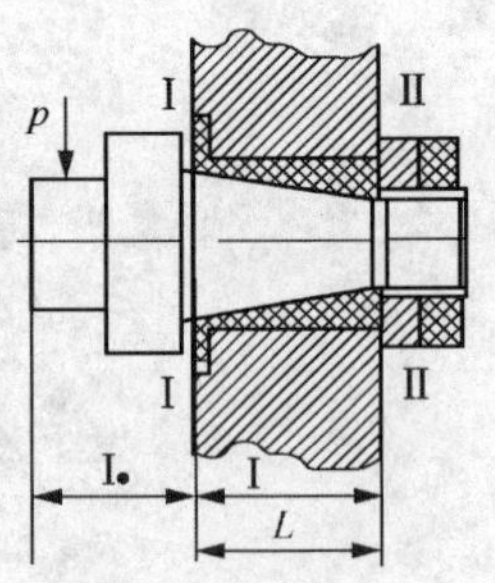

图 1　抽油机曲柄销联接简图

2.1.1.2　交变载荷与扭矩的作用

抽油机的悬点载荷是随上、下冲程作周期性变化的，那么作用在曲柄销上的载荷也是周期性变化的。因此，在交变载荷作用下，曲柄销中部台阶处及螺纹根部倒角处会产生疲劳裂纹，曲柄销还承受一定的扭矩，易发生疲劳断裂。从收集到的曲柄销断口处可看到明显的光滑区和粗大的晶粒区，有弯曲疲劳破坏和扭转疲劳破坏的特征。因此仅

按弯曲疲劳极限设计的曲柄销直径可能偏小，容易因强度不足引起断裂。

2.1.2 磨损原因

曲柄销结构中存在微动磨损的条件，曲柄销一端通过轴承与连杆相连接，另一端通过拧紧螺纹的预紧力与锥套、曲柄形成过盈配合连接(图2所示)。因此曲柄销受三个力的作用。一是连杆拉力，二是与锥套及曲柄体之间的过盈连接力，三是曲柄销螺纹预紧力。因为连杆拉力是交变载荷，曲柄销与曲柄体是过盈连接，又由于拧紧螺母时没使用力矩扳手，拧紧力矩无法控制，有可能偏小，同时抽油机工作时有机械振动，曲柄销与锥套间会产生微小的滑移，使曲柄销的工作环境处于微动磨损状态。

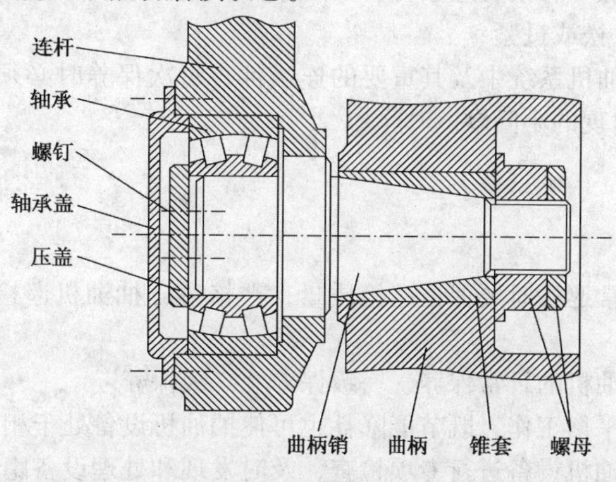

图2 曲柄销连接机构简图

2.2 曲柄销失效机理分析

曲柄销的失效过程是一个非常复杂的过程，它受很多因素的影响。如曲柄销的载荷性质、材质、加工质量、结构形式、热处理方式等都影响其疲劳强度。下面就对曲柄销的失效机理进行分析。

2.2.1 断裂机理分析

2.2.1.1 曲柄销的疲劳断裂。

2.2.1.2 材质、加工质量对曲柄销疲劳强度的影响。

2.2.1.3 腐蚀对曲柄销的影响。

2.2.1.4 预紧力对曲柄销的影响。

2.2.2 微动磨损机理分析

曲柄销、衬套、曲柄体之间是过盈配合连接，又承受交变载荷作用，还承受一部分扭矩，存在微动磨损条件。微动磨损同时具有粘着、磨料、氧化、疲劳四种机理。用过的曲柄销上经常可以看到沿圆周表面的咬粘现象。

3 故障原因分类

3.1 在安装抽油机时，由于地基的处理情况不同，导致了不同的承压能力，虽然安装时是合格的，但是由于重力的作用，地基的水平度不合格，从而导致了曲柄销的断裂。

3.2 由于销子的质量不合格，销子和衬套的接触面积太小，而造成销子相对于衬套自己旋转的故障。

3.3　由于曲柄销的轴承保养不好，造成了抽油机的单臂运动，从而曲柄销断裂。

3.4　由于抽油机的不平衡，导致了抽油机处于长期超负荷运转的情况，销子发生了偏磨。

4　故障教训

4.1　曲柄销冕型螺母有松脱迹象时要及时紧固，紧固时要采用扭力扳手，按照标准施加合适的扭矩，不可过松或过紧；

4.2　曲柄销是抽油机系统中及其重要的连接件，每次保养时必须打开端盖，观察轴承磨损情况，及时处理出现的小问题。

5　防范措施

5.1　当班工人日常巡检时要保证巡检质量，严格遵守抽油机巡检制度，发现隐患及时汇报。

5.2　严格执行抽油机的日常保养、一级保养、二级保养。

5.3　坚持动态调平衡工作，既节能降耗也可使抽油机设备处于相对良好的工作载荷下。

5.4　定期组织抽油机设备进行专项检查，及时发现和处理设备隐患和故障。

5S 注水泵泵阀失效故障分析

1　故障概况及经过

1.1　故障概况

某采油队 2 台 5S175－30/20 注水泵，其液力端设计为“水平直通式组合板阀整体泵头”结构，见图 1。在该液力端的高压交变腔不存在相贯孔，并且设置了隔套(吸入阀弹簧座)，使泵头体与高压交变液流隔绝，不直接承受高压液流的冲击。采用的进排液组合阀使得该液力端结构简单，工作可靠，操作维修方便，泵效高，易损件寿命长。

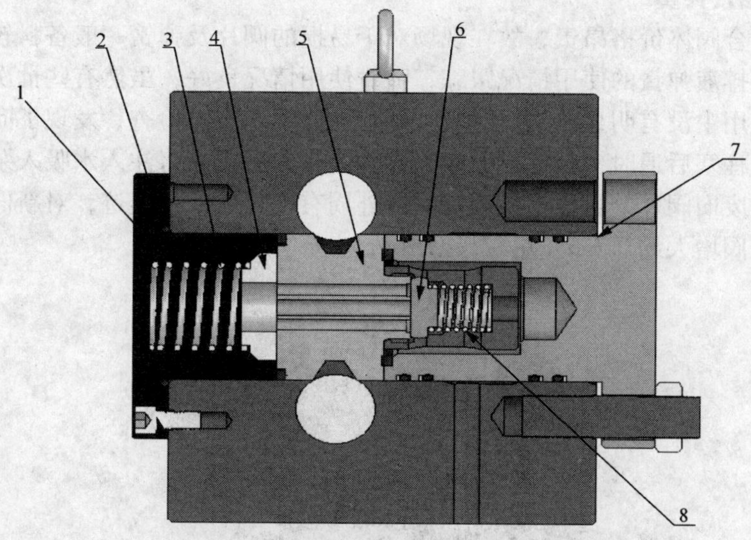

图 1　液力端结构图

1—密封函及进液阀座；2—O 形圈；3—进液阀弹簧；4—进液阀阀片；5—组合阀体；6—排出阀片；7—堵头挡板；8—排出阀弹簧

2010 年底到 2011 年 5 月，该站 2 台注水泵出现了泵阀阀体刺坏、进液阀片损坏的现象，泵液力端组合阀寿命急剧下降的现象。从正常的 3 个月更换到 2 周左右。泵排量下降，表现为：泵排量由 $30m^3/h$ 下降到 $25m^3/h$ 以下，泵头震动超标，泵阀体进排液孔有刺槽，吸入阀片有刺槽等。

1.2　故障处理与恢复情况

更换了原厂生产的组合阀之后，试运转一个月，问题不再出现，故障排除。

2 故障原因及失效机理分析

2.1 泵阀失效原因分析

2.1.1 管路故障

如果注水泵吸入管路不通畅，会导致吸入阀片不能及时的开关，导致阀片的动作与柱塞的进退不一致，从而吸入不充分，关闭不及时，使得阀片损毁，泵头震动。通过现场对进口管线的打开探查、进口过滤网的检查、水罐底部积砂的检查，管路问题排除。

2.1.2 组合阀本体质量不过关

通过对不同批次及厂家生产的阀对比实验，发现均存在泵阀寿命短的情况，虽然有差异但不特别明显。

2.1.3 液力端泵头故障

对所有泵头打开探查及测量，发现泵头液力腔完好，无划痕，无刺孔，各密封垫完好。

2.1.4 进排液阀及弹簧

由于单只组合阀体价格昂贵，故在现场对于易损的阀片及弹簧一般备料较多，可单独进货。对于泵阀进排液弹簧的使用情况跟踪，弹簧使用情况良好，虽然有些批次的弹簧截面略有差别，但在使用中没有明显差别。对吸入阀片的使用及多次检查，发现了问题。吸入阀片为尼龙材质，在柱塞后退时，阀片克服吸入弹簧的张力后退，将注入水吸入泵腔。

在对更换的废旧阀片的检查中发现，阀的外周有明显的摩擦痕迹，对新旧阀片的测量发现旧阀外径比新阀增大约 0.6mm 左右，见图 2。

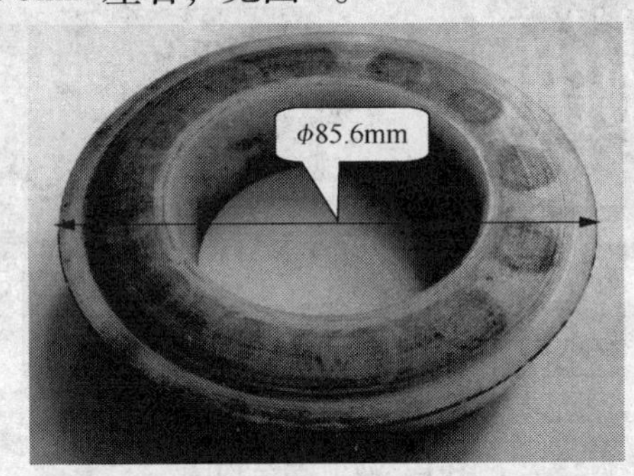

图 2 阀片外形及规格

2.2 失效机理分析

进液阀片在密封函内径向活动，其外径在 85mm。密封函内径在 86mm，正常情况下有 1mm 间隙，阀片在密封函内可自如动作。但通过检查发现阀片在使用一段时间后，有略微的膨胀，外径增加了。原来的 1mm 间隙不断缩小，最终出现了阀片在径向活动过程中与密封函腔内壁摩擦，阀片不能正常地开合。

2.2.1 材质本身的特性

2.2.1.1 尼龙材质的主要优点有

（1）机械强度高，韧性好，有较高的抗拉、抗压强度。

（2）耐疲劳性能突出，制件经多次反复屈折仍能保持原有机械强度。

（3）表面光滑，摩擦系数小，耐磨。

（4）耐腐蚀。

2.2.1.2　尼龙材质性能的主要缺点

（1）易吸水。吸水性大，饱和水可以达到3%以上．一定程度上影响尺寸稳定性，特别是薄壁件增厚影响较大；吸水亦会大大降低塑料的机械强度。

（2）会吸收水、醇而溶胀，不耐强酸及氧化剂，不能作耐酸材料使用。

2.2.2　某联合站注入水的特性

注入水温度40～50℃，注入水中加有除油剂、杀菌剂等药剂，注入水为矿化度较高的地层水。

通过上述特性的分析得出基本结论：阀片在注入水的浸泡下，在吸水特性的影响下发生了膨胀，阀片尺寸的变化，使得阀片不能正常地开合，泵头液力端的正常吸排过程失效。阀片不能迅速关闭，从而高压出口水回流，冲击阀片及进口端，泵进口抖动。泵排量下降，压力下降，泵阀在非正常状态下很快损坏失效。见图3。

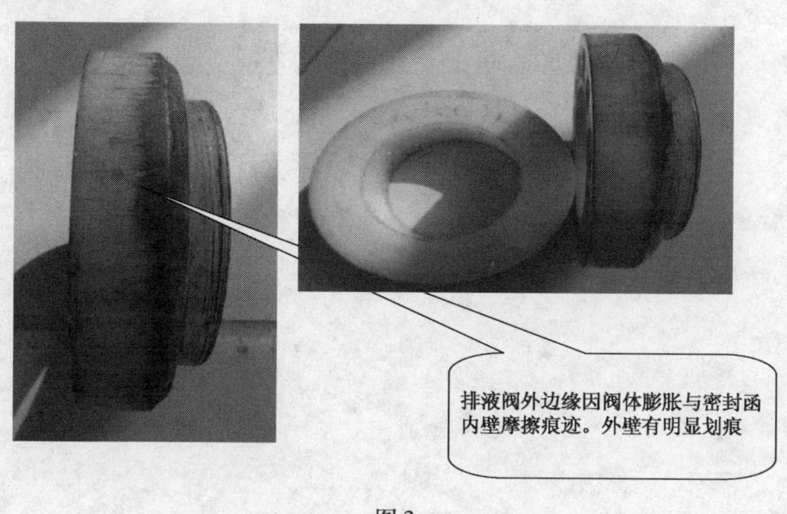

图3

3　故障分类

配件质量不合格造成的。

4　故障教训

4.1　阀片的变形量要用测量工具方可测出，不易被很快发现，类似的问题以前没有发生过，造成了大量的泵阀损坏。阀组配件的使用使得材料费增加，操作人员劳动强度增加，影响了正常的注水工作；

4.2　这一批次的阀片变形量明显大于先前原厂的尺寸，也有可能后期制作时计算变形量考虑不足。

5　防范措施

5.1　对所有的阀片进行检查，并更换。

5.2　新到的阀片用细砂纸打磨外圈，使得外径减少 1mm，由 ϕ85mm 打磨到 ϕ84mm，即使以后使用中发生超量变形，也不会影响阀片的正常开启。

5.3　密切观察、监测泵阀的使用状况，及时开展注水泵的各项状态监测，发现问题及时解决。

柱塞泵液力端异响故障分析

1　故障概况及经过

1.1　故障概况

故障设备：5S175－46.6/20 型柱塞式注水泵。该泵理论排量 46.6m^3/h，额定压力 20MPa，电机功率 315kW。该泵实际运行进口压力 0.28MPa（喂水泵供水），出口压力 16MPa，排量 45m^3/h。巡检该泵时，工作人员发现泵出口压力波动增大，电流表指针波动，液力端出现异常撞击声，进、出口管线振动，流量计显示瞬时流量下降为 22m^3/h。

1.2　故障处理与恢复

更换 2#缸损坏的排液阀片及排液阀弹簧后排除故障，该泵恢复正常运行。

2　故障原因及失效机理分析

2.1　柱塞泵在运行中，排液量下降，进、出口压力波动，液力端出现异常声响都表明泵的进液、排液环节出现异常。进、出口压力波动，表明进、排液阀片出现开合不严的情况；排液量快速下降，表明排液阀片开合出现了提前或滞后的情况导致高低压水流互窜；液力端异响声，是刺水及阀片非正常敲击声。解体后的情况印证了以上判断，2#缸排液阀弹簧断裂、排液阀刺漏。

正常弹簧与损坏弹簧的对比见图 1。

(a) 正常弹簧

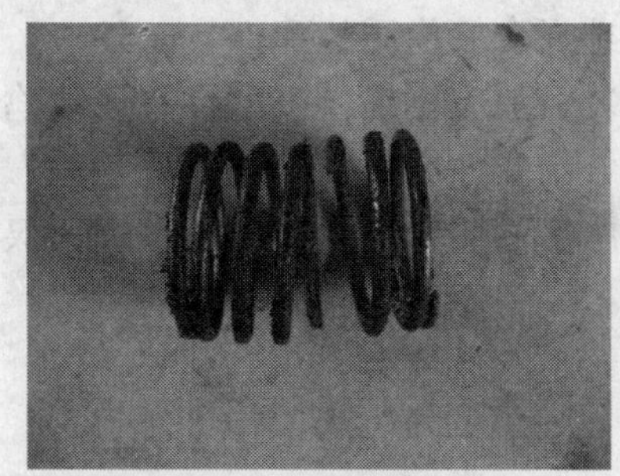

(b) 损坏弹簧

图 1　正常弹簧与损坏弹簧的对比

正常阀板与损坏阀板的对比见图 2。

2.2　这一故障产生的原因是，由于排液阀弹簧达到疲劳极限或材质存在缺陷造成断裂，排液阀片没有了弹簧的预紧力在阀杆上摆动，受高压水流的冲击出现刺伤造成损坏。

(a) 正常阀板

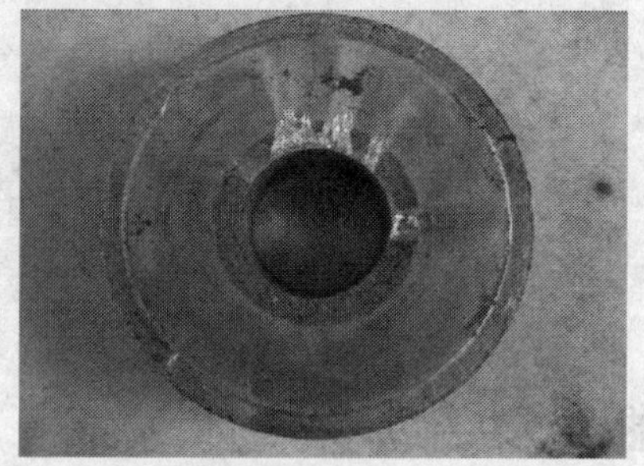

(b) 损坏阀板

图2　正常阀板与损坏阀板的对比

3　故障原因分类

3.1　制造质量问题：弹簧过硬出现断裂。

3.2　维护保养问题：弹簧达到疲劳极限出现断裂。

4　故障教训

4.1　进、排液弹簧作为柱塞泵的易损件在更换时应选择正规大厂的产品，尤以原厂配件为佳，硬度适中。弹簧过硬容易断裂缩短使用寿命，弹簧过软造成阀片不能及时回位。

4.2　设备保养要及时到位。弹簧在工作时材料截面的应力分布是不均匀的，最大应力都出现在材料的表面，弹簧若发生疲劳断裂，其疲劳源亦大都起源于材料的表面，尤其是材料表面的缺陷部位，它往往是首先形成疲劳源的位置，因此保养时应仔细检查弹簧表面有无外伤。

5　防范措施

5.1　选择合格优质的配件。

5.2　装配前应仔细检查配件有无缺陷。

5.3　各个配件应安装到位，杜绝偏、斜、漏、卡等现象。

5.4　严格按照保养规程对设备进行保养，保养应及时到位。

注水泵轴瓦故障分析

1 故障概况及经过

1.1 故障概况

某3S100-3.8/32型注水泵，日注水量40m^3。2011年2月24日，维修大班对该泵进行了例行维护保养，当时注水泵机箱油位前看窗显示在1/3处，油质清澈(该泵机箱没有油位显示仪)，在盘泵试运行正常，并于当日下午3：10正式开注。25日早，维修大班又补充一些机油加入注水泵机箱内，机油看窗液位已超，泵运转正常。3月15日，当班职工告知，注水泵盘根刺水严重。但当班职工由于不会维修，需请大班协助，当日下午维修大班前去维修，更换所有盘根，泵运行良好。次日晨，当班职工再次向汇报，机油箱内机油乳化严重，需更换，随即维修大班前去更换机油，到现场发现，机油已成奶油状，打开机箱上下压盖，对机箱内进行彻底清洗，并对机箱内磁铁上粘附的铁屑进行清除。在更换完机油后盘泵，发现泵机箱内发出轻微的摩擦声，便对轴瓦头固定螺丝进行紧固，无松动，在不带负荷的情况下起泵试运行几分钟后摩擦声消除，现场判断为清洗机箱磁铁上铁屑时有少许铁屑由活塞油道进入活塞内，便没有彻底对泵机箱检查。3月28日晨，当班职工再次汇报，注水泵发现异常响声，并已停泵。

1.2 故障处理

经现场判断轴瓦可能损害，便立即排空机油，卸开机箱上下压盖，当打开轴瓦压盖时发现，有一道瓦和轴磨损较严重，另两只没有磨损。修复轴，更换并研磨新瓦后，重新加注机油，试运转正常，故障排除。

2 事故原因及失效机理分析

2.1 停运设备在重新启用时维护保养不到位。

2.2 当班职工在盘根刺水后没有及时维修，从而使机箱内进水而使机油变质严重。

2.3 维修人员在最后一次维修时发现泵有异常没有彻底查找原因，靠经验办事。

2.4 注水泵本身设计存在缺陷，机箱缺少能显示准确油位的液位仪。

3 故障原因分类

管理不到位及设备自身缺陷。

4 故障教训

4.1 严格执行设备巡回检查制度和保养操作规程，既包括在用设备，也包括停用设备。

4.2 加强当班职工的技能培训。由于该注水站恢复生产的准备时间较短，人员未能及时安排，临时安排一职工上岗，未按规定及时进行技能培训，使得当班职工在发现问题后不会处理，导致事故扩大化。

5 防范措施

5.1 对所有设备进行一次全面的自查自改，查漏补缺，并对所有已停用设备进行专项检查，防微杜渐。

5.2 对所有在岗职工进行一次全面的岗位技能测验，确保在岗职工了解自身岗位职责，熟悉岗位操作规程，演练应急处理预案。

5.3 针对设备存在的隐患或不足，及时与厂家联系，及时整改。

注水泵排量不足故障分析

1 故障概况及经过

1.1 故障概况

有两台注水泵型号分别为3S125－9/25－2H、S125－5.1/32；压力为25MPa和32MPa，额定排量为9m^3/h和5.1m^3/h，两台泵都配备变频和工频二种选择，实行合并注水。后随着部分井注水时间延长和注水量的增加，注水压力逐渐升高，同时注水站承担注水区域的延伸，配注量的增加，同时注水方式有单层单注，也有分层注水，整个注水站的压力相差悬殊。为了节能降耗，2009年初对两台注水管网分开，实行高低压分开注水，排量小的2#泵承担压力较低的井，注水压力为15MPa左右，对排量较大的1#泵进行技术改造，更换泵头和柱塞等液力端，改变原有参数，提高注水泵的额定压力到32MPa，排量变为7m^3/h，现该泵实际配注为6.5m^3/h，正常注水压力为27MPa。

2010年4月，对1#注水泵进行系统效率测试，结果发现系统效率较低，注水压力和排量均不能满足配注要求。见表1。

表1 对1#注水泵进行系统效率测试的结果

测试地点	测试日期	设备型号	电机型号	注水泵流量/(m^3/h)	输入功率/kW	泵机组效率/%	功率因数	系统效率/%
1#	2010.4.26	3S125A－5.1/32	Y250－4	4	33.5	79.3	0.7624	33.2

1.2 故障处理与恢复情况

1.2.1 把注水泵的液力端全部拆散、清洗检查，未发现该泵有异常情况，仅查出注水中固含较多。所有部件清洗干净，重新装配注水，该泵排量和压力都能满足要求，但短期内效果变差，分析认为是由于水中颗粒物垫住进出水凡尔导致关闭不严，影响系统效率。通知操作人员加强污水处理系统管理，提高污水水质，减少来水中固含。由于该泵此时配注只要求4m^3/h，该泵还能满足配注要求。

1.2.2 注水站运行一段时间后，按照要求对压力较高的泵增加注水量，达到5m^3/h。在调试过程中，该泵的实际排量和压力不能满足要求，泵压只能达到24MPa，有时还可能瞬间下降到12MPa，排量只有3.5m^3/h。对流程和注水泵进行检查，未发现异常情况，只发现泵前流量计数据和泵后各单井流量计总和不相吻合，初步判断为流量计未正常校验，误差较大，现场决定采用注水大罐对注水泵前的流量计和各井的流量计进行标定，调整后恢复注水。

1.2.3 检查时发现报表数据与各井流量计不符，注水泵压力波动大。更换流量计，数据同旧流量计有误差，注水泵排量仅为3m^3/h，再次对组合阀等液力端全部拆散、清洗检查，组装后，排量仍然达不到要求。更换所有组合阀，注水泵排量仍不足，压力仍不稳，达不到要求。

1.2.4　现场对注水泵的皮带轮直径进行测试，与同型号的注水泵进行比较，结果尺寸相当，排除了皮带轮影响传动比因素。考虑电机使用时间较长，电机功率不足，因负荷过大引起转速下降，协调一台电机进行更换，用转速表测量转速为1450r/min，电机达到额定转速，注水泵排量最高为3.5m^3，压力最高24MPa。

1.2.5　注水泵采用工频正常注水时，回水阀门关死，测量电机有功11kW，注水泵前流量计和各单井流量计总计均显示排量为3.5m^3，泵压为24MPa，慢慢关闭出口阀门，开始注水泵压力没有变化，阀门快关死时压力突然升高。根据此现象，判断是注水泵液力端有故障。拆解注水泵液力端检查，打开三个组合阀上的压板，泵头污水溢出，水中含有少量悬浮物，分别取出组合阀清洗检查，未发现异常，在组合阀上和泵体内均未发现夹布垫圈，初步分析是缺夹布垫圈造成泵排量小，压力低。现场决定更换从原厂购买的夹布垫圈，组装试运行，注水泵泵头压力30MPa，排量达到7m^3/h，全部达到该泵技术参数。故障排除，恢复生产。

2　故障原因及失效机理分析

造成1#泵压力不稳定、排量上不来的根本原因是注水泵泵体与组合凡尔之间的夹布垫圈不合格，不能够承受高压，在注水压力相对较低时，还能对泵体和组合凡尔之间起密封作用，当注水达到一定压力时，就会被高压水流撕裂，使得组织凡尔和注水泵泵体之间不能密封，形成水的回路，排量下降，压力下降，长时间运转，破碎的夹布垫圈就会被高压水流带出泵头，流到流程内，泵水泵注水压力和排量就都上不去。

3　故障原因分类

该故障是由于注水泵配件不合格所致，同时班组在设备保养时对设备结构不了解，故障点没有能及时查找出来，也延长了故障的排除。

4　故障教训

4.1　配件管理不严。现行的配件供应实行招标采购，容易导致以价格决定厂家，弱化配件的质量，如果再遇上企业内部保护，所供配件状况就更加堪忧。班组在领料时要认真仔细的检货，不合格的配件应拒收。

4.2　现场表计校验不规范。表计校验在现场管理中被弱化，不能履行计量强检规定，校验人和校验方法均不合规。

5　防范措施

5.1　加强配件质量管理。

5.2　强化表计管理。设备表计按照计量管理规定，编制校验周期，制定强制的校验规范，应有专门的有资质的单位进行校验，并严格执行，对现场安装不能拆卸的表计，应有专职人员到现场按规定进行校验，确保所有在用表计数据真实可性，关联表计数据相投。

5.3　强化岗前培训。认真组织开展职工培训的前提，加强上岗和转岗前的业务培训，有针对性地进行开展培训，对生产骨干尤其要加强培训。

抽油机曲柄销断或脱造成翻机事故

1 故障概况及经过

马36斜-5-3井巡检时发现，该井CYJY10-4.2-53HB抽油机左旋曲柄销销轴断裂，造成抽油机单臂运转(见图1)，急忙停机。经现场检查分析，这是一起典型的机械事故，共损坏两只曲柄销总成、两根连杆、一个尾轴承总成和一根横梁。

图1 曲柄销销轴断裂

2 事故原因及失效机理分析

2.1 直接原因是该抽油机左旋曲柄销销轴有内伤，见图2。经查，该机是1997年3月生产安装使用的，使用过程中一直没有更换曲柄销。

图2 曲柄销销轴有内伤

2.2 间接原因是操作者由于经验不足，巡检时没有仔细监听、及时发现异常声音，并采取相应措施。

3 事故原因分类

3.1 机械问题。使用时间长，曲柄销销轴内有伤，强度不够，整体断裂。

3.2 维护保养问题。操作者巡检时没有并及时采取相应措施。

4 故障教训

操作者必须要提高技术素质，提高处理故障的能力。

5 防范措施

5.1 召开事故现场会，对事故进行现场剖析，举一反三查找隐患，并提出具体的防范措施要求，如对使用时间长的曲柄销等关健抽油机配件要及时检查，发现有质量问题的要及时更换。

5.2 利用上技术课等多种渠道加强职工的技术培训，加强抽油机管理规定的学习，提高职工的技术素质。

光杆方卡子伤人事故

1　故障概况及经过

某采油队在油井现场调防冲距、调冲程或抽油机检修卸载荷时，操作者在拆卸光杆上方方卡子或悬绳器时，手抓在两个方卡子之间的光杆上，一旦下方方卡子因没有固紧或卡瓦片丝扣滑，致使光杆下溜，此时方卡子或悬绳器体将压在操作者的手上，造成伤人事故。

2　事故原因及失效机理分析

2.1　油井调防冲距、调冲程或抽油机检修时，应将抽油机停机后使游梁处于接近下死点的位置，刹紧刹车，用方卡子卡紧光杆，并坐在盘根盒上，卸去负荷，再按要求调整好防冲距、冲程或检修抽油机。

2.2　操作者违反抽油机安全操作规程中“禁止手抓光杆”的安全管理规定，施工时手抓在两个方卡子之间的光杆上，是造成事故的主要原因。

2.3　方卡子没有固紧或卡瓦片制造质量差造成丝扣滑扣，致使光杆下溜，将操作者的手压伤是事故的直接原因。

3　事故原因分类

3.1　操作问题

3.1.1　操作者违反规定，手抓在光杆上。

3.1.2　方卡子锁紧螺栓没有按要求上紧。

3.2　制造质量问题

卡瓦片丝扣强度没有达到设计要求。

4　故障教训

4.1　操作者没有严格按照规程执行。

4.2　严格把好关键配件的质量关。

5　防范措施

5.1　召开事故现场会，对事故进行现场剖析，查找隐患，并提出具体的防范措施要求。

5.2 加强学习关于抽油机操作的有关规定及QHSE作业指导书的学习培训，举一反三，深化事故案例剖析，组织“三不伤害”大讨论，彻底杜绝各类事故的发生。

5.3 严格把好关健配件的质量关，加强供应商的管理，杜绝不合格产品的流入。

离心式注水泵叶轮破损故障

1　故障概况及经过

某 DF300－150×5 多级离心注水泵在某年 10 月 2 日发生故障，该泵排量为 $300m^3/h$，扬程为 750m，配 6000V 高压电机。

1.1　该泵于 2006 年 4 月 6 日用 DPA1500 数采器进行正常故障监控时，频谱出现异常，见图 1。

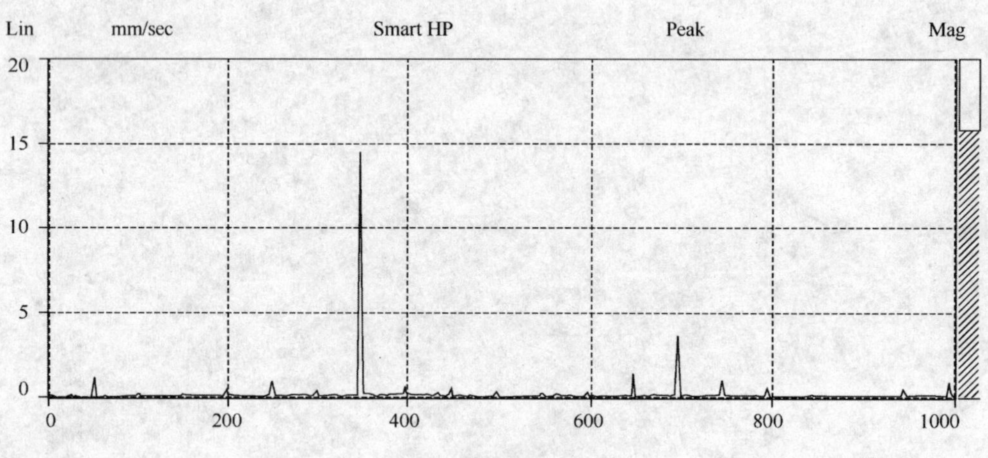

图 1　频谱出现异常

1.2　频谱在 350Hz 出现高峰值，超标 2 倍许用值，350Hz 为通频，表现为转子过流部件出现问题。

1.3　在 $2f$、$3f$ 峰值正常，也无边频。说明转子与导叶等无接触磨擦，其他几个点无异常，泵排量正常，泵压有小波动，查电流、电压也无异常。

1.4　最终认为是转子过流部件出现问题。

1.5　其间多次采集监控数值变化不大，直到 2006 年 5 月 21 日采集监控频谱发生突变，见图 2。

1.6　3V 点的峰值与 4 月相比上升了 10mm/s，变化加剧，而且，在 5V 处也出现峰值，与 4 月 6 日图谱相比，仅表现通频变化，压力波动加剧（表指针振动），其他无变化，决定停机、检修。

1.7　2006 年 5 月 27 日该泵解体发现首级叶轮破裂（见图 3），从而使 3V 点峰值突然升高。其他叶轮均比较完好，从而出现单纯通频峰值高升的频谱图。

1.8　由于已经做好了充分的配件准备，并且调整好了备用泵，使修理时间极大缩短，生产未受任何影响。经检修后，该泵于 6 月 9 日投产运行，频谱见图 4，完全恢复正常状态。3V 点的峰值 1.15mm/s，远低于标准要求的 4.5mm/s。

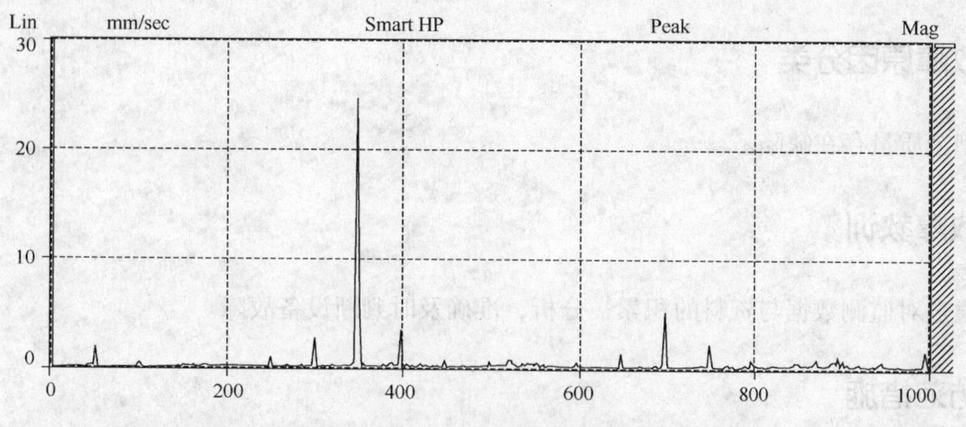

图2 频谱发生突变

图3 首级叶轮断裂

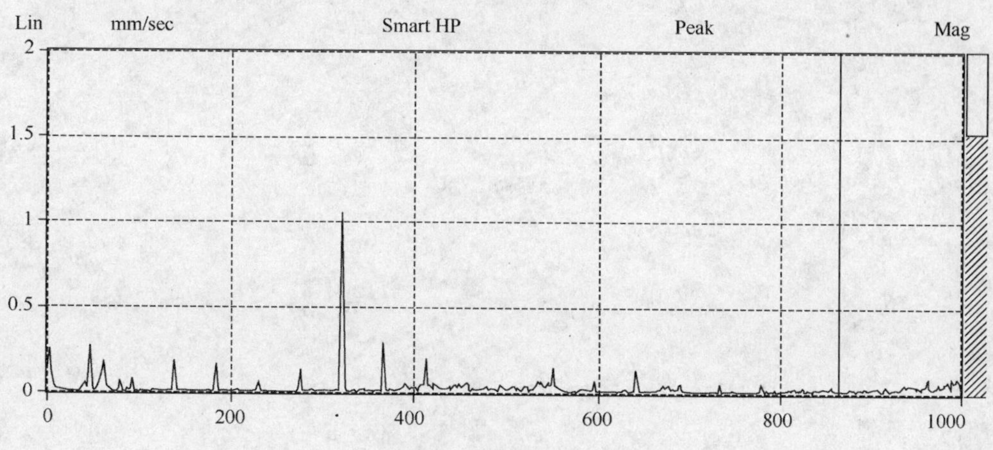

图4 频谱恢复正常

2 事故原因及失效机理分析

本次故障产生的主要原因是叶轮制造的本身缺陷如隐伤等，叶轮采用的是C15双相低碳不锈钢铸造加工而成，对抗氯离子腐蚀效果显著，不存在腐蚀损坏，可能是在铸造加工中产生了隐伤，在高转速，高压力作用下产生了破裂。

3　故障原因分类

制造质量存在缺陷。

4　故障教训

通过对监测数据与资料的积累，分析，准确及时判断设备故障。

5　防范措施

5.1　加强对零配件的质量检验，确保优质品用于生产。

5.2　积极采用不解体故障监控手段，从生产动态出发，提前预判，主动维修。

注汽锅炉辐射段炉管爆管事故分析

1　事故概况及经过

1.1　事故概况

某注汽站1[#]炉发生爆管事故。爆管部位为辐射段顶部蒸汽出口炉管上，距离燃烧器约3.5m，爆口呈鱼嘴状向外张开，中间宽，两头窄，裂缝长约10cm，炉管内壁光滑明洁(见图1)，无水垢，也无氧腐蚀现象，炉膛保温层下部出现局部损坏。事故没有造成人员伤亡，直接经济损失5万元，间接损失6万元。事故现象：对流段两侧盖板及烟囱冒出大量白烟，鼓风机进风口飘出大量保温岩棉。

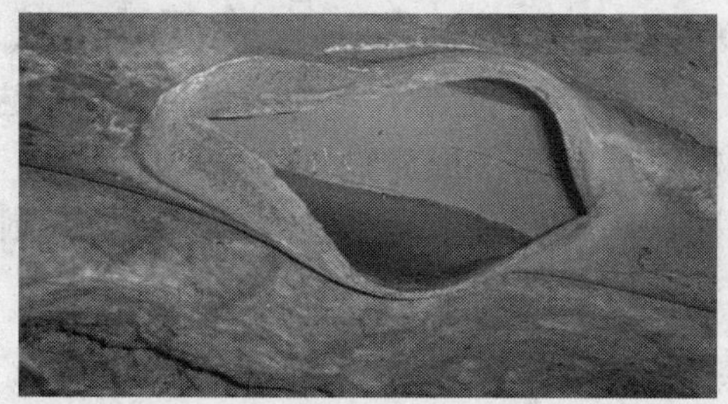

图1　爆管部位图片

1.2　设备状况

该炉为油田专用直流注汽锅炉，生产厂家为上海四方锅炉厂，设计工作压力17.2MPa，额定介质出口温度350℃，于2006年7月5日投入运行，爆管时累计运行4169h。

1.3　处理过程及恢复情况

事故发生后，成立了专门的事故调查小组，对事故锅炉其他炉管进行了内窥镜检查及测厚分析，未发现其他炉管存在问题，在对所爆炉管及损坏的保温层进行更换后，锅炉恢复运行。为进一步查找事故原因，将事故锅炉所爆炉管及新炉管送至长江大学进行了材质分析。

2　事故原因及机理分析

油田注汽锅炉爆管主要是发生于受热面辐射段、给水预热器和对流段，其事故爆管原因及机理一般有以下几个方面：

2.1　锅炉材质

生产运行中的注汽锅炉，额定压力有17MPa和10MPa两种，锅炉产生的饱和蒸汽最高温度分别为350℃和300℃，两种压力的锅炉使用管材均为ϕ89mm×12mm(20G，GB 5310)。从10MPa锅炉运行情况来看，正常使用周期在8年左右，对17MPa(350℃)的高温高压蒸汽而言，其使用寿命显然比10MPa(300℃)会降低。

对125区锅炉所爆炉管的纵横方向共取了两个试样，其金相分析研究报告结论是：金相成分为铁素体+珠光体组织，试样晶粒长大、明显有呈带状分布，边缘有脱碳现象，有微小裂纹。晶粒长大和带状分布的原因是20G钢的高温蠕变性能差，脱碳是由于管材边缘的氧化和腐蚀。由于晶粒长大、带状分布和脱碳降低了材料的强度，产生塑性变形裂纹。爆口弯管的外侧呈现鱼嘴状向外张开，中间宽，两头窄；破口处管内壁光滑明洁；金相分析中晶粒长大、带状分布和脱碳。由此断定：B125爆管的原因主要是20G炉管受高温冲刷后耐腐蚀耐高温变形能力较差。

2.2 炉水含氧

锅炉用水中一般溶解有各种气体，其中氧气和二氧化碳会给锅炉给水系统及锅炉带来腐蚀，尤以氧腐蚀最为严重。腐蚀产物并不只表现于金属阳离子上，这些阳离子在溶液中会进一步和水中某些物质发生变化，其产物称为二次产物，锅炉中的腐蚀产物大都是二次产物。由于氧腐蚀形成的二次产物常常是疏松的，没有保护性，所以一旦在金属表面形成了腐蚀点，就不能阻止其继续腐蚀。这样腐蚀点四周为阳极，腐蚀点本身为阴极，腐蚀不断扩大，所带来的二次产物也不断增加，因此鼓包下面越腐蚀越深，形成陷坑，当工作压力达到一定值时就会引起爆管。这种爆管情形与前两种不同，一般只是水从腐蚀点处小孔向外刺，炉管并未爆裂开。其爆管部位主要发生于锅炉对流管束内或者辐射段的炉管进口部分。

2.3 火焰偏烧

由偏火引起的爆管最易发生于辐射段顶部蒸汽出口炉管上。对于油田注汽锅炉来讲，由燃烧器内的油嘴喷出的火是圆锥状，在燃烧器稳定燃烧时，从炉后观火孔观察，火焰形状应完整展开而不扫擦炉管和喉口。偏火是指火焰因偏离辐射段中心线而造成火焰直接扫擦到了所偏方向的炉管。当火焰向上偏时最易造成爆管。由于火焰直接与炉管接触会造成炉管表面温度超标，所以其爆管的原因与过热引起的爆管原因相同。注汽锅炉偏火原因一般有以下几种情况：①由于注汽锅炉设计的燃料是稀油或者天然气，改烧渣油后为保证燃烧效果，必须增加燃油压力与温度，导致炉膛内火焰变长，有可能冲刷炉管；②燃油中的杂质堵塞了喷油嘴某一方向的槽孔；③风门连杆没有调正，造成鼓风机产生的助燃空气经风门后偏向；④燃油喷嘴四周配风板的小孔被杂物或者焦块所堵塞，也会引起偏火；⑤拆卸油嘴时使用工具用力不当，造成安装油嘴的细长管子偏向。

2.4 炉水有硬度

进入锅炉的水中含有钙和镁等盐类，这些盐在锅炉中受热分解，再蒸发浓缩，当其在炉水中达到一定浓度后，就会生成水垢。水垢的导热性一般都很差，与钢材相比，导热系数相差几十倍，因此水垢严重地阻碍传热，导致壁温升高，使金属材料的机械强度降低，造成受热面变形，鼓包而爆管。爆管发生于对流段及辐射段炉管，可以清楚看到爆口处炉管内壁结有灰白色垢物。

2.5 蒸汽过热

由过热引起的爆管位置一般在辐射段最上部出蒸汽的最后一根管子中间。辐射段外形是圆柱体，辐射段的外壳是6mm的钢板，内部是隔热层和耐火层组成的炉衬。内炉管通过卡子与外壳固定在一起，炉管是单路直管，沿炉衬内壁水平方向往复排列并串联在一起，管材均为20G。水在辐射段流经全部串联炉管，吸收约60%的热量后达到设计压力相对应的饱和温度，变成干度为70%～80%的饱和蒸汽。对注汽锅炉而言，其蒸汽出口干度超过85%即称为过热，干度越高，则表示一定量的炉水产生的蒸汽越多，相应的炉水就越少，造成各种残余盐分因炉水量少未被溶解而加速结垢，沉积于炉管内壁而造成炉管吸热能力下降。炉水依次通过辐射段内的管子，其吸热能力逐渐下降，在过热的情况下，炉水至最后一根出辐射段的管子时基本上全为蒸汽，吸热能力为最小，这样就造成辐射段内燃烧的火在此根管子表面产生最大的热负荷。而管子的强度在一定的高压下随温度升高而降低，超过了管子耐温极限就会引起爆管。管子爆开处为一裂口，且在裂口处管子在轴向与径向发生蠕变。对17.2MPa的锅炉而言，蒸汽温度或者炉管温度超过360℃就会自动停炉报警，但如果一次仪表热电偶或者二次仪表温度显示报警仪出现质量问题，就会出现爆管现象。

3 事故原因分类

3.1 设计问题：20G管不含有Cr和Mo元素，因此在高温状态下的耐腐蚀性耐高温变形能力较差。建议对额定压力在17MPa以上的注汽锅炉，改用含有Cr和Mo元素的其他类型锅炉钢，例如15CrMoG、12Cr1MoVG等。

3.2 操作问题：炉膛火焰有偏烧情况，致使炉管长期在高温状态下的耐高温性能变差，最终导致爆管。

4 事故教训

4.1 保证观火孔清洁，加强锅炉燃烧火焰的检查，避免火焰偏烧，使锅炉处于最佳燃烧工况。

注汽锅炉防止炉膛火焰偏烧的几种方法：①注汽锅炉运行时的燃料油压、温度、风压、雾化压力等参数，必须与设计参数一致，不得随意更改与调整；②定期对燃料油喷油嘴的喷油槽和蒸汽化孔进行检查，确保无杂物堵塞；③风门连杆按设计要求进行调整，鼓风机产生的助燃空气经风门后无明显偏向；④定期对燃油喷嘴四周配风板的小孔进行清理；⑤拆卸油嘴时正确使用工具，防止油嘴的细长管子偏向。

4.2 加强炉管的现场监测，及时对炉管进行维修。

每半年用内窥镜对炉管内部进行一次检查，每月对炉管进行一次测厚，发现问题及时进行维修或更换。

4.3 对已投用的17.2MPa注汽锅炉，按4.1的相应操作方法，避免火焰偏烧；对新购额定压力在17MPa以上的注汽锅炉，建议改用含有Cr和Mo元素的其他类型锅炉钢，例如15CrMoG、12Cr1MoVG等。

5 防范措施

5.1 保证除氧设备正常工作以提高锅炉给水质量，防止产生氧腐蚀。

加强注汽锅炉除氧器的日常维护保养，确保其正常运行。另外，要定期对除氧器的进出口水进行含氧量监测，并有相应记录。

5.2 定期检测炉管壁厚，并根据实际壁厚来确定炉管的及时大修改造。

依据上海四方锅炉厂的强度计算书并结合现场运行情况：对 17MPa 的锅炉而言，当炉管壁厚由设计的 12.5mm 降到 10mm 以下时，有必要对炉管进行维修更换，图 2 为强度计算汇总表。

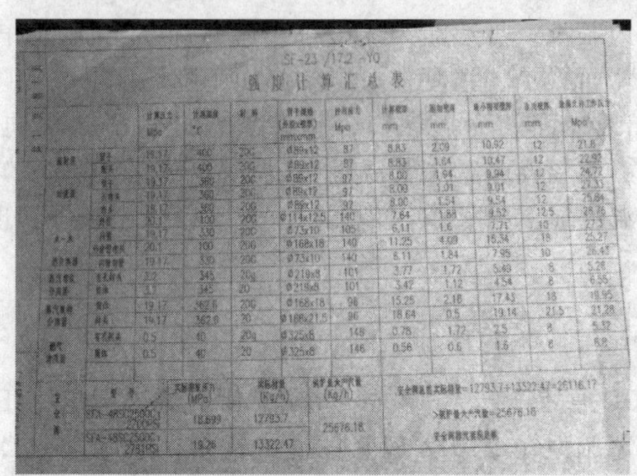

SF-23/17.2-YQ

强度计算汇总表

[illegible]	[illegible] MPa	[illegible] ℃	[illegible]	[illegible] mm×mm	[illegible] Mpa	[illegible] mm	[illegible] mm	[illegible] mm	[illegible] mm	[illegible] Mpa
[illegible]	19.17	400	20G	Φ89x12	87	8.83	2.09	10.92	12	21.8
[illegible]	19.17	400	20G	Φ89x12	87	8.83	1.64	10.47	12	22.92
[illegible]	19.17	380	20G	Φ89x12	87	8.00	1.94	9.94	12	24.72
[illegible]	19.17	360	20G	Φ89x12	91	8.00	1.01	9.01	12	27.33
[illegible]	18.17	380	20G	Φ89x12	92	8.00	1.54	9.54	12	25.84
[illegible]	20.1	100	20G	Φ114x12.5	140	7.64	1.88	9.52	12.5	28.16
[illegible]	19.17	330	20G	Φ73x10	105	6.11	1.6	7.71	10	27.3
[illegible]	20.1	100	20G	Φ168x18	140	11.25	4.09	15.34	18	25.27
[illegible]	19.17	330	20G	Φ73x10	140	6.11	1.84	7.95	10	26.45
[illegible]	3.2	345	20g	Φ219x8	101	3.77	1.72	5.49	8	5.28
[illegible]	3.1	345	20	Φ219x8	101	3.42	1.12	4.54	8	6.55
[illegible]	19.17	362.6	20G	Φ168x18	98	15.25	2.18	17.43	18	19.95
[illegible]	19.17	362.6	20	Φ168x21.5	96	18.64	0.5	19.14	21.5	21.28
[illegible]	0.5	40	20g	Φ325x8	148	0.78	1.72	2.5	8	5.32
[illegible]	0.5	40	20	Φ325x8	146	0.56	0.6	1.6	8	6.8

[illegible]	[illegible] (MPa)	[illegible] (Kg/h)	[illegible] (Kg/h)	
[illegible]	15.899	12783.7	25676.18	[illegible]=12793.7+13322.47=26116.17
[illegible]	19.26	13322.47		>[illegible]=25676.18

图 2 强度计算汇总图表

5.3 保证观火孔清洁，加强锅炉燃烧火焰的检查，避免火焰偏烧，使锅炉处于最佳燃烧工况。

5.4 勤测干度(1h 测一次)，避免干度过高，导致管道积盐。

5.5 定期检查锅炉水火跟踪，定期对锅炉给水流量、蒸汽温度、炉管温度等各报警值进行调校，确保各报警开关灵敏可靠。

5.6 加强锅炉的现场巡回检查，确保锅炉的各项运行参数达到设计要求，炉膛内火焰正常稳定。

3D2A 系列电动往复泵排量减小故障分析

1　故障概况及经过

3D2A 系列电动往复泵在作业时，若吸入管道漏气或阻塞，泵不能正常供液，造成泵排量减小。2011 年某采气队一辆 NC5061TPY 型化排车在注醇作业时发现泵排量低于额定排量，对泵进行检查发现吸入管道阻塞，柱塞 O 形圈损坏，影响泵的排量。随后对吸入管道进行疏通，更换了柱塞 O 形圈，泵的排量恢复正常。

2　故障原因及失效机理分析

2.1　故障现象

电动往复泵作业时排量低于额定排量(额定排量 1000L/h)。

2.2　故障原因

2.2.1　吸入管道阻塞；

2.2.2　吸入管道漏气；

2.2.3　柱塞 O 形圈损坏，杂质堵塞。

2.3　故障的判断和排除

首先检查液体箱液体高度，清洗疏通吸入管道，压紧或更换法兰垫片，其次检查柱塞 O 形圈是否需要更换。

3　故障原因分类

质量问题。

4　故障教训

维护保养和日常检维修工作，是保证泵良好运行的关键节点，除进行日常维护和检修，还需要对泵进行定期的维保，才能确保设备的正常运行。当泵在单位之间进行调整时，移交和接收工作也很关键，在交接过程中，需对泵的运行状况进行评估，检查泵运行记录，做好交接工作。在接收后，还需对泵进行全面检查，确认泵运行良好后，在投入使用。

5 防范措施

5.1 启泵时排尽机座内的空气并润滑各个部位。具体做法是：

5.1.1 打开机座上的吐气塞盖，注入 HJ－40 号机油至油位线；

5.1.2 用手盘动联轴器或皮带轮，确认转动灵活无卡阻；

5.1.3 打开吸排端各闸阀，开车进行 1～2min 空载运转，确认泵的噪声和振动是否正常；

5.1.4 正式开车，逐渐加载至满负荷。

5.2 检查泵的旋转方向，按照转向牌批示方向旋转，切忌反转，以免发生事故损坏机器和零部件。

5.3 按照要求及时更换机油，及时增添。新泵使用半个月换油一次，以后每半年更换一次。曲轴上的滚动轴承，连杆轴和连杆套均由机座内的机油飞溅润滑。新泵使用一个月加油一次，以后每三个月加油一次。

5.4 经常检查柱塞密封处以防止渗漏，如有显著渗漏又不能调整时，应更换新填料，其余各处密封如有渗漏，亦需检查和更换密封件。

抽油机整机振动故障分析

1　故障概况及经过

抽油机是24h连续运转的机械采油设备。抽油机在工作中除承受液柱和抽油杆柱的静载荷外，还承受着惯性、摩擦和振动等一系列交变载荷，这些因素的相互作用容易造成机件磨损，连接零件松动进而会有整机振动等现象的发生。

采油队巡检工检查抽油机时，发现某油井抽油机支架摆动，底座和支架振动，电机发出不均匀的噪声。

2　故障原因机理分析

2.1　主要有地基建筑不牢固、底座与基础接触不实有空隙、支架底板与底座接触不实有空隙。

2.2　驴头对中误差大、悬点负荷过重超载、平衡率不够、井下抽油泵刮卡现象或出砂严重。

3　故障原因分类

施工质量问题，基墩与底板接触不牢固，基墩的焊接开焊造成整机振动过大。

4　故障教训

抽油机振动严重影响到抽油机运转的本质安全，轻则会造成抽油机各部件的损坏，重则会造成严重的机械事故甚至是翻机事故。

5　防范措施

5.1　如基墩与底板预埋件开焊，可挖出基墩至底板预埋件重新焊接；

5.2　基墩与底座的连接部位不牢时，可重新加满斜铁，重新找水平后，紧固各螺栓，并备齐止退螺帽。将斜铁块点焊成一体，以免斜铁脱落；

5.3　支架与底座有缝隙时，可用金属垫片找平，重新紧固；

5.4　驴头不对中时，应及时调整对中；

5.5　严重超载时，应及时调小冲程、冲次或换小泵径，或更换大点的机型；

5.6　平衡率不够时，应及时调整平衡，平衡率应在85%～115%之间；

5.7　有碰泵、刮卡现象时，应调整防冲距。如发现刮卡现象时，应将抽油杆调整一个位置，直至不刮卡为止；

5.8　如减速器齿轮打齿，应立即更换。左右旋齿松动应及时更换。

游梁式抽油机曲柄销孔平面磨损

1　故障概况及经过

1.1　故障设备名称、概况

故障设备名称：CYJ10－3－53HB 游梁式抽油机。

故障设备概况：悬点最大载荷 80.2kN，悬点最小载荷 67.4kN，泵径 ϕ32mm，泵深 1984.24m，产液量 14t/d，含水 60%，投运日期 1997 年 8 月。

1.2　故障发生经过、影响范围、处理恢复情况

故障发生经过：例行安全检查时，发现抽油机曲柄销定位台肩错位、磨损，曲柄销孔平面对称磨损(见图 1)，曲柄销孔内无金属铁屑。

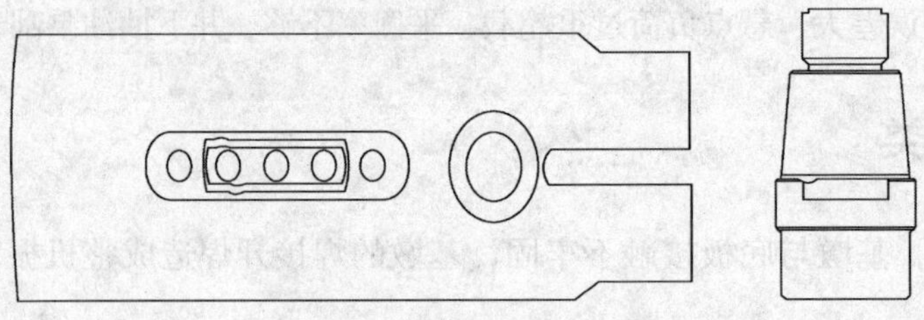

图 1　抽油机曲柄销定位台肩错位、磨损

经停抽仔细检查，曲柄销保险盖板固定螺丝有拉伸变形现象，发现曲柄销冕形螺母与丝扣联接处有锈蚀痕迹，曲柄销与锥套因锈蚀咬死，锥套定位台肩破裂。曲柄销定位台肩磨损，磨损面积半径 5mm，曲柄销孔平面对称磨损，磨损面积半径 7mm，连杆轴承油封损坏。

故障影响范围：曲柄销冕形螺母、曲柄销、曲柄销锥套损坏，无法使用；造成该井故障停抽 12h，损失产量 2.8t。

处理恢复情况：因曲柄销冕形螺母与丝扣联接处锈蚀严重，采用常用锤击震动松扣方式失败(2 个锤击位置被锤击撕裂)，又采用氧气烘烤失败，最后采取破坏方式，用氧焊割除曲柄销螺母；更换曲柄销锥套、曲柄销和曲柄销冕形螺母，连杆轴承油封，对曲柄销孔磨损处进行高强度焊条焊补；检查另一侧曲柄销正常后恢复运行。

2　故障原因及失效机理分析

2.1　故障原因

本故障发生的主要原因是未按设备保养规定，认真执行例行保养和一级保养。

故障发生的直接原因是曲柄销螺母松动，未及时发现，导致可以及时解决的问题逐步

扩大。

2.2 失效机理分析

由于该井存在液击现象，抽油机整机有震动现象，曲柄销螺母松动后，受保险盖板限制，未发生较大松动、曲柄销脱出的现象；但曲柄销与锥套的配合间隙变大，曲柄销随每个冲程发生小幅转动，曲柄销与曲柄销锥套发生对磨，配合间隙继续加大，继而导致曲柄销台肩与曲柄销孔平面发生对磨，曲柄销台肩不断冲击曲柄销孔平面，导致曲柄销及曲柄销孔平面全部磨损；同时受雨水影响曲柄销和曲柄销锥套间形成锈蚀，造成曲柄销和曲柄销锥套咬死，形成剪切扭距，导致曲柄销锥套台肩破裂；由于油封损坏，曲柄与连杆轴承间充满死黄油，造成例保时无法观察到曲柄销台肩是否错位。

3 故障原因分类

维护保养问题。

4 故障教训

本次故障具有隐性特征：检查人员仅仅是对该机初步检查没有问题提出疑问，在带队领导的支持下才开展全面检查，曲柄销冕形螺母安全记号未错位(实际是开展全面检查时保险盖板固定螺丝未上到位，安全记号旋转180°后再次重合，保险盖板固定螺丝拉伸变形，形成固定良好的假象；由于抽油机整机制造相对粗糙，保险盖板卡在曲柄螺母锤击位置的一个点上，无法移动，也是曲柄销松动后未继续发生较大移动的原因)，曲柄销冕形螺母与曲柄接触处无锈迹，备用销孔无金属铁屑，询问近期在岗人员反映未发现异常响声，在现场的设备责任人在全面检查前仍坚信，该机没有问题；但清理连杆轴承与曲柄间死油后，发现曲柄销台肩错位，磨损真实发生了。

本次故障教训深刻。首先，本次故障前一个月，已经发生同类故障2起，设备管理小组要求开展全面检查，同时要求各设备责任人汲取经验教训。但是，反馈的信息是检查率100%，合格率100%，存在防范措施未深入和弄虚作假的现象。

其次，设备管理制度执行率低下，本次故障如果能认真开展例保和一保，完全可能在故障刚刚出现时就得到处理。在本次故障前，保养后及时清理曲柄与连杆轴承平面死黄油，例保时观察曲柄销台肩，已作为补充设备管理措施下达3个月，但未得到认真执行；设备管理牌显示，本次故障发生前7天刚刚进行过一保，存在保养不到位或假保养的现象；再次，思想僵化、意识淡薄，囿于已总结的经验，未能真正开展“举一反三”，细致入微的开展防范工作。

前2次同类故障发生后，设备管理小组曾组织专人整理工区内历年来同类故障发生的频次与原因。3年内，工区内共发生此类故障7起，涉及2种类型抽油机(10型3m冲程游梁式抽油机)占工区内抽油机(总计32台)的22.88%，典型故障现象有5种(备用冲程孔有金属铁屑、连杆轴承处有“卡、卡”或“卡嗒、卡嗒”的响声、曲柄销冕形螺母安全记号错位、曲柄销冕形螺母与曲柄接触处有明显锈迹、曲柄销保险盖板松动或脱落)，并组织全员学习。

最后，设备管理模式存在一定缺陷。尽管实行了设备管理小组→机械大班→班组长→设备责任人的四级管理模式，但总体上存在有计划、有布置、有检查、无落实的现象，机械大班再三叮嘱要加强曲柄销的检查，但班组长和设备责任人未引起重视，存在侥幸心理，认为自己已经查过没有问题，就不会发生问题，忽略了抽油机运行是个动态的过程，井下情况复杂，影响抽油机安全运行的因素较多，发生故障的时机具有瞬时性和多样性；机械大班因处理其他问题，未及时检查落实情况，其他检查人员在检查过程中走过场现象严重，听汇报重于查现场，查现场重于有无异常响声，如果本次不是因为有人提出疑问，又1个同类故障就会不可避免地再次发生。

5 防范措施

首先，加大设备管理制度的执行率考核。按管理层级，层层落实责任。设备管理小组考核机械大班，机械大班考核班组长，班组长考核设备责任人，明确发生设备故障或事故，设备责任人有不可推卸的主体责任，机械大班和班组长有必然的管理责任。

其次，完善并规范设备保养台账。将设备维护保养规范内容挂在墙上，设备维护保养内容讲在嘴上，开展经常性的宣贯；将设备维护保养项目落在纸上，促使设备维护保养过程真正做在手上。

最后，建立设备维护保养督查制度，由第三方（非本设备责任人或班组长）采用随机抽查形式，在每台设备维护保养结束后，根据保养台账逐项进行检查，验证保养项目的符合性和质量，作为设备管理考核的主要依据，打击保养过程中的走过场和假保养现象，使设备保养工作真正做到按时、按点、保质完成，保证设备安全、高效的运行。

增压注水泵连杆轴瓦及衬套异常损坏

1 故障概况及经过

某350PZ－10－C2增压泵，当班人员巡检时听到曲轴箱有异常声音，于是立即停泵，润滑油油温达到78℃，明显偏高，无法接触，放去机油冷却后解体检查，发现三缸的连杆大头轴瓦前端、连杆小头铜衬套的后端严重磨损（见图1），更换连杆轴瓦及小头铜衬套后恢复正常。

图1 连杆大头轴瓦损坏

2 故障原因及失效机理分析

2.1 故障原因

工艺流程的设计缺陷、设备操作的不规范是造成故障的原因。由于增压泵进出口的压差值未能控制在规定的范围内，压差值长期偏低，轴瓦和轴套的工作面始终没有产生间隙，润滑油不能进入工作面中，导致工作面呈无油润滑及干磨状态，出现高温烧瓦和连杆小头衬套的损坏。

2.2 故障原因分析

2.2.1 增压注水泵与普通注水泵的不同

增压注水泵是在普通注水泵基础上应运而生的柱塞泵，是针对单井或某些小区块油藏注水压力高而采取的二级注水工艺技术，日常使用管理方面多处有别于传统的注水泵，稍有不慎，便会引发故障。增压注水泵的进口有较高的压力，通常为10～18MPa，而普通高压注水泵的进口压力较低，通常为0.02～0.5MPa，这是两种泵的工作状况的主要区别。

两种泵都是通过电动机的传动部分带动曲轴转动，曲轴带动连杆、十字头、连接杆、柱塞作往复运动。当曲轴带动柱塞向后运动时，进液阀打开，排液阀关闭、液体被吸入，直到柱塞移动到最后位置(曲轴转180°)时进液过程结束。当曲轴带动柱塞向前运动时，泵体阀箱内的液体受挤压，压力升高，排液阀打开、进液阀关闭，液体被排出。增压注水泵工作原理见图2。

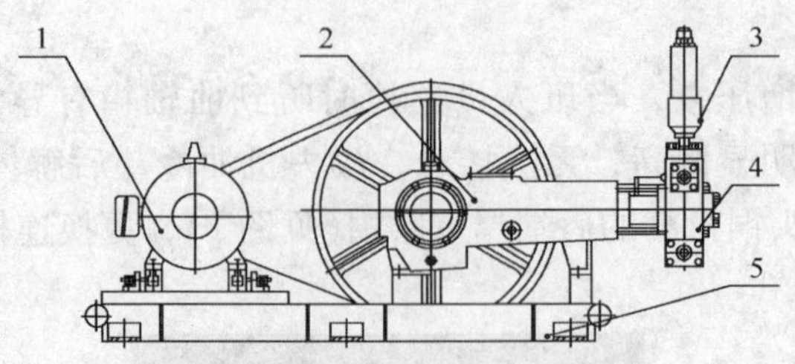

图2　增压注水泵工作原理图

1—电动机；2—动力端；3—安全阀；4—液力端；5—公共底座

增压注水泵的特殊之处是有较高的进口压力，泵在进排液过程中柱塞始终受到进口来液压力的推力(这是有害的)，只有通过压力平衡管进入排出平衡腔，合理设定进出口压差值，把这部分力抵消，起到平衡作用，达到进排液推力平衡。增压注水泵液力端见图3。

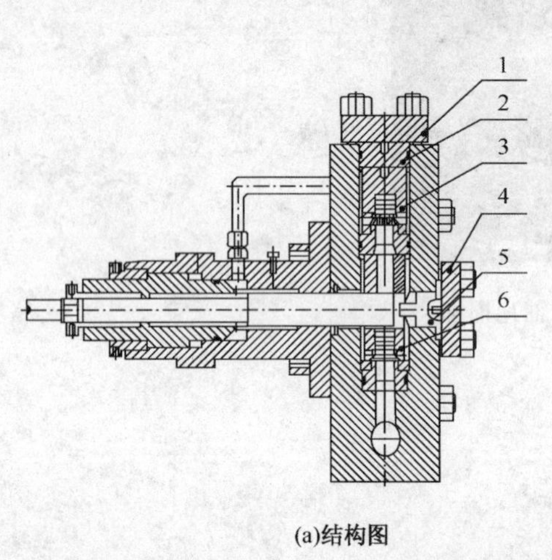

(a)结构图

(b)引流管

图3　增压注水泵液力端

1、4—上法兰及前法兰；2、5—上塞头及前塞头；3—上阀套及排液阀组；6—中间阀套及下阀组

2.2.2　增压注水泵的结构特点

增压泵采用差动式液压缸结构，柱塞设计成阶梯形，主柱塞直径为d_1，副柱塞直径为d_2，泵的排出口一端与排出管道相连，另一端通过平衡管与密封函体相连(见图4)。由图可见，排出阀上部、平衡管、密封函体内始终处在排出压力作用下。

2.2.3　工艺流程设计缺陷

无法建立稳定的压差值。常见建立压差值的方法是在增压注水泵出口增加一只节流阀，通过调节节流阀开启度实现压差调节。本例中由于工艺流程设计缺陷(见图5)，增压注水泵

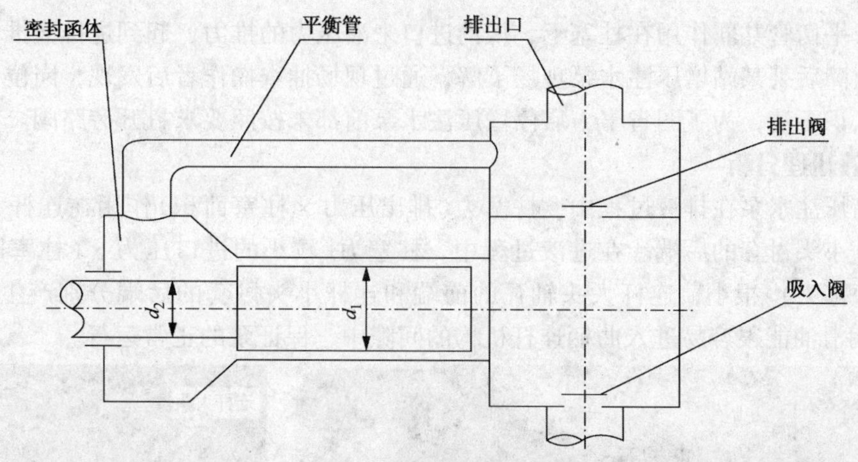

图4　增压注水泵液压缸结构图

出口未安装压差调节阀，无法调节压差，来自上游的供水，经过增压泵排出后直接由高压管线输送到注水井，压差值是随井口压力的变化自动调节的，压差值无法保证在规定的范围内，客观上埋下问题的隐患。设备运行报表上记录的数据显示，进口压力在20~22MPa，出口压力在24~28MPa之间，压差值维持在4~6MPa，该型号增压泵设计要求的压差值为10MPa，说明压差值偏低。

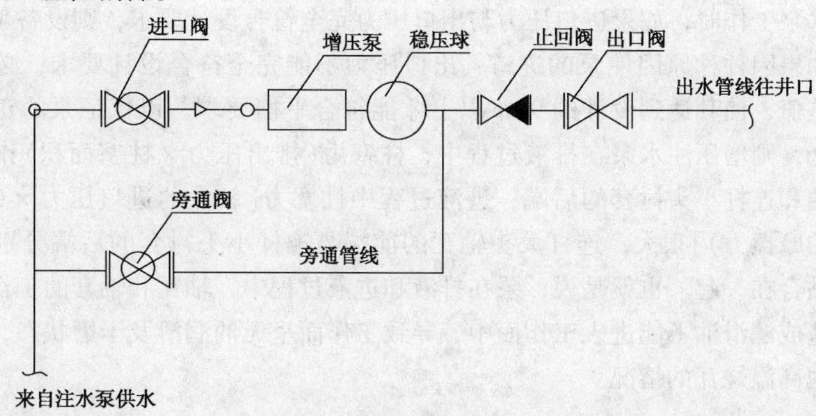

图5　增压泵注水流程示意图

2.2.4　工作制度不合理

某站增压注水泵主要针对断块低渗油田的二级注水，注水压力一般在25~45MPa之间。由于地层压力高，注水越来越困难，增压注水泵排量偏大，排量不匹配的问题凸显出来，即使通过变频器控制电机转速来降低排量也无济于事，因此，平时采用限压间断注水的工作方式。即每天定时注入一定量的水，待井口压力上升到规定值以后就停下来，等压力下降后再次开泵。因此，增压注水泵开开停停、断断续续，压差值波动较大，无法达到温和注水、连续注水的最佳状态。

2.2.5　设备操作不规范

增压注水泵一般在进出口之间跨接旁路管线，中间安装一只旁路阀，要求在启停泵前都要先开启旁路阀，以消除来液进口压力的推力，使连杆大头轴瓦的前端与连杆小头衬套的后端工作面产生间隙，润滑油得以进入；当电机启动运转平稳后，缓慢关闭旁路阀门进行升压，压差及平衡管共同作用在柱塞上，抵消进口来液压力的推力，起到进排液推力平衡。

根据故障后某某站增压注水泵现场了解，通过现场抽查操作者后发现，岗位人员对旁路阀的作用认识不清，为了图省事，启停增压注水泵前都未按照要求打开旁路阀。

2.2.6 失效机理分析

普通高压注水泵在排液过程中，柱塞力（排出压力×柱塞面积）作用在连杆大头轴瓦的前端和连杆小头衬套的后端。在进液过程中，柱塞力[较小的进口压力×（柱塞面积－柱塞与填料的摩擦力）]很小，连杆大头轴瓦的前端和连杆小头衬套的后端分别产生间隙（见图6），因此润滑油能很容易进入曲柄连杆机构的间隙中，保证泵的正常运行。

(a)实物图

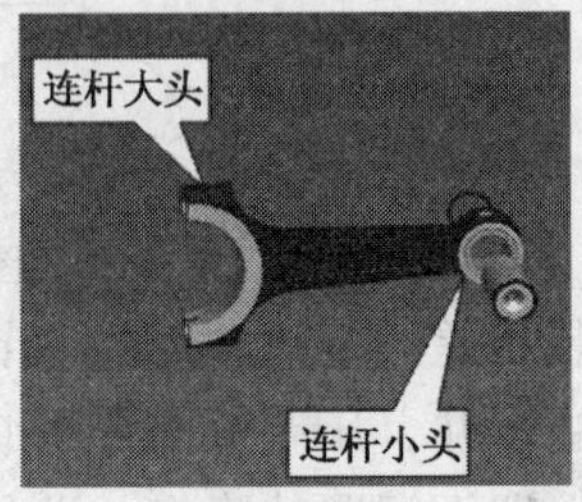

(b)三维图

图6

增压注水泵工作时，如果进口压力与出口压力完全符合设计要求，则设备工作在理想平衡状态下。如果因种种原因使泵的进口、出口压力不能完全符合设计要求，必须及时调整进、出口压差值，使其达到设计的90%以上才能符合平衡要求，以保证泵的正常运转。如果压差值偏低，则增压注水泵在排液过程中，柱塞力（排出压力×柱塞面积）作用在连杆大头轴瓦的前端和连杆小头衬套的后端；进液过程中柱塞力[较大的进口压力×（柱塞面积－柱塞与填料的摩擦力）]很大，连杆大头轴瓦的前端与连杆小头衬套的后端分别与曲轴和十字头销紧紧贴合在一起。也就是说，泵在排液和进液过程中，轴瓦和轴套的工作面始终没有产生间隙，造成润滑油不能进入工作面中，导致工作面呈无油润滑及干磨状态，这样很快就会发热，出现高温烧瓦的情况。

3 故障原因分类

工艺流程设计＋操作问题。

4 故障教训

4.1 增压注水泵压差值的设定要符合规定

一定要重视增压注水泵压差值的设定，使之符合规定要求。一旦不符，立即整改。

4.2 应规范设备操作

启停泵前必须先打开旁路阀，以抵消进口来液压力的推力。

5　防范措施

5.1　按照增压注水泵设计要求设定压差值

必须从设计源头开始，规范设备工艺流程，在增压注水泵的出口增加节流阀进行压差调节(见图7)，由于井口是处于节流阀的下端，这样即使井内压力波动，压差值也不会产生波动。

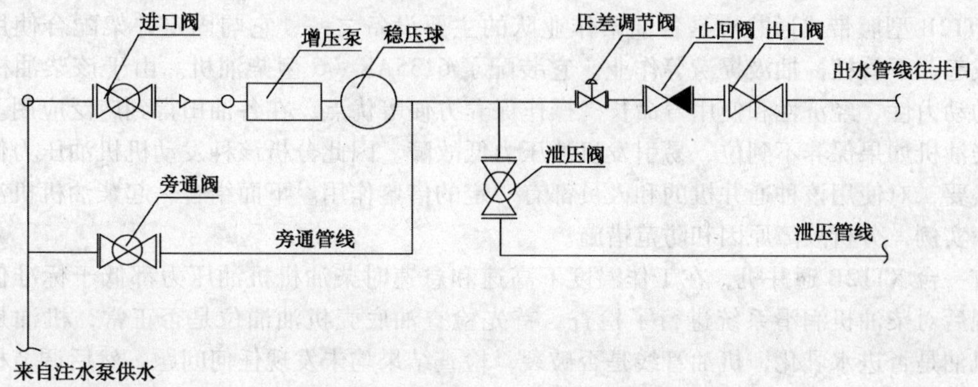

图7　标准增压泵注水流程示意图

5.2　优选增压注水泵工作参数

及时进行技术改造，使排量与地层压力匹配，实现小排量、连续温和注水的目的。

5.3　强化设备操作制度的标准化

设备操作者必须符合“四懂三会”要求，落实岗位责任制，按照操作规程认真操作设备，加强风险识别，狠刹“低、老、坏”的陋习，消除隐患，从而保证设备安全、平稳、高效的运行。

柴油机机油压力低故障

1 故障概况及经过

XT12B 型履带式通井机是各油田作业队的主要设备之一，它与固定井架配合使用，能够完成起、下管柱，抽汲提捞等作业。它装配了 6135AK－6 型柴油机。由于该柴油机具有优良的动力性、经济性和使用寿命长、操作保养方便等优点，在各油田得到广泛应用。然而该种柴油机如果保养不到位，易引发机油压力低故障。因此分析该种发动机机油压力低故障很有必要，对使用该种通井机的和人员都有一定的借鉴作用。下面结合一起柴油机机油压力低故障实例，分析故障原因和防范措施。

有一台 XT12B 通井机，在工作温度下高速和怠速时柴油机机油压力都低于标准值。故障出现后对柴油机润滑系统进行了检查。首先检查油底壳机油油位是否正常，机油是否稀释，机油是否进水乳化，机油管线是否破裂，检查结果均未发现任何问题。然后调节机油压力调节阀，试图把机油压力调高，可无论怎样调整，机油压力还是保持原样。接着又清洗了机油滤清器，机油粗滤网不脏，离心转子滤芯内油污也不多。起动柴油机机油压力还是和清洗滤清器前一样，没有变化。后经过多次排查最终于发现机油离心转子密封圈破损，导致流入离心式精滤器的机油从密封圈处漏失，使进入主油道的机油量减少，从而机油压力下降。更换新密封胶圈后，起动柴油机机油压力恢复正常值。

2 事故原因分析

油底壳内的机油经集油滤网过滤后吸入机油泵，机油泵泵出的机油到达机油滤清器分成两路，一路流进离心式精滤器，机油从两个小喷嘴喷出直接流回油底壳；另一路进入机油粗滤器，经过过滤的机油进入机油冷却器，冷却后的机油流入主油道。

主油道内的机油在曲轴止推轴承处又分成三路：分别润滑齿轮室齿轮；润滑曲轴各轴承；润滑凸轮轴各轴承，部分机油在凸轮轴第二、四、六道轴承处经油道输送到各摇臂，润滑摇臂衬套和气门。三路机油润滑后全部流回油底壳。直感式机油压力表通过紫铜管接在凸轮轴靠近飞轮的一端，与主油道相通，指示主油道的机油压力。

在机油滤清器座上还安装了旁通阀和调压阀。

旁通阀与机油粗滤器并联。粗滤器是全流式滤清器，它具有保证供油和滤除杂质的双重功能。当机油粗滤芯堵塞时旁通阀开启，未经过滤的机油不经粗滤器而直接进入主油道，使润滑系统中的油流不致中断。粗滤器进、出口压力差(或旁通阀的开启压力)与主油道油压之和等于机油泵出口油压，因此粗滤器脏污会引起机油压力下降。

调压阀既与离心式精滤器并联又与机油泵并联，其实质是可以调节压力的安全阀。柴油机转速升高，机油泵排量加大，主油道经各润滑点流回油底壳的机油量基本不变，机油供给的量大于漏失量的总和，因此主油道油压升高。因机油滤清器进、出口的压力差不会突变，所以机油泵出口油压也上升。当机油泵出口油压大于调压阀的调定值时调压阀开启，部分机油直接流回油底壳。此时虽然机油泵排量加大，但是流过机油粗滤器的机油量几乎不变，使得主油道油压随柴油机转速升高而上升变得平缓，机油压力基本稳定。此时如果调低调压阀的开启压力，分流的机油量将增大，机油泵出口油压下降，流过机油粗滤器的机油量减少，主油道压力也跟随下降。

通过上述分析得知：只要改变机油泵出口流回油底壳的机油量，就能改变机油压力的大小。如果流过离心式精滤器的机油量变化，机油压力也同样会变化。当离心式精滤器的密封圈损坏后，机油从离心转子的上、下壳体的缝隙处泄漏，增大了机油的漏失量，引起柴油机机油压力降低。6135 柴油机润滑系统示意图见图 1。

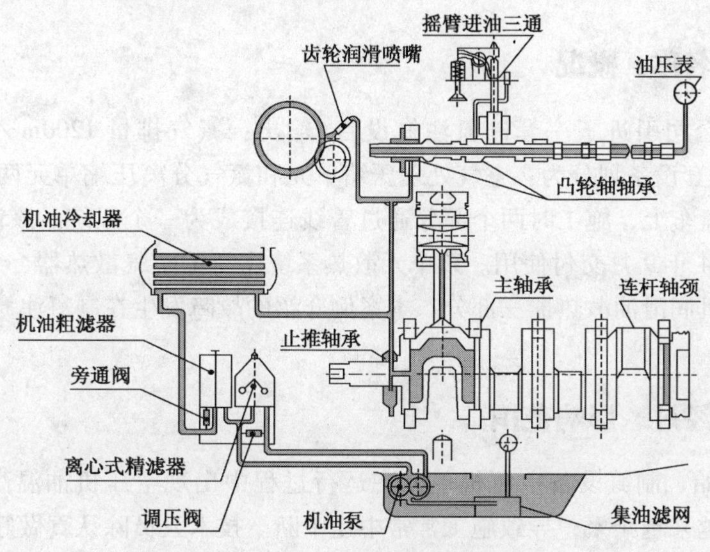

图 1　6135 柴油机润滑系统示意图

3　故障原因分类

维护保养问题。

4　故障教训

在清洗、保养离心式精滤器时，不仅要对正转子上、下体安装记号，检查转子体轴向间隙是否适当，检查转子体上下轴承的磨损情况，检查喷嘴是否畅通等，还要认真检查转子体密封圈是否破损。

5　防范措施

设备使用与维护人员在清洗和保养机油滤清器时要小心操作，在清除油污时要保护好密封圈。如果发现密封圈已破损，应及时更换新密封圈，避免发生机油压力低故障。

制氮注氮设备空压机组油温高停机故障诊断与排除

1　故障概况及经过

1.1　故障设备名称、概况

2003 年，某公司引进了一套制氮注氮设备(输出：氮气排量 1200m^3/h，压力 35MPa，纯度≥95%)。整套设备划分为：空气处理压缩单元和氮气分离压缩单元两个部分，分别撬装在一台二类底盘车上，施工时两个部分通过管线连接成为一个系统。该设备 2003 年 6 月投入试运行，2004 年 9 月交付使用。该单元散热系统由压缩空气散热器、卡特 3412 发动机水散热器和空压机润滑油散热器三部分。本案例介绍的故障发生在制氮注氮设备中的空气压缩处理单元。

1.2　故障发生经过、影响范围

2004 年 9 月始，制氮设备空压机单元在运行过程中出现空压机油温高报警停机故障。该故障出现频率越来越频繁，导致施工常常中途中断。技术人员除认真做好运行记录外，加大了对空压机润滑油取样监测频次，发现润滑油变质速度越来越快，施工也只能在夜间或环境温度低时段进行。2005 年 4 月，油品彻底变质，紧急停工整修。

1.3　处理过程及恢复情况

研究改造方案并实施。一是更换风扇，将散热风扇冷空气自外而内吸入方式(吸风式)变为冷空气自箱体内向外排出方式(排风式)；二是加大了油散热器面积，并将原来三个散热器叠加改造为：空压机油散热器为单独一个，加大了散热面积，且放置在最外侧。发动机水散热器和压缩空气散热器集成成一个散热器，紧邻风扇；三是将原专用润滑油更换为耐氧化更高的美孚拉力士油。2005 年 5 月份方案实施，历时 15 天完成改造。改造后，空压机单元箱体内温度大幅度降低，整个系统散热效率大幅提高。空压机在环境温度高于 40℃时设备仍能够正常运转，油温高报警停机的故障排除。润滑油运行 2000h，监测油品各项指标正常。设备故障得到全部排除，施工效率大大提高，见表 1。

表 1　空压机散热系统改造前后效果对比分析表

工 艺 参 数	改 造 前	改 造 后		结　　论
环境温度/℃	24	24	40	环境温度≥24℃时，报警停机
空压机润滑油温度/℃	≥116	80	≤85	环境温度≥40℃时，仍能正常工作

2　故障原因及失效机理分析

自发生故障，油田装备监测总站对空压机使用的润滑油开展定时监测。停工后，将该空压机专用润滑油原样和停工时的润滑油样品送上海中船重工研究院油液监测有限公司进行了检测。结果为该空压机专用润滑油原样各项指标合格，停工时的样品氧化严重，酸度值和黏度异常增高，见表2。结论是：设备高温为润滑油严重氧化、酸度值增高的直接原因。

表2　空压机油品对比分析表

测 试 项 目	原始新油样测试结果	停工时油样测试结果
油样外观	棕色透明	深棕色
40℃时运动黏度/(mm^2/s)	33.11	116.0
100℃时运动黏度/(mm^2/s)	6.672	13.49
黏度指数	163	113
总酸值/(mgKOH/g)	1.88	27.9
54℃时抗乳化性/min	(38－40－2)20	—
旋转氧弹/min	385	—

对设备运行记录和故障发生时的状况进行分析发现，故障发生与环境温度有直接关系，既随着环境温度升高，油温高停机的故障发生频率高，而在10月夜间和冬季白天运行，油温高报警停机的问题几乎不出现。从润滑油性质分析，长期超高温运行极易导致氧化。空压机单元散热系统结构为，系统采用发动机水散热器、压缩空气散热器及空压机润滑油散热器自外而内依次叠加的方式；风扇设计为吸风方式(将冷空气自箱体外部吸入，换热后的热空气排到空压机单元箱体)。

经过分析认为，导致空压机单元对环境温度敏感的因素有以下几项：一是该单元在设计制造中采用吸风方式，换热后的热空气进入空压机单元箱体，造成设备温度场叠加；二是三个散热器叠加放置，风扇吸入的冷空气经前一个散热器换热后，空气温度逐级升高，导致越是位于后侧的散热器散热效果越差，而空压机油散热器恰恰位于最后侧；三是空压机油散热器面积散热面积设计过小，散热面积和效率不够；四是随着使用时间的增加，散热器内外结垢，散热效率降低。

3　故障原因分类

设备设计缺陷。

4　故障教训

该设备属于中石化系统引进的第一套制氮注氮设备，技术协议中明确要求采用排风方式，而设备到货后发现实际与要求不符，由于设备运输到国内，要求整改没有结果(未通过验收)而投运。随着使用时间的增加，问题逐步暴露。

5　防范措施

对引进大型设备，尤其是带有加工定做性质的设备，应加强前期调研考察、设计方案论证、会审、监造和出厂发运前预验收，将问题早发现、早改进。

油气处理与集输设备篇

JGK/4 型天然气压缩机气液分离器中液位突然升高

1 故障概况及经过

1.1 天然气压缩机简介

中心二号平台天然气压缩机于 2000 年 10 月份投产，其主机为美国 AERIL 公司生产的 JGK/4 型双作用往复式活塞压缩机，为三级压缩，4 缸对称布置，功率为 1134kW，最大转速为 1200r/min，工作转速为 980r/min，冲程为 139.7mm，一级缸缸径为 454mm，二级缸缸径为 358.8mm，三级缸缸径为 231.8mm。其中 1#压缩机一级压缩为 1#、3#缸，二级压缩为 4#缸，三级压缩为 2#缸；2#压缩机一级压缩为 2#、4#缸，二级压缩为 3#缸，三级压缩为 1#缸。压缩机标准进气状况为 40～50℃、0.2MPa，额定出气状况为 80℃、5.45MPa，双机组额定日输气量为 440000m^3/d。经一级压缩压力由 0.2MPa 升压为 0.89MPa，经二级压缩压力由 0.89MPa 升压为 2.25MPa，经三级压缩压力由 2.25MPa 升压为 5.45MPa。

主电机为美国 GE 公司生产的 6kV 高压电机，额定功率 1293kW，额定转速 980r/min，额定电流 146A，频率 50Hz。

1.2 故障经过

1.2.1 故障经过

2009 年 7 月 15 日，中心二号平台 1#天然气压缩机在运行过程中出现一级气液分离器液位突然升高的现象，造成压缩机因气液分离器液位高停机。

1.2.2 影响范围

中心二号平台每天外输天然气 $10 \times 10^4 m^3$ 左右，如果天然气压缩机停机故障处理不及时，会造成海上天然气的停输，造成巨大经济损失。

1.2.3 处理过程

为及时确定天然气压缩机故障，中心二号平台迅速对 1#天然气压缩机各级气液分离器进行检查，发现 1 级气液分离器液位超出正常标准，导致报警停机。

1.2.4 故障恢复情况

通过手动进行排污并在排污阀出口管线上安装单向阀，故障消除，启机运行正常。

2 故障原因分析

天然气压缩机气液分离器，将压缩处理过程中产生的液体通过液位控制阀，经排污管线进入闭式罐，以将液位自动控制在设定范围内。通过对现场流程分析，发现一级气液分离器由于天然气压缩机运行中的抽吸，其压力在 0.16～0.20MPa 间波动，生产三层天然气分离器出口与其相通，由于沿程压力损失，使得其压力却高于一级气液分离器 0.02MPa 左右，同时，生产三层天然气分离器的排污也直接进入闭式排放罐。如果火炬流程中存有水，闭式罐就会带压，此时若有大量的放空气体出现或天然气分离器正好排污，闭式罐中压力就有超过0.16MPa的可能，即天然气压缩机气液分离器排污口背压会超过0.16MPa，若此时压缩机排污阀恰巧打开，存于天然气压缩机至闭式罐的排污管线中的大量污液便倒灌入一级气液分离器，造成压缩机高高液位停机。

3 故障原因分类

工艺流程设计原因。

4 故障教训

4.1 加强应对突发事件的处理能力。

4.2 加强设备工艺流程的学习。

5 防范措施

为防止此类事故发生，采取了以下措施：一是在气液分离器排污口安装压力表，以便于判断排污流程内压力情况；二是在排污阀出口管线上安装单向阀防止污液倒流；三是及时将火炬流程中的污液排除，防止闭式罐带压；四是对天然气分离器排污时，监控好压缩机气液分离器的排污阀，避免同时开启。

JGK/4 型天然气压缩机故障停机

1 故障概况及经过

1.1 天然气压缩机简介

中心二号平台天然气压缩机于 2000 年 10 月份投产，其主机为美国 AERIL 公司生产的 JGK/4 型双作用往复式活塞压缩机，为三级压缩，4 缸对称布置，功率为 1134kW，最大转速为 1200r/min，工作转速为 980r/min，冲程为 139. 7mm，一级缸缸径为 454mm，二级缸缸径为 358. 8mm，三级缸缸径为 231. 8mm。其中 1#压缩机一级压缩为 1#、3#缸，二级压缩为 4#缸，三级压缩为 2#缸；2#压缩机一级压缩为 2#、4#缸，二级压缩为 3#缸，三级压缩为 1#缸。压缩机标准进气状况为 40 ~ 50℃、0. 2MPa，额定出气状况为 80℃、5. 45MPa，双机组额定日输气量为 440000m^3/d。经一级压缩压力由 0. 2MPa 升压为 0. 89MPa，经二级压缩压力由 0. 89MPa 升压为 2. 25MPa，经三级压缩压力由 2. 25MPa 升压为 5. 45MPa。

主电机为美国 GE 公司生产的 6kV 高压电机，额定功率 1293kW，额定转速 980r/min，额定电流 146A，频率 50Hz。

1.2 故障经过

1.2.1 故障经过

2010 年 8 月 7 日，中心二号平台 2#天然气压缩机在运行时，2 次出现突然停机，但监控系统无报警显示和记录，停机前各运行参数正常。

1.2.2 影响范围

中心二号平台每天外输天然气 $10\times10^4m^3$左右，如果天然气压缩机停机故障处理不及时，会造成海上天然气的停输，造成巨大经济损失。

1.2.3 处理过程

为及时确定天然气压缩机故障，中心二号平台迅速对 2#天然气压缩机部件进行检查，未发现异常，对电力系统进行检查发现 380V 控制箱进线电缆绝缘为零，判断该部位出现故障。

1.2.4 故障恢复情况

重新清理 380V 配电箱，并进行了绝缘封堵，通过送电试验，故障消除。

2 故障原因分析

天然气压缩机 PLC 监控系统可以实现对机组温度、压力、振动等 36 组数据进行记录和报警，其中 33 组数据的高高报警值可导致机组停机，在运行参数出现异常波动时，主控室的监控微机都会对相应的点发出声音报警，便于值班人员及时调控。但这 2 次出现的停机却无报警显示或记录。现场技术人员对自动控制系统的一次仪表及PLC线路进行检查，未发现松动或其他异常，对逻辑框图进行分析，未发现有关于停机故障的其他可记录原因。但检查中发现PLC系统没有对380V和220V动力线运行情况的监控，随即将380V和220V动力缆断开，进行绝缘检查，未发现正常，但在380V开关关断和闭合操作中，有接地现象，将380V现场控制箱打开后发现，因控制箱进水，多处电缆烧坏，已不能正常使用。

3 故障原因分类

PLC控制系统设计缺陷造成。

4 故障教训

4.1 加强应对突发事件的处理能力。
4.2 加强设备电力及自控方面的学习。

5 防范措施

为避免此类事故的再次发生，一是更换现场防爆控制箱，将顶进线改为底部进线；二是在压缩机保养期间，同时做好380V和220V电路的检查保养。

克劳斯反应炉燃烧器损坏故障分析

1　故障概况及经过

1.1　克劳斯炉燃烧器概况

普光天然气净化装置克劳斯反应炉燃烧火嘴，在克劳斯反应炉烘炉过程及运行初期过程中数次出现燃烧器酸气导流叶片及燃烧器气鼻受损严重的问题，对正常的生产运行造成较大影响。

燃烧器示意图见图1。

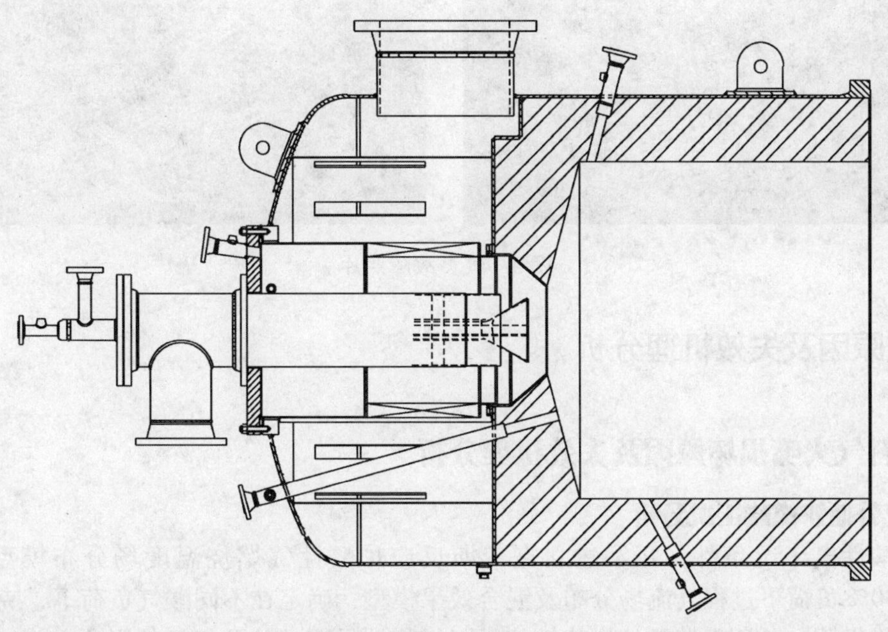

图1　燃烧器示意图

1.2　燃烧器故障经过、影响范围、处理及恢复情况

（1）燃烧器燃料气导流叶片故障概况

普光天然气净化装置第一联合装置一、二系列克劳斯反应炉，在烘炉期间工艺操作参数严格按燃烧器厂家、衬里厂商及设计商的要求进行。在克劳斯炉烘炉结束后，对烘炉结果进行检查，发现克劳斯反应炉燃烧器酸气导流叶片出现不同程度的损坏，见图2。

（2）燃烧器气鼻故障概况

普光天然气净化装置在运行初期，在不同系列净化装置均出现燃烧器气鼻损坏的问题，从气鼻圆锥部分的情况分析，损坏是该部分受到高温损害造成的，见图3。

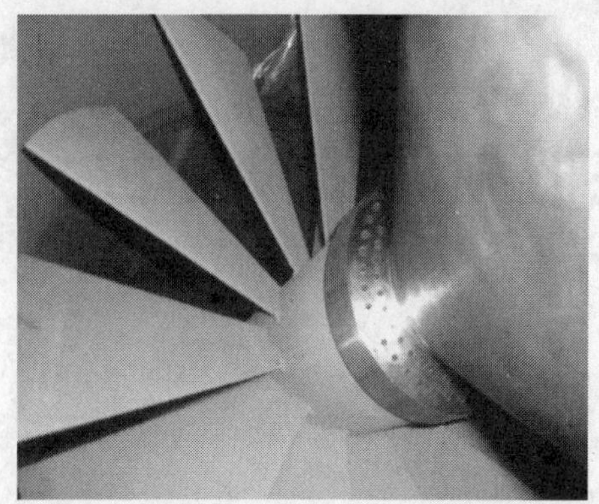

图2　导流叶片故障图片

图3　气鼻故障照片

2　事故原因及失效机理分析

2.1　燃料气火嘴损坏原因及失效机理分析

2.1.1　克劳斯炉燃烧工况分析

针对酸性气工况条件，开发建立克劳斯反应炉酸性气燃烧温度场分布模型与30%、100%、130%负荷下过程气流场分布及混合效果模型；确定在不同酸气负荷下，克劳斯炉燃烧反应产物组分，验证克劳斯炉燃烧性能及对燃烧器导流叶片及气鼻的影响。

2.1.2　炉头压差实验

根据克劳斯反应炉燃烧器燃烧情况，克劳斯反应炉点火时，其风量可能够迅速增加使炉头压差不小于0.1kPa，现场试验确定大型燃烧器试车燃烧空气流量、燃料气入炉时间等关键运行参数，提高燃烧器炉头压差至0.15MPa，为了达到该要求，对克劳斯的联锁阀门进行测试，确定点火瞬间风量为8500Nm^3/h，并确定燃烧空气调节阀(FV－30410)阀门开度在10%时，切断阀打开后空气流量会稳定在8500Nm^3/h左右，测定了调节阀达到10%开度所用的时间为8s。根据现场测试情况修改克劳斯反应炉点火逻辑，克劳斯反应炉主燃烧器点火开关按下后，燃烧空气切断阀立即打开，燃料气切断阀延时8s打开，在火焰稳定燃烧前达到0.15MPa的炉头差压。

2.1.3 克劳斯炉酸性气管线保护介质实验

克劳斯炉燃烧器导流叶片及气鼻损坏原因除了回火损坏外，损坏的原因之一是没有流动介质降温而引起局部过热造成的，气鼻内部没有足够的吹扫冷却氮气，造成气鼻金属部分的温度就变得很高，同时酸气入口管线温度上升。对于这种情况，克劳斯炉酸性气管线进行加入保护介质实验，针对燃料气流量较低时火焰的不稳定性，火焰存在而火检检测不到火焰的情况，分别进行加入低压饱和蒸汽及低压氮气实验。

2.2 燃料气气鼻损坏原因及失效机理分析

气鼻原材质(AISI310)可以承受1100℃的高温。气鼻金属部件承受如此高温，原因之一可能是发生回火(火焰回缩在气鼻内部某一位置燃烧)；另外可能是耐火衬里的高温辐射造成损害，因为在火嘴跳车，同时冷却吹扫氮气量不足甚至没有打开，气鼻没有被冷却介质保护，而衬里内部存在大量热量。对于此种情况，对气鼻材质进行升级。

3 故障原因分类及改进措施

3.1 火焰回火原因

当燃烧器运行时保证最小的压力降，火焰会在气鼻下游燃烧，燃烧空气和燃料气、酸性气的混合气体对气鼻起到很好的冷却作用。酸性气模式允许的最小压力降为0.15kPa，燃料气模式为0.1kPa。回火发生在通过气鼻总的体积流量(空气加酸性气或空气加燃料气)很低的情况下。如果流量太低，那么气鼻部分的压差很小，容易造成火焰缩回至气鼻某个位置燃烧，造成气鼻及燃烧器导流叶片金属部件暴露在高温下，造成高温回火损坏。

3.2 材质原因

燃烧器气鼻及燃烧器导流叶片材质无法短时间承受高温。

3.3 改进措施及注意事项

3.3.1 材质和厚度升级：

气鼻原材质310S，升级后1Cr25Si2。

气鼻原厚度6mm，升级后厚度10mm。

燃烧器导流叶片原材质Q235，升级后1Cr25Si2。

3.3.2 根据炉头压差实验值对运行操作进行优化。

4 故障教训与防范措施

4.1 加强开停工的参数控制。

4.2 严格执行设备管理条例。

4.3 加强检修质量的管理。

硫黄堆取料机中心立柱下部回转轴承损坏故障分析

1 故障概述及经过

1.1 设备简介

CSR500/1000.80 圆形料场堆取料机(简称堆取料机)，是圆形料仓的关键装卸设备，硫黄成型装置生产的成品硫黄，经皮带输送至料仓堆取料机堆料臂皮带后下落至料仓内储存，在装车过程中由固定在料仓中心的门架式取料进行取料，链条刮板的旋转、取料门架的行走和取料臂的俯仰配合完成。

设备由悬臂堆料机、中心立柱、门架、行走机构、刮板机俯仰装置、刮板取料机、附属结构、电气司机室、电气系统等组成。中心立柱上部为悬臂堆料机的回转部，悬臂堆料机回转部下方为由回转轴承及回转驱动装置组成的回转机构，回转部中间的中心线上为悬臂堆料机的变幅铰点，上部通过回转轴承与栈桥皮带机架相连。中心立柱的中部为圆锥，中心立柱的下部为回转平台，回转平台与取料回转门架铰接，是取料设备的回转中心和支点，中心立柱的底部为支承套设备的 3 个支腿和下部中心漏斗。

1.2 故障概述

1.2.1 初期故障

取料门架在行走过程中，中心立柱旋转轴承产生间歇性短暂异常声响。

1.2.2 后期故障

在初期故障发生 2 天后，取料行走电机带动的行走滚轮在料仓挡墙圆形钢轨上打滑跳动，取料回转门架大幅度摆动，并产生巨大声响，取料回转门架无法继续旋转。

2 事故原因及失效机理分析

堆取料机顶部堆料下料口被硫黄腐蚀穿孔，成品硫黄沿中心立柱及格栅平台下落，回转轴承连接的中心立柱与取料门架存在间隙，导致硫黄进入轴承处，在进行旋转过程中硫黄挤入轴承轨道内，腐蚀轴承滚柱。

回转轴承周围布置 8 个润滑油嘴，由一台由 DRB－P 型电动干油润滑泵装置向其提供润滑油脂，细粉硫黄在轴承轨道堵塞润滑油嘴，导致润滑能力降低，轴承轨道内的润滑脂变质并与硫黄粉尘粘附结块，因回转轴承采用无保持架滚柱交叉滑动方式，轨道内的滚柱无法顺畅滑动。

3 故障原因分类

主要为设计问题和维护保养问题，原密封裙板搭在可旋转的取料回转平台上，未进行牢固固定，而在正常硫黄堆料过程中产生大量的细粉硫黄落在回转平台上，清理不及时，密封裙板在旋转挤压中变形，细粉硫黄沿中心立柱与旋转平台的间隙进入回转轴承内。

4 故障教训

4.1 技术人员及维保人员在硫黄进入旋转轴承初期未采取有效措施，避免或减少细粉硫黄落入量。

4.2 未及时采取措施抑制堆料皮带的撒料，导致中心立柱内堆满硫黄，立柱腐蚀严重。

4.3 维保单位缺乏对设备的维护保养，未定期检查轴承的润滑情况和清理设备本体散落硫黄。

5 防范措施

5.1 将堆料皮带落料斗更换为不锈钢材质，避免物料冲刷和腐蚀造成料斗漏料。

5.2 定期调整堆料皮带清扫器，减少下行皮带沿线落料量。

5.3 将可拆卸不锈钢挡料裙板安装在不旋转的中心立柱上，并对裙板间隙处进行密封。

5.4 堆取料机中心立柱内壁防腐刷漆，并封堵外漏口。

5.5 中心立柱与回转平台间隙内添注大量锂基脂，并定期补充，加强轴承润滑，隔绝细粉硫黄。

5.6 定期清理设备本体上粘附的细粉硫黄。

燃料气压缩机曲轴断裂故障分析

1 故障概况及经过

1.1 故障设备名称及概况

某装置燃料气压缩机是电机驱动的单缸双作用无油润滑立式往复式压缩机，为燃气轮机/原料气压缩机组提供一定压力和温度的燃料气，从而满足燃气轮机的稳定运行。

1.2 故障发生经过

2007年2月27日至3月6日，装置因安全阀校验停运。校验完成后3月7日9:40启动燃料气压缩机A机，9:45启动丙烷压缩机，10:12启动燃气轮机，16:00启动膨胀机，开机过程中各设备均未发现异常现象。3月8日凌晨4:40值班人员在装置区巡检中听到到燃料气压缩机A机突然出现异响，并发现有冷却液喷出，值班人员立即手动停运机组。

1.3 处理过程

值班人员立即汇报领导后迅速组织操作人员启动备用机组，此间燃气轮机一直靠二段补充气维持运转，8:35燃料气压缩机备用机组B机启动正常。

2 事故原因及失效机理分析

2.1 直接原因

2.1.1 3月9日该厂组织技术人员初步分析会，初步分析认为机损最主要原因可能为曲颈处涂层脱落引起的。当曲颈涂层脱落后，曲轴润滑不良，导致压缩机各传动部件高温损坏。

从图1可见，机组曲轴涂层脱落非常明显，并在油箱里发现了涂层掉块，涂层掉块在机油入口粗过滤处有明显聚集，聚集也会导致油压逐步下降。由于连杆大瓦要求配合间隙很小，仅为0.04~0.078mm，一旦曲颈处涂层脱落，由于润滑不良致使轴瓦粘连，进一步加重润滑不良度，形成恶性循环，引起压缩机曲轴、连杆、十字头损坏，压缩机十字头滑道拉伤，及其他部件损坏。

图1 机组涂层脱落

2.1.2 3月10日，鉴定机构组织有关专家对该厂损坏机组进行了现场鉴定，技术人员配合了鉴定。鉴定机构认为，压缩机此次故障确为曲轴涂层脱落引起的。曲颈处长期承受机组交变冲击载荷，极易产生疲劳损伤，其耐磨的脆性涂层易发生突发性变化，瞬间或较短时间内破坏了机组的油膜润滑，导致机组各部件运行轨迹发生变化，属突发性机械故障。

2.2 间接原因

该压缩机为1988年生产，机组仪表控制系统均为现场一次仪表直接控制，稳定性相对薄弱，而且相关机组保护硬件已经停产并且无法购置，从而无法保证机组在故障情况下的快速切断。虽此前油压下降，但现场滑油精过滤器前油压表显示一直正常。后检查发现油路中有金属屑，润滑油安全阀内也有金属屑，可能对仪表造成影响。

事故发生前一次大修在2006年3月20日至25日，机组大修后试运良好。2006年2月5日，该厂对机组滑油进行了更换，开机后运行正常。

3 故障原因分类

设计、产品质量问题。

4 故障教训

4.1 检维修及维护保养过程中，盲目作业，对精密度较高的零配件产生损伤，降低其精准度，部件相互配合有误差。

4.2 在易燃易爆场所内的运转类设备未设置自动化控制程序，无安全联锁，存在一定的隐患。

4.3 在以后的工作中要认真仔细，更多了解设备的各项性能指标，及时发现工作中的设备隐患，提出整改方案。

5 防范措施

5.1 加大对中小型机组油、水的管理力度，增加油品检测频度，加大冷却水巡检力度，强调备用设备运行，定期对机组进行离线状态检测。

5.2 加强设备管理，每个月进行设备安全分析会，将设备安全等同于工业安全，分析动态、趋势，努力实现超前维护。

5.3 进一步加大对设备的巡检力度和深度，强调注意机组现场参数与控制室系统的比对。

5.4 进一步提高操作人员的故障预判断能力，提高工人的应急处理水平。对各个机组的参数进行检查，优化装置运行。

5.5 定期组织岗位员工对设备运行状况进行检查分析，消除可能引起事故的隐患。

5.6 在大检修时，对配电室的过流检测重新校订，特别针对燃料气压缩机机组的过流保护器进行试验，确保过流值不超过额流的1.15倍。

5.7 认真检查并改进DCS，将机组现场油压、油温等参数引入到中控室DCS中，实现现场油压过低安全联锁，增设紧急停车系统，切实提高生产装置的自动化水平。

一期原料泵自动锁停故障分析

1　故障概况及经过

1.1　故障设备名称及概况

某装置原料输送单元由两台 R 系列屏蔽电泵、三台压力储罐组成，屏蔽泵用于输送原油稳定轻烃，为装置供料。输送介质具有易燃易爆，易挥发性的特点。该泵属于连续运转，设备的停运将引起一期装置供料中断，是装置正常运行的关键设备。

原料输送单元工艺管网中，原料储罐出口管线与卸车管线交汇，在车辆卸车过程中需要对油罐车进行充压，在卸车结束后，对油罐车及卸车管线进行扫线，将罐车及连接管线内的原料油压入原料罐中。由于罐车出口在中部，且不是最低点，罐车内残留的原料油只有用天然气进行气压。

1.2　故障发生经过

2009 年 9 月 20 日 18:00，用于一期装置供料的 V301 储罐液位接近的低报限值，输油岗操作人员对流程进行切换，V302 储罐供料。操作人员检查工艺流程后，检查原料泵运行正常后，返回操作室。约 5min 后，DCS 系统上显示原料进料量异常波动，随即进料量降低至零。造成一期装置进料突然中断，T101 塔参数波动，过程产品不合格。

1.3　处理过程

输油岗操作人员发现 DCS 系统上显示原料进料量异常波动，随即进料量降低至零。当班班长立即告知中控室进料量中断，中控室主操降低热油供给量，并关闭 T101 塔顶、塔底采出，使塔保持内循环。输油岗留一人在操作室守候，班长去现场检查泵的情况，发现初始运行的 1#原料泵已经停止运转。启动备用泵，泵体不能完成吸液，泵出口压力低，压力表指针波动大，泵体发热，产生异常振动，当班人员立即停运备用泵，检查工艺流程，并对泵进行排气、灌泵，重新启动备用泵，泵正常运转。

9 月 20 日 18:30 左右，原料泵重启成功，装置恢复进料，19:00 左右产品合格。

2　事故原因及失效机理分析

在泵运转过程中，进入泵体的介质为液相，当原料内含有气体时，会产生“气缚”现象，吸入液体量不足，造成泵出口压力低，压力波动大，产生异常振动，泵无法正常工作，自动锁停。

2.1 事故直接原因分析

卸车人员与原料泵操作人员在操作前后未进行沟通，操作人员没有针对原料含气体的情况进行分析并采取措施，直接启泵，最终会导致泵短暂运行以后，自动锁停。

2.2 事故间接原因分析

原料泵主要为一期装置提供原料，原料是各采油厂送达的原油稳定轻烃。原油稳定轻烃经卸车泵输送至原料罐中，为确保罐车卸车量，需在整个卸车过程中对罐车进行充压，并对连接管线进行扫线。卸车管线与原料储罐的出口管线交汇，若充压管线内气体压力过高、卸车充压时间过长，在罐车内原料油快卸完时，由于原料中混有大量气体，并存积在管线中。启动原料泵后，混有大量气体的原料进入泵中，造成泵不能正常运转。

3 故障原因分类

操作问题，设计问题。

4 故障教训

4.1 工艺管线设计不合理，卸车管线和原料罐出口管线交汇，卸车扫线后，会使压力出口管线内存有气体，若在设计阶段，将卸车线与原料出口线分开，即可避免此问题。

4.2 操作人员没有针对卸车后管线情况进行分析，卸车人员与原料泵操作人员未进行沟通。

4.3 故障造成一期装置进料突然中断，T101 塔参数波动，过程产品不合格，直接经济损失 2 万元。

5 防范措施

5.1 工作中注重上下游操作的沟通，检查因工艺、操作造成的设备故障，及时发现工作中的设备隐患，提出整改方案。

5.2 卸车后管线进行扫线操作，对扫线量和扫线时间进行合理控制。

5.3 为防止原料罐出口管线中残留气体，气体扫线操作后，用原料油进行吹扫。

5.4 启泵后，操作人员加强对设备的巡检力度，确保设备正常运行。

计量站单螺杆泵定子损坏故障分析

1　故障概况及经过

1.1　故障概况

某计量站辖6口油井，液量355t/d，气量600m³/d，计量站总出油通过一台KJY09C－60/160型单螺杆油气混输泵输至集输干线，泵进口压力在0.25～0.3MPa，出口压力在1.0MPa左右。

2010年5月21日该站泵进出口压力一致，均达1.0MPa，辖区井口回压在1.3MPa以上，最远单井井口回压达1.5MPa。由于该区块内单井输油管线年久失修，腐蚀严重，管线压力上升致使单井输油管线3处穿孔，初步估计损失原油0.3t。

1.2　故障处理过程及恢复情况

经检查，泵吸入管路通畅，不存在堵塞或气阻现象；把旁通闸门关闭后，泵进口压力依然未降，说明旁通单流阀正常动作；发现定子调节螺栓处渗漏较严重，初步判断为螺杆泵定子或转子损坏，致使泵失效。

停泵后关闭泵进出口闸门，原油靠井口自压通过泵旁通流程外输。从泵出口端开始拆卸，首先拆开泵出口法兰与管路连接的零件，卸下泵的前拉杆，取下泵出口法兰，随后旋下定子逐个检查其内腔的质量，发现高低压端定子均已损坏严重，无法使用，转子完好。然后逐个回装新定子，将所拆部件恢复到位后，开进出口闸门，启泵，泵进口压力缓慢降至0.26MPa，出口压力保持在1.0MPa，井口回压降至0.6～0.8MPa，故障排除，生产恢复正常。

2　事故原因及失效机理分析

2.1　事故原因

由于螺杆泵定子损坏导致泵失效，造成单井输油管线回压上升，部分单井输油管线穿孔。

2.2　失效机理分析

单螺杆泵是靠相互啮合的转子与定子之间形成一个个互不连通的封闭空腔输送介质，当转子转动时，封闭空腔沿轴线方向由吸入端向排出端运移。封闭腔在排出端消失，空腔内的介质也就随之由吸入端均匀地挤到排出端。同时，又在吸入端重新形成新的低压空腔将介质吸入。这样，封闭空腔不断地形成、运移和消失，介质便不断地充满、挤压和排出，从而实现对介质进行连续不断地输送。当定子损坏后，定子与转子之间不能形成封闭空腔，致使泵不能有效输送介质。

3 故障原因分类

3.1 制造质量问题

当定子未连续使用超过8000h而损坏，拆卸后检查内衬套(橡胶)，如出现大面积破碎、脱裂现象时，基本可以判断是定子质量有问题。

3.2 维护保养问题

3.2.1 定子在使用中会产生正常磨损，当确定是因定子磨损造成泵效降低时，通过空心调节螺栓均匀地向里调节，可使定子内壁均匀收紧使泵又恢复正常运行，而不必更换定子。每次调节以感觉定子与转子间的松紧程度，已基本恢复到新泵时的松紧程度为宜(此调节可在停机或泵运转中调节)。多次调节螺栓可使定子的使用寿命延长3~4倍以上。

3.2.2 因定子内衬套为橡胶制品，如有异物进入，极易使其损坏，所以在日常生产过程中，使用单位应经常检查、清理进口管路过滤器，防止异物进入泵腔内。

4 故障教训

本次故障导致单井输油管线回压升高，造成单井输油管线穿孔3次，跑油0.3t。管线抢修过程中，三口油井停产时间累积达5h，影响原油产量1t。

本次事故不仅影响了生产的正常运行，共计造成1.3t原油产量的损失，管线穿孔还引发环境污染及工农关系等一系列问题。

5 防范措施

5.1 严把质量关，确保进场设备、材料及其安装质量。

5.2 严格按照单螺杆泵操作规程进行启、停泵。

5.3 在日常生产运行过程中，按照巡回检查制度认真检查泵的运转情况，并定期对泵进行维护保养。

5.4 如资金允许，应增设一台备用泵。

污水处理站螺杆泵现场常见故障分析

1 故障概况及经过

某污水处理站于2009年1月开始投入运行，设计污水水处理量1500m^3/d，污水总矿化度为23438mg/L。由于污水中含油量、悬浮固体含量、污水颗粒粒径中值等水型原因，现场选用3种型号单螺杆泵作为工作泵(见图1)，其中作为污水提升泵2台、污水池污水泵2台、污泥泵1台。

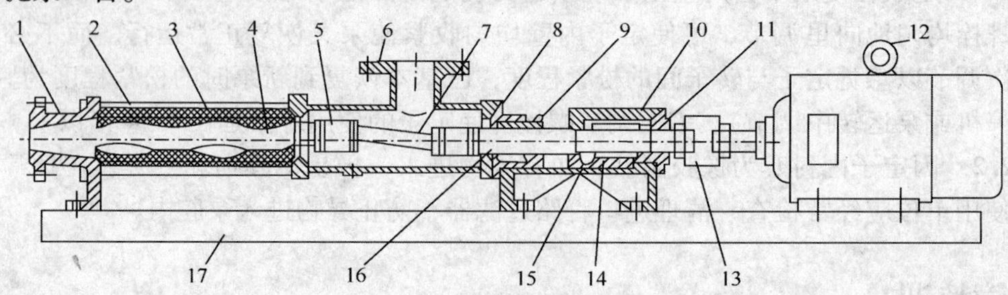

图1 单螺杆泵结构示意图

1—出料腔；2—拉杆；3—定子；4—螺杆轴转子；5—万向节总成；6—吸入管；7—连节轴；8，9—填料压盖；10—轴承座；11—轴承盖；12—电动机；13—连轴器；14—轴套；15—轴承；16—传动轴；17—底座

通过表1分析，螺杆泵出现多次及主要故障为：

(1) 泵有不正常的噪音和振动。

(2) 螺杆泵定子寿命短。

(3) 螺杆泵密封漏。

表1 螺杆泵故障分类

故障项目		产生故障原因	造成故障因素	
1	泵有不正常的噪声和振动	A、B、C、D、E、F、G、H、I、J、O、R	A、定子膨胀 B、定子材料硬化破碎 C、定子磨损 D、转子磨损 E、干抽 F、轴承损坏 G、底座螺丝松 H、联轴器胶皮损坏 I、泵内流体有沉淀	J、有异物 K、盘根松 L、盘根过紧 M、进液低 N、出口控制 O、污水中硫化物影响 P、盘根结垢 Q、万向联轴节损坏
2	螺杆泵定子寿命短	A、B、C、D、E、I、J、O、P		
3	螺杆泵密封漏	K、M、Q		

2 故障原因及失效机理分析

由于污水中含油量、悬浮固体含量、污水颗粒粒径中值等水型等主要原因，及设备安装维护未严格对照标准等次要原因，对螺杆泵内部运动空间和螺杆泵材质影响，造成螺杆泵出现各种各样故障，见表2。

表2　螺杆泵的各种故障现象

序　号	故障类型	故障次数	泵　型
1	螺杆泵不能转动	1	污水提升泵
2	螺杆泵运转无力	1	污泥泵
3	压力表指针波动大	2	污水提升泵
4	泵功率增大	2	污泥泵
5	泵有不正常的噪声和振动	6	污水泵
6	发现轴有受阻现象	1	污水泵
7	螺杆泵定子寿命短	4	污水泵
8	螺杆泵转子耐久性差	1	污泥泵
9	螺杆泵液流不稳定	2	污泥泵
10	螺杆泵密封漏	6	污水提升泵
11	壳体发烫	1	污水泵

3　故障原因分类

通过现场分析，发现螺杆泵故障主要有以下几个原因：

3.1　配件质量问题：站内所用三种螺杆泵分别来自三个厂家，三种泵都出现了螺杆泵定子寿命短问题，特别是近期一台泵定子使用日期只有2周，更换2次后还是再次出现上述问题，上面说明存在配件质量问题。这是一个螺杆泵故障主要原因。

3.2　使用操作问题：操作人员不能及时发现故障易患和误操作，也是螺杆泵出现各种故障的主要原因。

3.3　日常维修保养问题：职工没有经过维修的系统培训，其维修技能需要进一步加强。

4　故障造成的危害

4.1　螺杆泵停泵造成污水不能正常回注。

4.2　螺杆泵故障将造成维修成本和动力成本增加。

5　防范措施

螺杆泵是一种新型的输送液体的机械，具有结构简单、工作安全可靠，使用维修方便、出液连续均匀、压力稳定等优点。如何保证螺杆泵安全使用，应注重以下几方面：

5.1　首次启动泵或再次使用长期封存的泵，应注入所输入液体，借助辅助工具转动泵轴几次，这样不会损坏定子。泵不能无液起动，无液起动会损坏定子。

5.2　输送液体温度高于60℃时，应按设备技术文件的规定进行输送。

5.3　机组定期维修。如发现密封盘根、螺杆泵配件性能缺陷，应予调整或更换，保证维修质量，延长螺杆泵使用维修周期。

5.4　泵在正常运转时，是通过变频调节转速来控制流量；不可利用出口控制流量。否则极易造成定子损坏。

5.5　严格控制好各泵进口液体液位不能低于规定值。

5.6　认真巡回检查，通过电流、泵压、泵体震动及时发现螺杆泵故障隐患。

5.7　启动电机片刻，检查泵的旋转方向，确认与泵壳上所标的方向一致后方可启动运行。

5.8　启动泵后，观察压力表和真空表的读数是否满足要求，注意泵的声音、振动等运转情况，发现不正常应马上停车检查。

5.9　在初始启动过程中，填料密封(特别是聚四氟乙烯)允许的起始泄漏量，在初始启动过程的15min，应均匀的调整螺母。每次大约1/8转，调整到最低泄漏量。若填料函温度急剧升高，泄漏量急剧减小，应马上松开螺母，重复以上过程。

加热炉冒白“烟”原因分析及整改措施

1 故障概况及经过

1.1 故障概况

某联合站于2009年8月投运了两台JM－ZKX1000－S/2.5－Q型真空相变加热炉。设备投运之初未发现异常，但进入冬季后，随着气温下降，烟囱开始“冒白烟”，特别是在空气湿度较大的情况下问题更为严重，排烟遇到冷空气后凝结出大量水滴，烟囱底部四周甚至出现“晴天下雨”的“奇特景观”。

1.2 处理过程及恢复情况

随后现场人员对燃烧器控制程序进行了多次摸索性修改，边检测排烟温度，边增加蝶阀开启度，最终决定将蝶阀最大开启度设定为85%，设备故障随之得以排除。

目前，联合站这两台加热炉运行状况良好。

2 故障原因及机理分析

烟囱大量冒“白烟”，致使加热炉周围天空整日云雾滚滚，对单位形象造成不良影响。

排烟冷凝水呈酸性，pH值为4～5，对烟囱本体造成腐蚀，加热炉投运后不到一年时间，烟囱底部距离地面约1m高处即腐蚀出现120mm×100mm的穿孔，不得不整体更换两台新建加热炉的烟囱；而且酸性凝结水可能落到定时巡检的操作人员身体上，一不小心就会带来人身伤害。

2.1 直接原因

经过现场考证，直接原因是加热炉排烟温度过低。查阅技术资料，加热炉烟气“露点”为130℃左右，一旦排烟温度低于烟气露点，就会造成加热炉尾部受热面管壁、烟道和烟囱等部位出现低温硫酸腐蚀、溃烂、穿孔的严重后果；据此，设备管理规定要求：加热炉排烟温度不得低于130℃。而经过现场实测，联合站这两台加热炉的排烟温度只能达到85～95℃，从而得出结论：发生问题的直接原因是加热炉排烟温度过低。

2.2 原因分析

加热炉排烟温度低的原因分析：找到问题症结后，相关技术人员进行了分析研究，多次深入现场考察，并归纳出多种可能的诱因。

2.2.1 被加热介质总量太大，加热炉功率过小，设备负荷过重，出现“小马拉大车”问题，高温烟气热量在炉膛内被过量吸收，导致排烟温度低。

2.2.2　与加热炉配套的燃烧器功率过小，供热量不足，导致排烟温度低。

2.2.3　燃烧器工作不正常，造成供热量不足，导致排烟温度低。

2.2.4　该型号的真空相变加热炉内部烟管设计为三回程的结构，目的是提高加热炉效率，但该公司这种结构的真空相变加热炉普遍存在排烟温度低(不到120℃)的现象，当出现“小马拉大车”时，会导致烟温更低。

经过逐一排除，最后终于找到了造成联合站加热炉烟囱冒“白烟”的根本原因：生产厂家在设备出厂时将燃烧器总气路蝶阀的最大开度仅设定为70%，致使燃气供给不足。经过与厂家协商，确定了修改控制程序，加大蝶阀最大开启度的解决方案。

3　故障教训

3.1　设备的管理要实现全过程管理，从设计选型、制造、安装调试，管理人员都要全过程参与，不能做“甩手掌柜”，这样才可以使设备管理良性运行。

3.2　设备的一个故障现象可能是由诸多因素引起的，要求从管理到操作都要对设备的结构、原理，性能优缺点等全面掌握，才能很快查清原因，处理故障。

4　故障原因分类

设计与施工质量问题。

5　防范措施

5.1　设备在设计选型时要与生产工艺充分结合，尽量避免出现“大马拉小车”或者“小马拉大车的现象”。

5.2　设备出现故障后，特别是难以一时判断原因的故障，要从设计、制造、安装调试及维护保养等全面深入查找原因，才能理清关系找到根本。

往复压缩机连杆－十字头异常磨损故障分析

1 故障概况及经过

某加气母站4台压缩机在运行时间很短的情况下(300～600h不等)，连杆－十字头组件多次出现同样故障，导致设备无法正常使用。故障特征为出现较大的、不规律的撞击声；原本固定在连杆小头上的衬套出现松动打滑现象；十字头销、孔与小头衬套均有严重的磨损，十字头孔磨损后振动加剧，造成十字头表面巴氏合金涂层的磨损。

第一次出现十字头磨损后，厂家采取了加固衬套的措施，即在连杆小头上打孔，增加一个定位销来固定衬套。运行一段时间后定位销失去作用，衬套依然松动打滑，同类故障依然出现。

第二次改造更换了连杆十字头组件。主要改动有增加连杆、十字头销宽度5cm；调整十字头油路布置，增加十字头销油孔，增加十字头油槽，改善润滑效果；调整了十字头销与连杆小头衬套的间隙。

压缩机更换新型连杆、十字头组件后运行情况良好，未出现异响及小头衬套打转现象，各部件间配合间隙未发现异常。

2 事故原因及失效机理分析

针对设备故障，主要从部件设计、部件制造质量、部件安装质量、日常运行、维护保养等方面分析可能影响部件运行效果的因素。

2.1 设计方面

连杆－十字头承受由曲轴传递到活塞的巨大作用力，连杆小头衬套过盈量为十字头销直径的0.15%，约为0.11mm，实际运行中预紧力偏低，当连杆小头衬套承受连续冲击力作用时，衬套出现打转现象，原来与连杆相通的油路被破坏，润滑油膜遭到破坏，十字头销局部运动瞬间承受高温，造成损坏。损坏的十字头销与十字头相对运动，又造成了十字头孔的损坏，最终使十字头－连杆组件失效。

另外最初设计的十字头体下滑道的润滑油路只有一条，当十字头振动加大的情况下极易造成油路的磨损，使十字头与滑道的润滑效果降低或失效，由于摩擦生热，造成十字头巴氏合金的脱落。

2.2 制造质量问题

整个部件的材质选择采用压缩机制造较为成熟和通用的材质，连杆、十字头销采用锻钢，十字头采用铸钢表层敷涂巴氏合金工艺，小头衬套为铜合金材质，制造工艺为常规制造方法。

现场工作人员对安装精度进行了仔细检查，新安装的精度符合设备说明书规定范围。

通过检查，设备在制造精度要求上满足设备说明书规定。

2.3 日常运行问题

润滑油压力为0.35MPa，符合设备运行要求；运行润滑油温度为40～55℃，符合设备运行要求；润滑油牌号严格按照设备使用说明书要求选择使用。

因此，日常运行参数及润滑油的使用满足设备要求。

2.4 维护保养问题

根据保养要求，十字头－连杆部件进行定期检查保养，正常工作状态下十字头销与十字头间隙为0.08mm，十字头与滑道间径向间隙为0.20mm。

压缩机运行800h后，对润滑油进行检验，润滑油运动黏度、杂质符合润滑油（L－DAB100、L－DAB150）质量要求；日常巡检记录齐全，自动化仪表数据记录齐全；因此，可以排除因日常维护保养不到位引起设备保障。

因此，可以排除因日常维护保养不到位引起设备故障。

3 故障原因分类

主要的原因是设计问题，对连杆－十字头部件的受力情况分析不够，衬套预紧力设计偏小，小头衬套压制过盈量不足，预紧力不够，在大的作用力反复冲击下出现松动，加宽连杆小头和十字头销后，增加受力面积，减小冲击力；其次十字头销与十字头表面润滑油路的布置不够科学，十字头销部件松动可能会引起油路的堵塞，造成润滑失效，引起十字头销与十字头孔的异常磨损。十字头底部表面油路的磨损会引起巴氏合金涂层的破坏。

4 故障教训

连杆－十字头部件是将压缩机曲轴旋转运动转变为活塞直线运动的重要部件，如果发生故障，可能引起十字头抱死，导致整个十字头连杆无法拆装，严重者可能导致整个机组报废。应及时检查连杆－十字头部件的运行状态。

5 防范措施

5.1 设备选型时重点关注连杆－十字头部件的运动方式、分析受力情况，可对压缩机连杆－十字头部件受力情况进行复核，确保足够设计余量，安装时采用液氮冷却后装入；

5.2 确保部件安装精度，安装参数做好记录，保证设备安装时按照设计要求进行安装；

5.3 日常维护保养严格按照设备使用说明书要求，保证设备在规定条件下运行；

5.4 加强日常巡检，做好运行参数的记录和分析，发现异常及时处理等。

压缩机机柜断电导致 PLC 与 HIMA 间的通信授权丢失

1 故障概况及经过

2011 年 5 月 20 日，某压气站对电气设备进行春检，按照正常的步骤对压缩机控制系统机柜下电，进行机柜的维护检查。维护完毕后，恢复机柜供电，准备启动压缩机。在进行启机条件确认时发现三台压缩机存在相同的启动限制条件，且无法复位，具体故障特征为：变频器不允许操作；密封气阀门 FV835 无法开到位；干气密封加热器无法运行；压缩机安全保护启动，无法复位。

现场技术人员随即进行故障排查，发现三台压缩机控制系统内全部 HIMA 处理器的“Fault”报警灯均常亮(如图 1 所示)，此报警的涵义是内部程序错误，操作系统加载失败或者已被破坏。

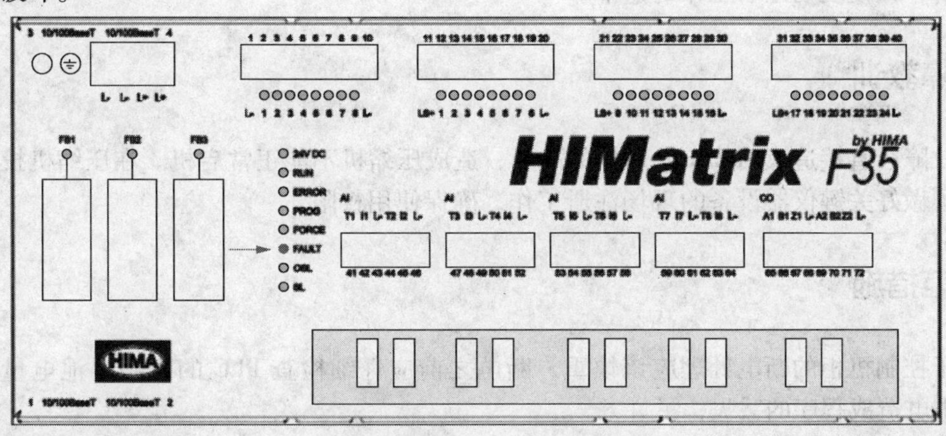

图 1 HIMA 处理器正面图

通过 ELOP II 软件连接到产生报警的 HIMA 处理器，发现 HIMA 与压缩机控制 PLC 之间的通信中断，由此推断 HIMA 处理器把其与压缩机控制 PLC 之间的通信中断视为重大故障，从而启动了对压缩机的安全保护。现场技术人员试图对 HIMA 处理器重新下载程序，以解决这一问题，但在进行程序编译时出现通信协议授权号丢失的报警，如图 2 所示。

```
05/23/2011 18:08:49.406, Info: Set Logging to directory 'E:\Yulin Project\SFWs\Prg_PLC\HIMA\Yulin_SPLC_LAST_REV_UCP2.L2P\c3log' for project 'E:\Yulin Project\SFWs\Prg_PLC\HIMA\Yulin_SPLC_LAST_REV_UCP2.L2P'.
05/23/2011 18:08:49.406, Info: ELOP II Factory Hardware Management, Version: 8.52.0
05/23/2011 18:08:49.406, Info: custom.dll, Version: 8.52.0 ELOP II Factory English
05/23/2011 18:08:49.406, Info: License: ELOP II Factory
05/23/2011 18:09:16.625, Info: [ COM ] Validate started.
05/23/2011 18:09:16.625, Error: SRS for resource and for license key differ.
05/23/2011 18:09:16.625, Info: [ COM ] Validate finished. Warnings: 0, Errors 1.
05/23/2011 18:09:59.109, Info: [ COM ] Validate started.
05/23/2011 18:09:59.109, Error: SRS for resource and for license key differ.
05/23/2011 18:09:59.109, Info: [ COM ] Validate finished. Warnings: 0, Errors 1.
```

图 2 程序编译报警信息

通过与 HIMA 厂家联系，获得了新的通信协议授权号。在输入该授权号，并重新下载编译程序后，HIMA 处理器恢复正常工作，压缩机成功启机。

此后多次对压缩机控制系统机柜进行断电维护，该故障未再发生。

2 事故原因及失效机理分析

通信协议授权号丢失是HIMA处理器故障的主要原因，HIMA处理器故障直接导致了压缩机安全保护启动，无法复位。

HIMA厂家对HIMA处理器与压缩机控制PLC之间的通信协议设置了授权序列号，用来作为保护知识产权的手段。根据HIMA厂家设计的工作步骤，在设备安装调试期间，需要根据PLC的IP地址对HIMA的通信协议进行现场注册，否则在HIMA处理器断电重启后，该通信协议将无法使用。而在该压气站压缩机的安装调试期间，压缩机厂家现场工程师并没有对通信协议进行现场注册，致使机柜断电后HIMA处理器通信协议授权号丢失，造成HIMA处理器的故障，压缩机无法启机。

3 故障原因分类

主要的原因是安装调试问题，压缩机厂家现场工程师对HIMA处理器通信协议的注册流程不了解，致使现场注册工作的遗漏。

4 故障教训

此故障会直接造成HIMA处理器的故障，造成压缩机不能正常启机。在压缩机投产调试期间必须做好关键仪器设备的现场注册工作，确保使用权限。

5 防范措施

对于控制机柜的断电处理应该慎重，断电之前应仔细检查PLC的备用电池电量，避免PLC的失电造成程序的丢失；

在安装调试期间，安装人员应详细咨询重点仪器设备的使用权限，授权号注册等问题，确保设备是在符合有关规定的前提下使用。

压缩机紧急停机后机组无法正常保压

1 故障概况及经过

2011年6月10日，某压气站某台离心式压缩机紧急停机，进出口阀门自动关闭。停机3h后，值班人员发现压缩机机体及进出口管线压力上升至7MPa。由于压缩机进口管线的设计压力仅为6.3MPa，致使进口阀门压缩机侧的法兰连接处严重漏气。现场技术人员紧急将压缩机进口阀门就地打开，将机体和进出口管线压力逐渐平衡，天然气泄漏停止。

根据压缩机控制系统的程序设计，压缩机在紧急停机后，进出口阀门自动关闭并处于锁定状态，不可远程进行开关操作。为方便操作，避免以上故障的再次发生，技术人员对压缩机控制程序进行了修改，允许压缩机紧急停机后对进出口阀门的远程操作。同时，制定操作规程，要求现场操作人员在压缩机停机后远程打开进口旁通阀，避免停机后机组内压力上升。

2 事故原因及失效机理分析

干气密封是压缩机运行时壳体内密封的重要手段。压缩机停机后，为避免干气密封系统内进入污物，造成密封损坏，也应保持密封气的持续供给。

密封气引自压缩机出口汇管，出口汇管的天然气经过调压后以大于进口气压0.3MPa的压力进入压缩机壳体，实现对机体的密封。在压缩机停机后，由于密封气压力高于机腔内气体压力，一部分密封气通过干气密封系统的机械密封进入腔体。如果压缩机进口阀门关闭，进入机腔的密封气会造成机体及进出口管线压力逐渐升高，最终与压缩机出口汇管压力相同。

3 故障原因分类

发生该故障的主要原因是运行操作问题。操作人员对干气密封的原理理解不透彻，没有考虑到干气密封的投用会造成停机机组内部压力升高，亦没有考虑到进口管线的设计压力远低于压缩机出口汇管压力。在压缩机紧急停机后，操作人员没有手动打开进口旁通阀，最终导致机组压力升高，造成天然气泄漏。

其次是设计问题，首先压缩机紧急停机时进出口阀门会自动关闭并且自锁禁止操作，对于操作人员起到了一定的误导作用。

4 故障教训

该故障会造成压缩机组内的压力超高，对进站管线和阀门造成损害，甚至造成严重漏气或爆管事故。

处于停机状态的压缩机也应该作为日常巡检的重点部位。在压缩机停机后，应确认设备状态是否正确，并密切注意机组内部压力的变化情况。

5 防范措施

压缩机停机时打开进口旁通阀，并且保持密封气投用；

加大巡检力度，密切注意停止机组内的压力，压力超高时立即采取措施。

超声波流量计典型故障分析

Daniel 平行四声道超声波流量计是根据“时差法”原理测量管道内天然气流量的，主要由变送器、流量计算机、计量直管段、表体、换能器、信号处理单元等组成，具有高压、大流量、精度高、双向流、抗干扰性强、无可动部件、无压损、量程比宽、维护量小等特点，可广泛应用于石油、化工、冶金、电力等领域。

1　故障概况及经过

2010 年某日，一声响雷后，输气站发现 *DN*300 超声波流量计的出站压力不变，经查询历史数据发现 2min 内的数据是定值，流量计算机 Hart 主板的通道指示灯显示异常，经过刷新组态，改变对应接线，出站压力显示恢复正常。

2　事故原因及失效机理分析

2.1　故障现象

2.1.1　监控电脑上显示的出站压力是个定值；

2.1.2　流量计算机 Hart 主板对应通道指示灯不连续闪烁；

2.1.3　流量计算机中的压力显示是键盘输入值。

2.2　故障原因

Hart 主板中与现场温变、压变通讯的通道损坏。

2.3　故障的判断和排除

首先把 *DN*300 流量计现场变送器的通讯线与其他流量计互换，根据显示情况判断是流量计算机的故障还是其他故障。如果是其他故障，逐项检查到 PLC 控制柜的线路，包括现场变送器、电压、通讯电缆、浪涌保护器；如果是流量计算机故障，逐项检查 CPU 主板、Hart 主板，如果 CPU 故障，则需要更换；如果是 Hart 主板故障，联系 Daniel 技术服务工程师做其他通道组态，并刷新至流量计算机。

经过仔细排查，发现 *DN*300 流量计温变、压变的浪涌保护器损坏，Hart 板的对应通道损坏。经更换浪涌保护器，更改通道和组态，并刷新组态后，恢复正常。

3　故障原因分类

设计问题：主要是由于防雷设计方面存在缺陷，流量计算机未设计接地，未做等电位保护，在遭到雷击时，强电流损坏电子元件。

4 故障教训

设备防护措施设计的合理性，是保证设备良好运行的关键，在发现设计有缺陷时，需要及时采取措施修复；除此之外，还需要对设备进行定期的检查维保，才能确保设备的正常运行。另外，在站场建设或改造施工之前，提前做好相关技术的储备，对设计方案仔细审查，对设计中存在疏忽遗漏或不合理的地方及时提出整改意见。

5 防范措施

预防流量计算机的故障，除了要做好防雷措施之外，其次是要定期进行检查，特别是雷雨季节的检查。

5.1 确保现场仪表接地良好，在雷雨季节，定期检查检测接地情况；

5.2 检查通讯电缆完好，现场表与流量计算机的通信线采用的是铠装电缆，检查确认铠装电缆无破损；

5.3 对防雷措施进行改造，设计整体等电位保护，实现防雷击、防静电危害、防外部电磁干扰；

5.4 备用适量的流量计算机 CPU 主板和 Hart 主板；

5.5 在雷击季节，断开其他备用流量计的电源，避免雷击造成的损失扩大，同时每周定期检查备用流量计，确保正常完好。

原油储罐罐顶变形事故分析

1 故障概况及经过

1.1 故障设备名称、概况

该罐属于钢制立式拱顶罐，始建于2001年，罐体采用20#低碳钢板制作而成，罐底采用8mm钢板，罐壁采用5mm钢板、罐顶采用4mm钢板。罐壁、罐底及罐底存在轻微腐蚀。主要存储井口来液，便于集中倒运原油到联合站进行处理。

1.2 故障发生经过、影响范围、处理过程及恢复情况

在油井进行洗井作业时，井筒里存在大量的原油，外排会造成污染环境，因此，洗出液通过集输管线流程直接进入储油罐进行储存，由于该罐没有高低液位报警装置，只有依靠储罐外壁标高观察液位高度，才知道储油罐内液位高度。洗井液进入储油罐内时没有人监督，导致储油罐漫顶，储油罐罐顶的液压式安全阀和呼吸阀进出口被洗井液原油凝结堵塞。漫顶事件发生后，没有及时对安全阀和呼吸阀进行清洗维护就进行车拉油工作，启动管道泵给汽车装油。管道泵运行了10min左右，听到储油罐罐顶发生塌陷声音，立即停止放油。经过观察罐顶现场，发现罐顶1/5的面积凹陷下去，严重地影响了罐顶的承载力，造成安全隐患。

为了维护该罐，首先拆除了罐顶的液压式安全阀和呼吸阀，清洗法兰及短接“死油”，然后放掉储油罐的原油，通过蒸汽清洗储油罐内的残余油质，最后通风24h，确保罐内没有油气。搭建脚手架到罐顶与罐壁连接处查看损坏程度及罐顶腐蚀情况，经过现场观察，焊缝没有破坏，罐顶腐蚀轻微。结合罐顶塌陷位置，采用千斤顶分点、面恢复罐顶。

2 事故原因及失效机理分析

2.1 设备自身原因

该罐在设计没有设置高低液位报警装置，是造成储油罐漫顶堵塞液压式安全阀和呼吸阀进出口原因之一；没有报警功能，值班人员不能及时排查故障。

2.2 设备维护保养不到位

发生漫顶事故后，没能及时对储油罐罐顶的液压式安全阀和呼吸阀进行维护保养，同清洗法兰及进出口“死油”确保储罐内外压力平衡。

2.3 人员安全意识不到位

安全意识淡薄，思想麻痹，风险识别能力差，缺乏执行力，在接到作业队洗井通知及油

罐漫顶后迅速检查保养安全阀、呼吸阀和阻火器等安全装置任务后，未采取任何措施，是漫罐及罐顶负压变形事故发生的重要原因之一。

3 故障原因分类

设计问题 + 维护保养问题 + 操作问题。

4 故障教训

事障的发生，反映出部分基层单位管理工作不到位，员工安全意识淡薄、思想麻痹、业务水平低，“三违”、“低、老、坏”以及“有章不循、有禁不止”现象没有得到有效遏制，制度执行力不强，安全管理工作仍然存在薄弱环节。

各单位要将通报传达到每位员工，通过对事故的传播与扩散，使每名员工都能从事故中吸取教训、受到教育、引以为戒，进而提高其安全素质和自觉遵章守纪意识。认真做好作业前风险识别工作，风险识别要有针对性，要根据作业内容、作业环境、设备状况、规范规程、作业人员等因素进行危害及风险辨识，杜绝形式主义和“走过场”，对识别出的风险、危害要采取针对性的防范措施。

5 防范措施

5.1 完善储油罐的附件设施，增设高低液位报警装置。定期维护保养储罐安全附件。

5.2 在厂、公司范围内扩散事故原因，深刻吸取事故教训，杜绝同类事故的再次发生。

5.3 加大制度、操作规程的执行力，加大“三违”的查处惩罚力度。严格执行“现场指导和监督人员在异常情况处理结束、恢复正常生产状态前，必须坚守现场”的规定。

5.4 进一步开展各岗位隐患排查、危害识别、风险评价及防范工作，特别是各类安全附件的检查，使每一位员工能够真正知道工作中存在的危害和风险，加强风险防范。

热水锅炉爆管原因分析及防范措施

1　故障概况及经过

1.1　故障概况

某油田联合处理站1台DZL0.7－0.7/95/70－AⅡ锅壳式燃煤链条热水锅炉，于2007年2月4日发生水冷壁管爆管事件。这台锅炉额定功率0.7MW、额定出水压力0.7MPa、额定出口/进口水温95/70℃，主要为站区2座200m^{3}储油罐、2台*DN*800三相分离器以及站外20口机抽井约10km三管流程伴热管线的加热。事件发生后，有关人员赶到现场进行了查看。发现锅炉左侧从前向后数第三根水冷壁管中部有破口，破口呈开放型，长度约15cm，破口处管壁已薄如纸张，管内有2mm左右厚度的水垢，破口上下部分有过烧现象，破口处位于炉膛正上方，处于高温区。

1.2　处理过程及恢复经过

爆管事件发生后，现场人员立即向有关部门汇报并启用另一台备用锅炉，因此，对油田生产没有造成影响。有关人员经过现场勘察、初步分析认为锅炉发生爆管主要原因是由于管内结垢、高温过烧所引起。这一观点得到特种设备检验研究院锅炉室专家和锅炉生产厂家技术人员的认同，均一致认为管内结垢是造成锅炉水冷壁管发生爆管的原因。于是决定对锅炉的受损部位进行修复，请具有相应资质的单位编制修理方案，经地方质监局特种设备安全监察处审批后进行修理。此次修理共更换了6根“S”形水冷壁管，并对锅炉进行了酸洗除垢，修理和酸洗除垢工作于2007年2月14日完成，运行状况良好。

2　事故原因及失效机理分析

2.1　事故原因初步分析

经事故现场勘察，可以分析得出管内结垢是造成该锅炉水冷壁管发生爆管的直接原因，而造成管内结垢的因素比较多，主要原因有锅炉水质不合要求、锅炉结构不合理、锅炉运行管理存在问题等等。

2.2　失效机理分析

2.2.1　锅炉结构

该锅炉为单锅筒纵置式锅壳热水链条炉排锅炉。锅壳内布置有烟管对流受热面，炉膛左右两侧布有光管水冷壁作为辐射受热面，炉膛出口处布置翼形烟道。燃料(煤)自煤斗落入链条炉排上，进入炉膛燃烧后，产生的高温烟气从前向后转弯进入两侧的翼形烟道，至前烟箱处折弯进入烟管管束区从前向后进行纵向冲刷，然后经尾部受热面、除尘器，由引风机抽引经烟囱排至大气(见图1)。

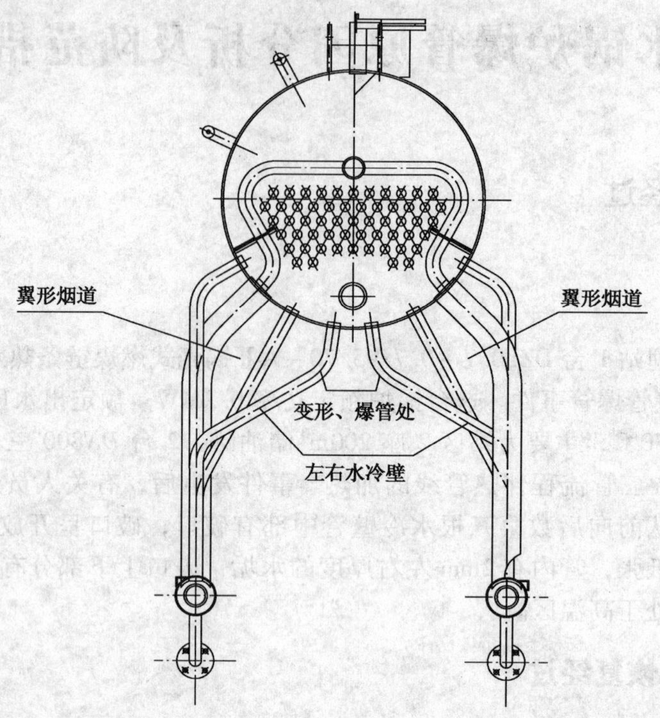

图1　DZL0.7－0.7/95/70－AⅡ锅壳式燃煤链条热水锅炉结构图

2.2.2　热水锅炉水冷壁管爆管机理分析

在热水锅炉受热面管的横截面上，水温分布是不一样的，管壁处水温比管子中心水温高。因此有可能在受热面管的某截面上发生管内主体水温尚未达到饱和温度而管内壁温度却达到或超过介质的饱和温度的现象，当两者之差达到一定值时，在该截面处管内壁开始生成气泡，发生汽化，汽泡与欠热水再接触时，冷凝消失，这种现象称为过冷沸腾。

过冷沸腾发生时，管内壁水因发生汽化，一方面破坏了水冷壁管壁的水膜，另一方面使得该处水中盐的浓度增大，管壁内产生水垢，增加介质的流动阻力，影响锅炉的水循环，最终造成传热恶化，水冷壁管壁过热变形，甚至产生爆管。

当管内壁温度达到饱和温度时，并不立即发生过冷沸腾。只有当两者之差增大到一定值时(即管子具有一定的过热度)，过冷沸腾才可能发生。

影响过冷沸腾产生的因素有如下几条：

(1) 热负荷：热负荷高时(如炉膛辐射受热面)，管内壁水温升高，易于达到或超过饱和温度，进而产生过冷沸腾；

(2) 水速：管内介质的水速降低时，管内壁温度升高，易产生过冷沸腾；

(3) 介质水温：介质水温较高时，距饱和温度较近，易产生过冷沸腾；

(4) 压力：当锅炉运行压力降低或低压运行时，介质的饱和温度降低，管内介质的水温与饱和温度接近，而易产生过冷沸腾。

此外，管子内径较小、水质不好等亦易产生过冷沸腾。

所以热水锅炉在设计时，为防止产生过冷沸腾，要根据各处受热面的热负荷、介质温度、运行压力等情况校核受热面管内的水速，应保证管内水速不低于最低安全水速。

2.2.3 本锅炉事故原因分析

2.2.3.1 结构原因

此锅炉由某锅炉压力容器有限公司于2003年制造，投入运行三年零五个月发生爆管事件，如图2所示，该锅炉结构与常用锅炉结构不一样，常用锅炉水冷壁管位于炉膛两侧，为直管，水冷壁管受高温辐射热；而该锅炉的水冷壁有两种形式，一种为直管，另一种为“S”形(即翼形)，该翼型管直接受到炉膛内高温火焰的辐射，热负荷最高，而其出口处又位于锅筒底部，锅筒底部的泥沙、泥渣等很容易进入翼形水冷壁管内并沉积在弯头处，所以翼形水冷壁管的弯头处最容易发生过冷沸腾。因此，结构问题是加剧水冷壁管结垢的一个重要原因。

2.2.3.2 锅炉水质

热水锅炉在正常运行时，因其管内介质不会发生汽化，所以其水质标准是按介质不产生沸腾而制定的，水的允许含盐量等指标均高于蒸汽锅炉。GB/T 1576—2008《工业锅炉水质》中规定，热水锅炉给水的总硬度为0.6mmol/L，相当于蒸汽锅炉的20倍(蒸汽锅炉为0.03mmol/L)。热水锅炉发生过冷沸腾时，管内汽化处的工况类似于蒸汽锅炉，此时，尽管管内水质符合标准关于热水锅炉的要求，但相对蒸汽锅炉却严重超标，所以热水锅炉发生过冷沸腾时很容易结垢，而且当水质恶化时，水垢大量产生，水冷壁管变形、爆管加速。

根据运行现场调查得知，该锅炉水处理设备在运行时存在水质是按热水锅炉的标准处理的，这可以作为造成管内结垢的主要原因。

2.2.3.3 锅炉运行管理问题

根据运行现场调查，锅炉在运行管理方面还存在：锅炉排污不及时、排污方法不当、系统失水补水频繁等。

(1) 从图1可以看出，翼形水冷壁管的出口处位于锅筒的底部，在锅炉临时停炉期间，进入锅炉的污垢沉积在锅筒底部，如排污方法不当或排污不及时，这些污垢极易进入该翼形水冷壁管并沉积在其弯头处，增加水循环阻力，使得水循环不畅，造成传热恶化，壁温升高，产生过冷沸腾，进而结垢，形成恶性循环，最终导致发生爆管。

(2) 本系统在运行时，因系统漏水严重(据了解，存在系统用水情况)，系统的补水量较大。当热水锅炉系统发生漏水时，理应立即检查系统并进行维修，解决系统漏水的问题。但该锅炉在实际运行时，并没有及时解决该问题，却采用了频繁给补水的办法，治标不治本。又因为锅炉的水质处理是按热水锅炉标准处理的，导致了给系统内补充了大量的不合格水，加重了系统发生结垢的可能性。

(3) 当锅炉运行压力降低或低压运行时，介质的饱和温度降低，管内介质的水温与饱和温度接近，根据有关公式计算，最低允许安全水速升高，增加产生过冷沸腾的危险。而本系统在运行时，因存在长期漏水现象，势必造成锅炉压力下降，从而加速过冷沸腾的发生。

2.3 事故原因结论

综上所述，该锅炉发生爆管的最根本原因是锅炉在运行过程中，没有根据本锅炉结构制定合适水质处理标准要求，加之运行操作方法不当，管理措施不到位，在锅炉最薄弱的地方(即翼形水冷壁管弯头处)发生过冷沸腾、结垢，造成传热恶化，水冷壁壁温升高、蠕胀、爆管。

3 故障原因分类

设计、操作问题。

4 故障教训

4.1 发生故障应立即停炉检修

设备在运行过程中，如发生故障，应立即停炉检修，查出故障点、发生故障原因，从根本上采取措施、解决问题，不能头痛医头，脚痛医脚。如这次事故中，出现系统漏水等现象后，没有及时地查出漏水的原因去解决问题，却采取了简单往系统补水的办法。

4.2 加强设备的运行管理

应加强设备的运行管理工作，设备使用方应严格按照有关标准、规程的规定及厂家提供的设备使用说明书等进行管理。

4.3 加强操作人员的安全意识和业务知识

应加强设备管理与操作人员的安全意识和业务知识培训，提高他们的安全知识和业务能力，增强他们判断故障和解决问题的能力。

5 防范措施

根据本次锅炉爆管事故得出的经验教训，对同类结构锅炉的运行管理要特别加强热水锅炉的水质管理工作，定期检查锅炉水质的处理情况，以确保锅炉的给水符合 GB/T 1576—2008《工业锅炉水质》的要求，具体要求如下：

（1）热水锅炉供热系统应满水运行，避免系统频繁补水。当供热系统发生失水现象时，应及时停炉检修，查出故障原因，解决系统失水问题。

（2）加强排污工作。根据锅炉和水质特性，严格按照有关规程及锅炉使用说明书的要求作，在锅炉运行过程中，明确定期排污时间、操作方法和注意事项等，以免形成二次水垢。

（3）重视供热系统的除污工作，防止系统内的污垢随回水进入锅炉内。

（4）锅炉临时停炉时，应及时进行排污操作，以排除沉积在锅筒底部的泥沙、泥渣等。

（5）锅炉运行时，应尽量避免降压或低压运行，同时严格监测系统的循环水量。

（6）应随时监控锅炉的运行情况，定期对锅炉进行检修。检修时应检查锅水冷壁管壁有无过烧、减薄等现象，锅筒底部有无鼓包现象，炉墙有无损坏(尤其是下降管处的绝热层)。

三相分离器检修时发生火险原因分析及防范措施

1 故障概况及经过

某联合站三相分离器，因油田污水腐蚀性很强，出泥砂严重，使用一年后内部本体腐蚀斑坑达到1.5~2mm(见图1)，每6个月需停用进行检修。

图1 三相分离器内部腐蚀情况

2004年12月8日8:00，对该联合站一台三相分离器进行维护时，操作人员(民工)在拆卸人孔螺帽螺栓的过程中，发现从拆开的人孔盖的间隙中有热水、热气冒出来，卸完全部螺杆，人孔盖无法打开，操作人员就用铁钎、铁锤等非防爆工具，试图敲开人孔盖。9:15，突然从三相分离器人孔处发出一声轰响，并有红色间隙式的明火外窜，然后往外冒烟和蒸汽。

火险发生后，当班人员与操作人员迅速用干粉灭火器向人孔内喷灭火剂，容器内明火得到有效控制，但三相分离器人孔处向外冒淡黄色烟雾及水蒸气(见图2)，分队组织人员向分离器内注水措施，三相分离器注满水后，烟雾水气消除，火险彻底排除。

图2 三相分离器自燃现场

2　事故原因及失效机理分析

2.1　分离器腐蚀原因分析

2.1.1　油田污水的成分

分离器内壁腐蚀的严重部位是油水界面分界线以下与水质接触部位，油田污水矿化度为22220mg/L，Cl^- 含量为10401.7mg/L，腐蚀速度超过10.53mm/a。

2.1.2　分离器的内部结构

该分离器内部采用涂层防腐，结构复杂的分离器，内部空间小，特别是安装填料的部位，易形成防腐死角或防腐质量不好，加快了腐蚀速度。

2.2　分离器发生火险的原因分析

从理论上讲，任何一种着火现象均需要具备三个条件：①有可燃物存在；②有助燃物存在；③有火源或高温存在，三个条件缺一不可。

2.2.1　分离器内积聚了大量的天然气

该分离器11月25日煮罐放掉分离器内的污水后，直到12月8日上午才打开检修，这期间分离器内部基本就是空的。蒸汽闸门关不严，又未加盲板，使分离器内部一直处于加温状态。由于未及时打开通风，又长时间加温在分离器内部空间产生了大量的天然气。

2.2.2　分离器内部温度过高

由于分离器温度较高，在打开初期空气与内部天然气对流加快，同时蒸汽盘管由于漏气还在持续加温，不断有残余油蒸发产生天然气，这样爆炸性混合气体迅速形成。

2.2.3　使用非防爆敲击，产生明火

当人孔盖无法打开时，操作人员用铁钎、铁锤等非防爆工具，敲开人孔盖，敲击过程中产生火花，遇到分离内的可燃气体就发生燃爆，并诱发防腐层燃烧。

3　故障原因分类

设计、施工质量、维护保养、操作问题。

4　故障教训

4.1　操作规程不严密，三相分离器内部温度未降就打开通风

该分离器于11月25日煮罐后，没有及时打开人孔通气，直到12月8日才打开；同时分离器顶部捕雾器与进液包的连接管上 *DN*50 放空阀一直是关闭的，造成油气聚集，留下了火险隐患；由于油路、气路、水路、蒸汽等关键部位的阀门尚未用盲板封死，致使蒸汽管线没有完全切断，造成因蒸汽阀门关不死而泄漏，给保温盘管供上了蒸汽而导致容器内的高温，成为火险的隐患点。

4.2 风险识别能力不够，采取应变措施不正确

当三相分离器人孔盖打开后，发现有热气和热水渗出，并闻到天然气气味时，未能对这一风险危害识别，没有及时采取在效措施处理。应停止拆卸人孔盖作业，进一步检查，切断油路、气路、水路、汽路所有阀，打开顶部放空阀，向分离器内部注清水降温等措施。没有采取这一行之有效的措施，将隐患消灭在萌芽状态。

4.3 监督管理工作不严格

打开三相分离器关键性设备的操作仅有一人操作，现场没有设专人监护，也没有配备可燃气体检测仪器，同时在防爆场所作业使用非防爆工具，暴露出作业过程中在工具的使用上的不规范。

4.4 执行管理制度规范不坚决

对油气装置的清理维护作业管理不规范，没有真正实行《进入受限空间安全作业》制度，未编写重要作业的 HSE 作业指导书，存在违章作业现象。

5 防范措施

5.1 完善操作规程

采油厂技安和油建管理部门对清罐(储油罐、脱水罐、三相分离器、生产分离器、储气包、污油罐、应急处理罐等容器)作业的操作规程进行审查、修订，确保操作规程的安全性，并作为一项安全生产制度发布实施。设备作业票，一律报采油厂技安科审批，在安全监护人员到位后，方可施工。

5.2 配备可燃气体检测仪

对各个采油单位和油建维护队配备一台可燃气体检测仪。

5.3 开展岗位风险识别工作

在全厂范围内开展岗位风险识别与描述工作。

5.4 加强制度管理

要求采油队按规范对油气装置的进出闸门用盲板彻底切断。在作业时间安排上要有计划性和连续性，严格执行《进入受限空间管理制度》，在确保安全的前提下方可进行作业。作业时应用特制的铜器或钉有硬橡胶的木耙子，工作人员的着装要符合安全要求。

含硫原油储罐呼吸阀自燃故障

1　故障概况及经过

1.1　故障设备名称及概况

发生故障的呼吸阀安装在原油储罐顶部，主要作用为保持大罐正负压力维持在一定范围，使罐内的液体进出没有受到阻碍。当原油输入罐内时有大量的气体往外呼，称正压；罐内原油往外输出时空气通过呼吸阀被吸进罐内，称负压。

新疆某油田联合站有4座5000m^3拱顶罐(1[#]、2[#]、7[#]、8[#])为一次沉降罐，4座5000m^3拱顶罐(3[#]、4[#]、10[#]、11[#])为二次沉降罐，以上8座拱顶罐由大罐抽气装置互相联通(见图1)。

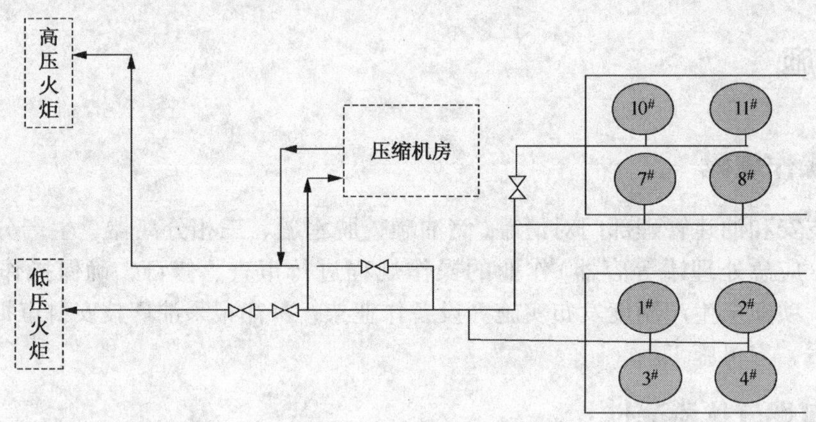

图1　8座拱顶罐布局

1.2　故障经过及处理情况

2011年某日18:40，新疆某油田联合站岗位人员巡检时发现罐区11[#]5000m^3原油沉降拱顶罐罐顶附件出现明火，立即启动应急预案，对罐四周及罐顶进行喷淋降温，19:11火扑灭，在损毁部件更换完毕后投用，生产正常。

故障造成罐顶一只液压安全阀和一只机械呼吸阀损毁，未造成油气爆炸、人员伤亡等次生事故。

2　事故原因及失效机理分析

要发生燃烧，可燃物、助燃物及燃点三要素缺一不可。现从以下几方面对11[#]罐附件着火原因进行分析。

2.1 可燃物分析

经查，大罐液压安全阀、呼吸阀及阻火器的材料部分为铸铁，铸铁长期与大罐呼吸所携带的水蒸气和呼吸过程中的氧气、H_2S 接触，将在安全附件上发生如下反应：

$$4Fe + 3O_2 + H_2O = 2Fe_2S_3 \cdot H_2O$$

$$Fe_2O_3 \cdot H_2O + 3H_2S = Fe_2S_3 \cdot H_2O + 3H_2O$$

$$Fe_2O_3 \cdot H_2O + 3H_2S = 2FeS + S + 4H_2O$$

水合状态下的氧化铁($Fe_2O_3 \cdot H_2O$)更易与大罐气中的硫化氢组分反应，(当大罐内外温差大时，水蒸气很容易在阻火器及呼吸阀内壁冷凝液化，加快反应的进行，故夜晚比白天更易发生反应)，生成硫化亚铁，硫元素处于低价状态，易与氧气发生氧化反应。

长期运行后，呼吸阀及阻火器内化学反应生成积聚的硫化亚铁、硫化铁及单质硫。

2.2 助燃物分析

本次事件中的助燃物是氧气，事件发生前储罐内部为微正压状态，外界大气在有风力的情况下，能将外界大气通过呼吸阀送入储罐内。

2.3 燃点分析

前阶段反应生成的硫化铁(Fe_2S_3)与硫化亚铁(FeS)与空气发生反应的方程式如下：

反应一：　$4FeS + 3O_2 + 2H_2O = 2Fe_2O_3 \cdot H_2O + 4S + 160kJ$

反应二：　$2Fe_2S_3 \cdot H_2O + 3O_2 = 2Fe_2O_3 \cdot H_2O + 6S + 586kJ$

上述两个反应为激烈的放热反应，反应二还会随着温度的升高而加快，会导致温度急剧上升，最终引起硫化亚铁及单质硫的自燃，形成明火从而引起大罐气的燃烧。

热量计算过程如下：

反应一中，1mol FeS 质量为 88g，反应放热 160kJ，160kJ 热量可使同等质量水的温度升高：

$$160/4.2 \times 1000/88 = 432.9℃$$

反应二中，1mol Fe_2S_3质量为 208g，反应放热 586kJ，586kJ 热量可使同等质量水的温度升高：

$$586/4.2 \times 1000/208 = 670.78℃$$

以上数据均为完全绝热条件下的计算结果。

(硫化亚铁的自燃点受环境水分的影响，最低可达 43℃，单质硫的燃点为 232℃)。

3 故障原因分类

经调查组综合分析认为，这是一起储罐安全附件选材不当造成的故障。

4 故障教训

这次罐顶安全附件着火故障，暴露出了对大罐安全防护装置的设计、管理等方面存在漏洞。

教训之一：对大罐挥发气危害认识不足，对设备本质安全的深层次隐患检查深度不够。

教训之二：工况复杂、部位重要安全装置不仅要进行例行维护，还应对装置可靠性进行长期跟踪验证。

5 防范措施

5.1 对集输系统硫化氢危害从根源上进行系统研究，找准危险源，从系统工艺、设备材质多方面考虑，降低硫化氢危害；

5.2 跟踪新更换的安全附件的使用状况，并跟踪检查检查运行状况，优化结构设计以便于检查维护，确保装置本质安全；

5.3 建立健全原油储罐安全附件管理规章制度，严格落实岗位责任制，加密检查及维护，确保安全附件正常运行。

铝合金换热器汞腐蚀故障

1 故障概况及经过

1.1 汞腐蚀概况

汞对铝合金有较强的腐蚀作用，即使其含量很低也可能造成铝合金的严重腐蚀。天然气处理装置深冷单元主换热器通常采用铝合金材质，若天然气中含汞将造成主换热器的腐蚀而影响正常生产。新疆某气田天然气含汞是国内为数不多含汞典型情况之一，并且汞组分的存在导致了某天然气处理装置深冷单元的铝合金换热器(下称：主换热器)于2009年1月腐蚀故障失效。

1.2 工艺流程概况

该天然气处理装置建成投产于2005年11月，产品主要为凝析油、天然气、轻烃、液化气。地面集输系统采用一级布站、高压一级节流输送工艺，油气集输进站分离后凝析油采用多级闪蒸+微正压精馏原油稳定工艺，天然气经分子筛脱水后，经主换热器换热降温后进行膨胀机制冷+重接触塔回收轻烃、液化气模式。天然气处理装置深冷单元核心设备(主换热器)为三股流板翅式换热器，其材质为铝合金，本体材质为3003(铝镁合金，高温真空炉钎焊)，封头与集流管材质为5083(铝锰合金，冷扎工艺)。该换热器设计处理量$260\times10^4m^3/d$，当时运行$250\times10^4m^3/d$，各物流主要设计/实际运行参数如下：

物流一(脱水原料气)：压力5.9MPa/5.8MPa，进口温度30℃/38℃，出口温度-39℃/-30℃；

物流二(液态轻烃)：压力2.5MPa/2.5MPa，进口温度-55.8℃/-30℃，出口温度5℃/15℃；

物流三(脱烃干气)：压力2.3MPa/2.25MPa，进口温度-67℃/-68℃，出口温度27℃/35℃。

该天然气处理装置简易工艺流程见图1，主换热器结构图见图2。

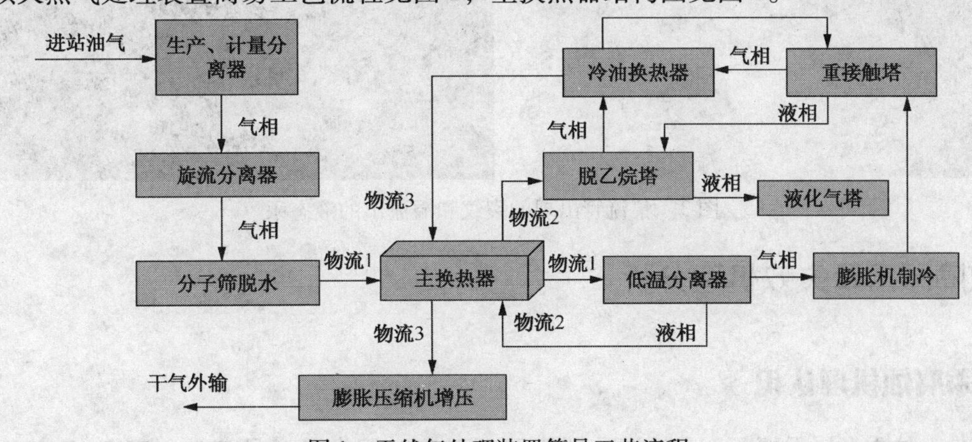

图1 天然气处理装置简易工艺流程

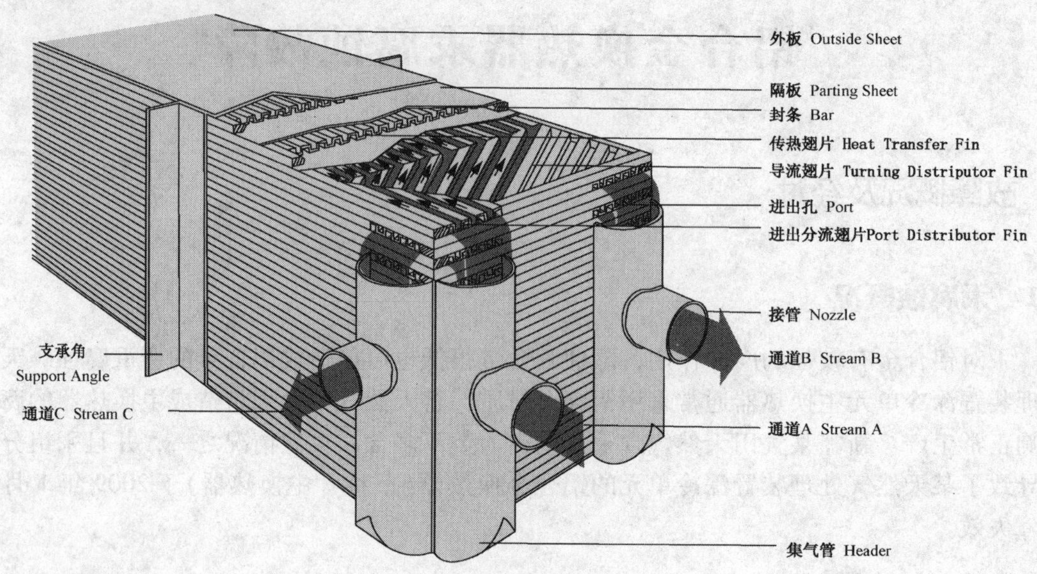

图 2　铝合金换热器的结构图

1.3　故障发生过程

该天然气处理装置自投产以来装置运行平稳，2008 年 8 月主换热器物流一出口集流管封头焊接处出现“T”形裂缝(未发现积聚汞)，经厂家技术人员补焊处理后恢复正常运行。2009 年 1 月再次发现同一集流管封头焊缝处另一侧出现“Y”形裂缝，经过多次反复“补焊—投用—裂纹—补焊”处理无效，经厂家技术人员确认后，更换怀疑为制造工艺缺陷的集流管封头(割开集流管封头仍未发现汞)，装置再次投运。但装置投用后主换热器物流一出口封头再次出现裂纹并且溢出液态汞，最终确定为汞腐蚀导致铝合金换热器失效。该设备的失效影响了天然气处理装置深冷单元的正常运行。事后，立即组织厂家对该换热器进行返厂维修，于 2 月份恢复使用。图 3 分别为物流一集流管出现的裂纹和溢流出的液态汞。

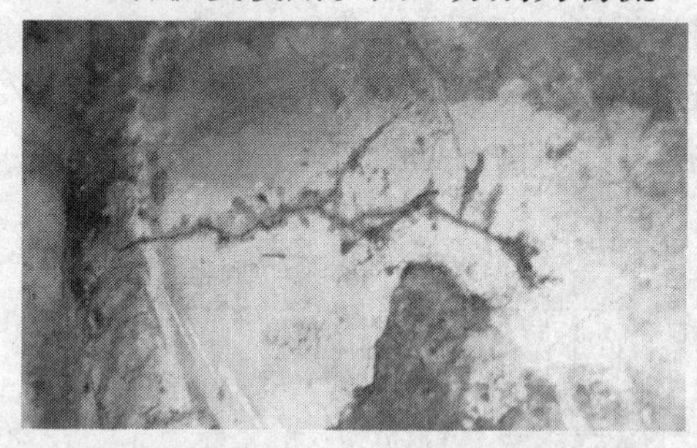
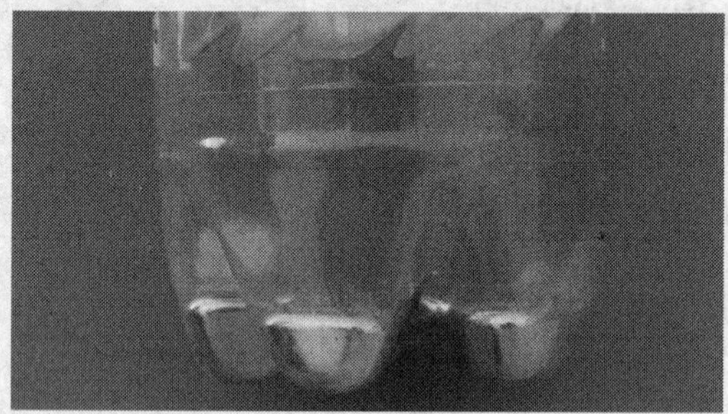

图 3　集流管出现的裂纹和溢流出的液态汞

2　故障原因及失效机理分析

2.1　汞腐蚀机理认识

汞是一种重金属元素，俗称水银，常温下呈液态，银白色，易流动，密度 13.596g/cm^3，沸点356℃，凝点-39℃。汞能溶解多种金属形成汞齐，尤其对金属铝。天然气中的汞造成铝制换热器失效机理有以下两种。

2.1.1 汞溶解铝形成汞齐腐蚀

汞与铝不发生反应，但铝会溶解于汞形成汞齐，溶解于汞的一小部分铝和氧气反应生成三氧化二铝。三氧化二铝不溶解于汞浮出汞面，这样会有新的（再下一层的）铝溶解于汞，新的三氧化二铝形成，反复下去，汞不会减少，铝却被深度氧化造成“剥蚀溶解”。如果有水分存在，汞齐与水发生化学反应生成白色粉末状腐蚀产物，形成 $Al(OH)_3$，加快腐蚀，表现为均匀腐蚀。在集气处理站的天然气凝液回收装置的低温系统中，低温换热器多采用铝合金制造的板翅式换热器。如果天然气中含有汞（低含量），就会与铝反应在其表面生成附着力很小的铝汞齐，并在生成过程中使表面上致密的氧化铝膜脱落。日积月累，最终天然气凝液回收装置的铝合金板翅式换热器腐蚀泄漏。上述反应方程如下：

$$Hg + Al \longrightarrow Hg(Al)\text{（汞齐）}$$

$$2Al(Hg) + 6H_2O \longrightarrow 2Al(OH)_3 + 3H_2 + 2Hg$$

2.1.2 汞对铝的液体金属脆化

汞造成铝合金脆裂腐蚀，也称为汞对铝的液体金属脆化（LME）。通常情况 LME 发生需要如下条件：①有脆化作用的金属存在，汞是众所周知的对铝有严重脆化作用的代表性金属。②出现高于临界值的应力，对在汞中的铝合金而言，某些情况下，此应力低至屈服应力的5%。③底层金属被液态金属湿化，对铝合金来说，这种情况发生需要底层金属和液态金属间的氧化层薄膜破裂。

2.2 该天然气处理装置主换热器腐蚀原因

通过对返厂检修的主换热器腐蚀情况看，由于天然气中含汞造成运行中出现汞腐蚀的设备部位主要有物流一出口封头和集流管、物流二进口集合管和封头，并且既存在汞齐均匀腐蚀，也存在汞引起的铝合金脆裂腐蚀。分析造成主换热器多次补焊、多次裂缝，最终失效的真正直接原因便是液态汞引起的铝合金材质的脆裂。进一步分析多次补焊、多次裂纹的原因，其一为补焊过程高温（热应力集中）造成周围材质金相变化，其二为补焊过程装置停运，液态汞积聚停滞加快并加重腐蚀。

3 故障原因分类

经分析该铝合金汞腐蚀故障主要是由于在该处理装置前期设计中没有考虑到天然气中含有汞，而未采取相应防治措施导致。

4 故障教训

4.1 对于天然气处理装置的前期设计以及运行过程，需对天然气进行汞组分化验；对汞组分的防护级别提升至对 H_2S 的防护同级别认识高度。

4.2 在已投运的天然气处理装置运行过程中，如发现铝合金材质设备发现裂纹等异常情况，需及早考虑天然气组分中汞存在的可能。

5 防护措施

5.1 加强天然气中汞对铝合金换热器的腐蚀机理认识，逐渐掌握预防或减缓铝合金换热器腐蚀机理认识。

5.2 该天然气处理装置采用浸渍硫的活性炭脱汞工艺脱出天然气中的汞，装置于2009年9月建成投用，投用后经化验，天然气中的汞含量由70μg/m^{3}降低至2μg/m^{3}以下，有效缓减了汞对铝合金换热器的腐蚀。

5.3 对于天然气中含汞组分的情况，可以从改变换热器材质方面考虑，如用低温不锈钢替代铝合金以延长设备使用寿命。

5.4 重视天然气中汞组分的监测化验，建立定期检测制度，有效掌握脱汞装置的运行状况，确保对天然气中汞组分的脱除效果。

4RDSA－2/G3606 压缩机组空冷箱风扇传动轴断裂故障分析

1　故障概况及经过

某站维保人员在对站内 4RDSA－2/G3606 天然气压缩机组（停机状态）进行例行检修时发现，空冷器外侧风扇传动轴出现断裂，断裂面中间呈现平滑曲面，边缘呈现扭转撕裂痕迹，见图 1、图 2 所示。

图 1　风扇传动轴断裂

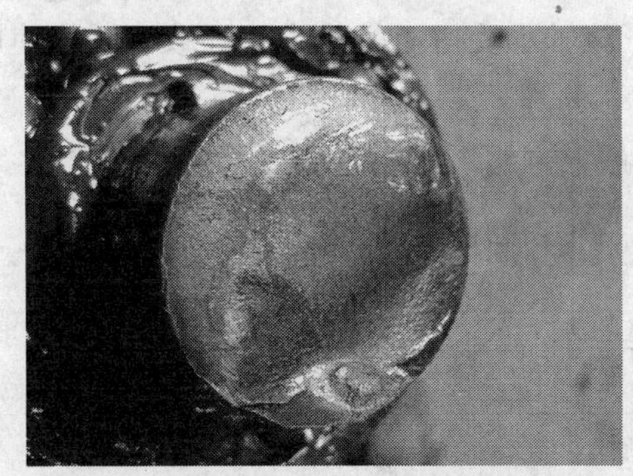

图 2　断裂轴截面图

4RDSA－2/G3606 天然气压缩机组主要技术参数如表 1 所示。

表 1　4RDSA－2/G3606 天然气压缩机组主要技术参数

序　号	机 组 型 号	4RDSA－2/G3606	
1	制造厂	某厂	某公司
2	进气压力	0.6～0.8MPa	
3	排气压力	3.4～3.9MPa	
4	压缩级数	二级	
5	发动机功率	1324kW	
6	转速	750～1000r/min	
7	燃料	天然气	
8	燃烧形式	涡轮增压，火花塞点火	

事件发生后，维保人员迅速对站内其他机组风扇传动轴进行了检查，肉眼没有发现裂纹和断裂。情况上报给上级管理部门后，为确保机组运行安全性，决定抽检两根轴进行磁粉探伤。探伤结果发现，两根风扇传动轴沿环向焊缝处均存在约焊缝长度 1/3 左右的裂纹，在传动轴变径轴肩处也存在 30～50mm 长的细小环向裂纹。

这些肉眼无法看到的焊接、加工缺陷，严重影响机组的安全运行，若不及时消除，在机组运行过程中可能出现风扇轴断裂、风扇叶片折断，击穿空冷箱冷却管束，造成增压天然气泄漏引起爆炸，产生较大的财产损失和人员伤害。

2 事故原因及失效机理分析

技术人员针对风扇传动轴进行现场测绘记录，查阅相关技术资料和标准，从风扇传动轴的结构设计、加工、安装等方面入手，得出以下结论。

2.1 传动轴轴径设计不符合技术要求

通过传动轴测绘数据，我们查阅 GB/T 7813—2008《滚动轴承 部分立式轴承座 外形尺寸》(见图 3 所示)，找到相对应的安装面到轴承座内孔直径中心线的距离为 $H = 112$mm，螺栓孔中心距离(长度)为 $J = 320$mm，轴承座内孔宽度为 $g = 74$mm，与之相匹配的轴径应为 $d_1 = 80$mm，而该轴的此段轴径实际测量值为 $d_1 = 70$mm，不符合 GB/T 7813—2008 技术要求，降低了该轴承受扭矩的能力，导致该轴在使用过程中从设计缺陷处产生断裂。

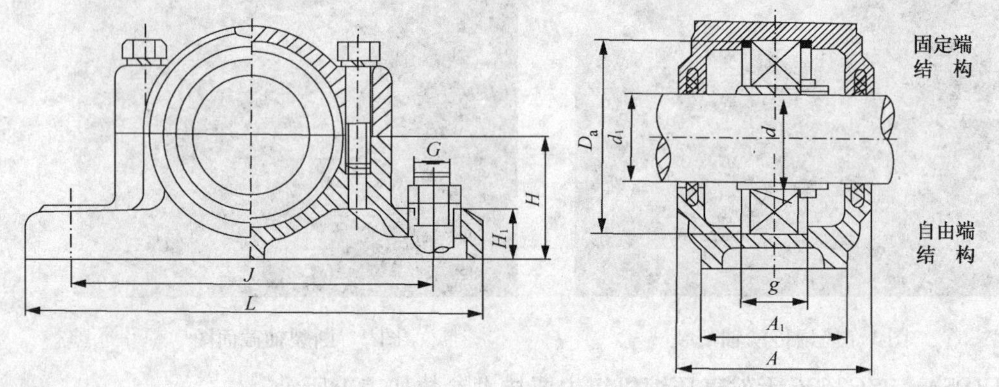

GB/T 7813—2008

单位为毫米

轴承座型号	外形尺寸													适用轴承及附件		
	d_1	d	D_a	g	A max	A_1	H	H_1 max	L max	J	G	N	N_1 min	调心球轴承	调心滚子轴承	紧定套
SN 616	70	80	170	68	150	100	112	35	360	290	M20	22	22	1316 K 2316 K	— 22316 CK	H 316 H 2316
SN 617	75	85	180	70	165	110	112	40	400	320	M24	26	26	1317 K 2317 K	— 22317 CK	H 317 H 2317
SN 618	80	90	190	74	165	110	112	40	405	320	M24	26	26	1318 K 2318 K	— 22318 CK	H 318 H 2318

图 3 GB/T 7813—2008《滚动轴承 部分立式轴承座 外形尺寸》

2.2 传动轴过渡圆角加工不合理

该风扇传动轴过渡圆角加工几乎均为直角(图 4 所示)，这样传动轴在承受扭矩时容易在变径处产生应力集中，导致出现裂纹进而产生断裂。

2.3 传动轴的平面风扇叶片结构，增大了转动惯量

该传动轴风扇叶片不是采用螺旋渐开线型而是平面结构，容易造成运转不平稳；轮毂体

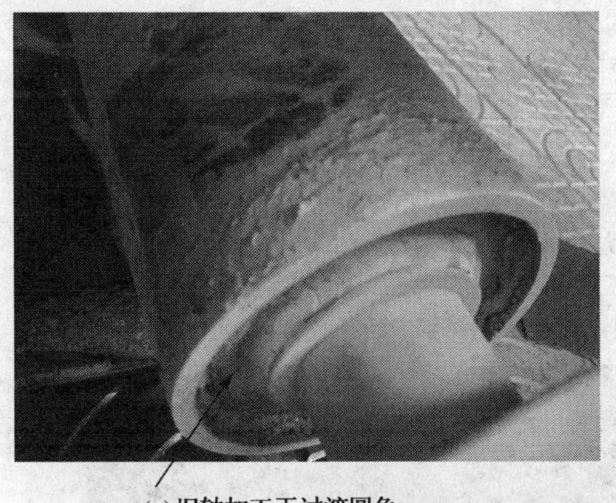

(a) 旧轴加工无过渡圆角

(b) 新轴加工过渡图角

图 4　传动轴过渡圆角

积、质量较大，增大了转动惯量，增加了传动轴承受的载荷。为减缓传动轴在机组启停机过程中承受较大的惯性矩，根据刚体绕定轴转动微分方程：$(J_{轮毂}+J_{叶片})\beta=\Sigma T(F)$和转动惯量$J=mr^2$；①建议在保证强度的前提下，采用较轻的材料制作风扇轮毂和风扇叶片；②转动惯量和半径的平方成正比，在不改变风扇叶片半径情况下，将轮毂的半径减少，可以极大地降低转动惯量。这样就可以从质量、直径两个方面入手降低启停机过程中产生的扭矩，减小剪切力的破坏。见图 5。

(a) 旧风扇轮毂直径600mm

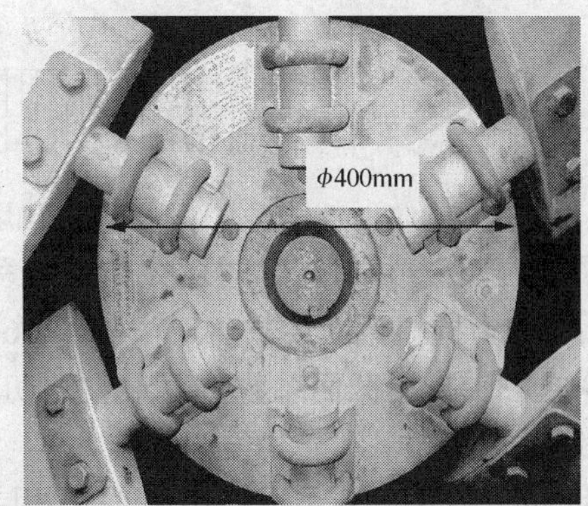

(b) 新风扇轮毂直径600mm

图 5　减小风扇轮毂直径

2.4　传动轴刚性连接无法消减振动

两传动轴之间的连接是采用传统的刚性连接，通过螺栓将联轴器固定无法消减振动，易导致轴、轴承或联轴器过早的损坏。

2.5　事故失效机理分析

针对上述风扇传动轴出现的断裂事故，我们进行了认真的分析和研究，对风扇轴进行简单的受力分析(见图 6)，它要承受重力、轴承支承力、轴向推力和扭矩产生的剪应力，我们从轴的断面分析可以看出该轴的破坏应该是剪切破坏，所以我们这里主要分析扭矩产生的剪切破坏。

下面对动力从一端输入的风扇轴进行力学模型简化(见图 7)。

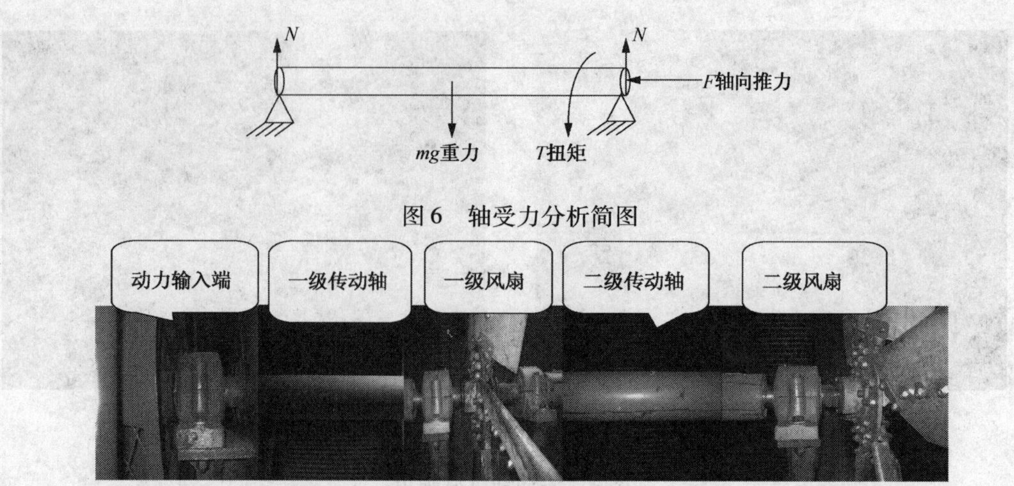

图6　轴受力分析简图

图7　风扇轴力学模型简化

图8是该轴承受的扭矩图，T_1 为作用于一级风扇上的扭矩，T_2 为作用于二级风扇上的扭矩，$T_{max}=T_1+T_2$。从图8中可以看出该轴承受最大的扭矩在第一段。

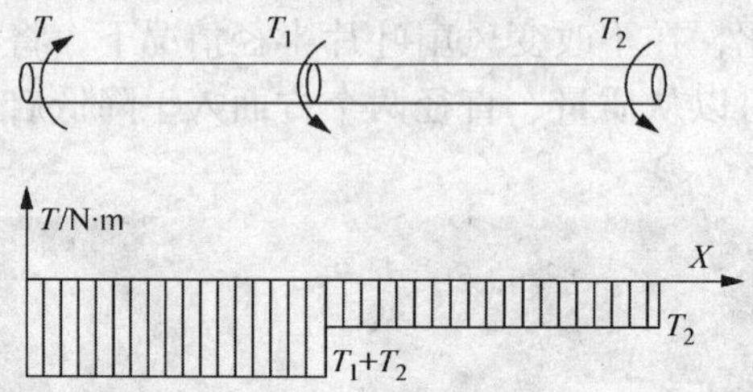

图8　风扇轴承受的扭矩图

又因为剪应力和扭矩之间存在如下关系：即 $\tau_{max}=T_{max}/W_t$；τ_{max} 为最大切应力，T_{max} 为最大扭矩，W_t 为抗扭截面系数。$W_t=\pi D^3/16$ 实心轴抗扭截面系数，$W_t=\pi D^3/16(1-\alpha^4)$ 其中 $\alpha=d/D$ 空心轴抗扭截面系数，故最大的切应力也应该在第一段位置；所以第一段轴最容易在薄弱处出现断裂。

同时也可以从公式可以看出，承受相同的许用剪应力实心轴截面要比空心轴截面大；故现场的风扇轴空心管段不是剪切力最薄弱位置，同时使用空心管可以减轻轴的质量。

由于轴除了受剪切力还要承受轴、风扇的重力、支承力和风扇的轴向推力，故在安装轴承等的位置要设计成实心。

综上所述可以得出，该风扇轴初级段的实心轴位置是受到剪切力最容易损坏的位置，从断裂的位置也能证明相应的结论。

3　故障原因分类

设计、加工缺陷问题。

查阅设计标准和技术资料，与现场传动轴测量数据比较，该传动轴的轴径，过渡圆角、联轴器以及空冷箱风扇叶片等均存在设计、加工缺陷，严重影响机组运行安全，最终导致风扇传动轴的断裂。

4 故障教训

4.1 设备配件选型时，要选用具有相应资质，质量、信誉有保证的企业。

4.2 设计、加工一定按照技术标准执行。

4.3 现场安装要保证装配质量和装配精度。

5 防范措施

5.1 岗位人员要充分做好劳保穿戴，以免造成伤害。

5.2 在操作设备前一定要进行全面检查，排除各种隐患。

5.3 严格落实设备管理制度，定期进行隐患的排查与整改。

5.4 强化岗位职工的责任意识，杜绝设备存在的隐患。

5.5 加强岗位技能的学习，不断提高故障诊断水平。

5.6 完善设备状态检测项目，定期对风扇传动轴等部位进行探伤检测，保证设备的安全运行。

MH66 天然气压缩机无油流停机故障分析

1　故障概况及经过

1.1　压缩机组概况

某单位天然气压缩机组，型号 MH66－8LAT27GL，选用燃气发动机驱动的往复式压缩机，最大排气压力 54.0MPa，设计排量 $15\times10^4 Nm^3/d$。主要用于天然气驱三次采油技术的主要动力设备。

1.2　无油流开关

无油流开关简称 DNFT，由信号检测器、弹簧、磁棒组成，液体流动时来回挤压磁棒，向保护系统发出电磁信号，证明有润滑油不间断流过。该装置位于注油器与各缸润滑点之间，机组共安装 DNFT 五只，当压缩机组运行时，如果没有润滑油经过 DNFT，DNFT 不能发出电磁信号，保护系统检测不到 DNFT 发出的电磁信号，提示机组无油流，机组会自动保护停机。

1.3　故障信息

压缩机组在运行过程中，突然自动停机，报警信息提示“无油流停机”，压缩机组无法运行。

1.4　影响范围

1.4.1　压缩机组投产运行后，2006～2007 年期间，累计共发生无油流故障停机 65 次，平均每月发生 2.5 次，占故障停机次数的 50%，严重影响开机时率。

1.4.2　频繁启停机，缩短的配件使用寿命。

1.4.3　影响正常注气，减少原油及天然气产量。

1.4.4　增加了运行成本。

1.4.5　增大工人的劳动强度。

1.5　处理过程

1.5.1　检查补油箱，液位在正常范围内，排除缺油因素。

1.5.2　各注油管线及连接部位无漏失、破损现象。

1.5.3　检查过滤器未堵塞、超压爆破片完好。

1.5.4　检查各级注油泵，工作正常，手动泵油，各注油终端均有油滴流出。

1.5.5　检查无油流开关，注油指示灯不亮，不能发出电磁信号，确认无油流开关发生故障。

1.6 恢复情况

1.6.1 更新无油流开关后，机组正常运行。

1.6.2 定制韧性高的弹簧，更换后，开关正常使用。

1.6.3 规范注油器压力控制要求和调整方法。

1.6.4 紧固信号线。

1.6.5 连续半年内未出现无油流停机。

2 故障原因分析

2.1 机组发生无油流停机故障一般分为两种情况，第一种情况是确实因为润滑油管道没有润滑油通过，无油流开关检测不到油流脉冲，不能发出电磁信号，系统保护停机；第二种情况是因为润滑油系统正常，管线油流正常，但无油流开关自身发生故障，发不出电磁信号，系统保护停机，通过对历次故障停机分析，停机原因均为第二种情况，即无油流开关发生故障。

2.2 对无油流开关进行拆解，发现定位弹簧由于重复运动，容易发生疲劳折断，导致磁棒无法复位，无油流开关不工作，对油流脉冲信号不能检测到，不能向保护系统输出电磁信号。

2.3 其他可能导致无油流开关发生故障的原因：

2.3.1 电池没电。

2.3.2 磁棒损坏

2.3.3 信号线脱落。

2.3.4 注油器压力低。

2.3.5 油品黏度高。

2.3.6 分配块柱塞卡。

3 故障原因分类

设计问题。由于无油流开关为进口配件，弹簧硬度大，频繁动作易折断，重新定制弹簧后，弹簧使用寿命延长，故障停机次数大大减少。

4 故障教训

4.1 维护保养细化

4.2 故障出现后，自己要加强分析，不能整体更换配件，不考虑故障原因。

4.3 故障出现后，要分析是否真的因为无润滑油造成 DNFT 发不出检测信号，还是因为有润滑油通过，但 DNFT 自身损坏后检测不到信号而发出假的无油流信号的报警提示。

5 防范措施

5.1 加强设备维护保养；

5.2 检查信号线连接情况；

5.3 检查注油器工作情况；

5.4 检查无油流开关弹簧和磁棒工作情况；

5.5 备用无油流开关；

5.6 定期更换无油流开关电池。